U0336555

森林报

[苏]维·比安基 著　王兰霞　高　春　夏晓萌　译

北京燕山出版社
BEIJING YANSHAN PRESS

目录

001　致读者

003　我们的第一位森林通讯员

005　森林年

006　每年的森林历

春

NO.1 万物复苏月（春季第一月）

003　一年：有十二个章节的太阳组诗（3月）

004　来自森林的第一封电报

005　林中轶事

010　都市奇闻

012　来自森林的第二封电报

016　来自森林的第三封电报（急电）

017　农事

018　猎事

022　森林剧院

025　无线电呼叫

032　打靶场

033　布告

NO.2 重返故土月（春季第二月）

034 一年：有十二个章节的太阳组诗（4月）

034 鸟儿回乡大搬家

037 林中轶事

042 鸿书

047 祝你钓钩不落空！

049 森林之战

051 农事

053 农村新闻

055 都市奇闻

058 维利康诺夫讲述的故事

061 猎事

063 打靶场

064 布告

NO.3 欢歌笑语月（春季第三月）

067 一年：有十二个章节的太阳组诗（5月）

068 林中轶事

079 森林之战（续）

081 农事

082 农村新闻

085 都市奇闻

089 猎事

092 打靶场

093 布告

夏

NO.4 鸟儿筑巢月（夏季第一月）

099 一年：有十二个章节的太阳组诗（6月）

099　大家都住在哪儿

104　林中轶事

114　绿色的朋友

116　森林之战(续)

118　祝你钓钩不落空!

120　农村新闻

122　猎事

127　无线电呼叫

133　打靶场

134　布告

NO.5 雏鸟诞生月(夏季第二月)

137　一年:有十二个章节的太阳组诗(7月)

138　森林中的小动物们

142　林中轶事

151　森林之战(续)

152　农事

153　农村新闻

156　猎事

158　打靶场

159　布告

NO.6 成群结队月(夏季第三月)

162　一年:有十二个章节的太阳组诗(8月)

162　新的森林规矩

165　林中轶事

172　绿色的朋友

173　森林之战(续)

175　农事

176　农村新闻

178　猎事

189 打靶场

190 布告

秋

NO.7 告别故土月(秋季第一月)

197 一年:有十二个章节的太阳组诗(9月)

198 来自森林的第四封电报

201 林中轶事

203 来自森林的第五封电报

204 都市奇闻

206 来自森林的第六封电报

210 候鸟远行记

213 森林之战(结束篇)

215 农事

217 农村新闻

219 猎事

224 开禁了,打野兔去

228 无线电呼叫

234 打靶场

235 布告

NO.8 储备冬粮月(秋季第二月)

238 一年:有十二个章节的太阳组诗(10月)

243 林中轶事

249 候鸟远行记

254 农事

254 农村新闻

256 都市奇闻

258 猎事

264 打靶场

265　布告

NO.9 迎接冬客月（秋季第三月）

268　一年：有十二个章节的太阳组诗（11月）
269　林中轶事
278　农事
279　都市奇闻
281　猎事
288　打靶场
289　布告

冬

NO.10 初入寒冬月（冬季第一月）

295　一年：有十二个章节的太阳组诗（12月）
296　冬天是一本书
300　林中轶事
305　农事
305　农村新闻
306　都市奇闻
308　猎事
318　无线电呼叫
324　打靶场
326　布告

NO.11 酷寒难耐月（冬季第二月）

328　一年：有十二个章节的太阳组诗（1月）
329　林中轶事
336　都市奇闻
338　祝你钓钩不落空！
339　猎事

349 打靶场

350 布告

NO.12 苦熬到春月(冬季第三月)

352 一年:有十二个章节的太阳组诗(2月)

353 能苦熬到春吗?

361 都市奇闻

365 猎事

371 打靶场

372 最后一分钟的急电

森林报·春 答案

373 打靶场答案

377 "火眼金睛"称号大赛答案及解析

森林报·夏 答案

380 打靶场答案

384 "火眼金睛"称号大赛答案及解析

森林报·秋 答案

387 打靶场答案

391 "火眼金睛"称号大赛答案及解析

森林报·冬 答案

393 打靶场答案

397 "火眼金睛"称号大赛答案及解析

谨以此文纪念我的父亲瓦连京·利沃维奇·比安基

致读者

普通报纸上记载的仅仅是人们的新闻,人们的事情。可是,孩子们对于飞禽走兽和昆虫们的生活也是十分感兴趣的。

森林里的新闻可不比城市里少喔。森林里也在进行着工作,有愉快的节日和不幸的事情。森林里有自己的英雄和强盗。然而,城市的报纸上很少能看到关于这些的报道,因此谁也不知道森林里的新闻。

比方说,有谁听说过,严寒的冬天里,在我们列宁格勒(彼得堡)地区,没有翅膀的小蚊子从土里爬出来,光着脚在雪地上奔跑?在哪份报纸上能够读到关于森林巨人——麋鹿的战斗,关于候鸟的大迁徙和秧鸡徒步走过欧洲的有趣的旅行故事?

而所有这些都能在《森林报》中看到。

《森林报》一共十二期,每月一期。我们把它整理成了一本书。每一期的《森林报》里包括:编辑部的文章,我们森林通讯员们的电报和信件,以及打猎的故事。

我们的森林通讯员都有些什么人呢?有小朋友,有猎人,有学者,还有护林员——他们经常到森林里去,观察野兽、鸟类和昆虫们的生活,记录形形色色的林中轶事,然后寄到我们编辑部来。

一九二八年,《森林报》的单行本第一次出版发行。从那时起,已经经过了十次再版,并且每次都会增加新的栏目。

我们派了一名特派通讯员去采访著名的猎人——瑟索伊奇。他们在一起打猎,当坐在篝火边休息的时候,瑟索伊奇经常讲起他的一些打猎奇遇。我们的通讯员把他的故事记录下来,寄到了我们编辑部。

每一期的《森林报》里都有一个问答比赛。我们称之为"打靶场"。读者们可以在"打靶场"里进行竞赛，看看谁回答的准确率高一些。凡是认真阅读报纸里的文章的人，都能轻松地回答出大部分的问题。答对一题记两分。

我们建议，读者们可以组成小组来进行"打靶场"的竞赛。每个小组成员准备一张纸，一个人大声地把问题读出来，每个人在纸上写出自己的答案。对于许多问题最好不要马上做出回答，而是约定几天后大家再一起回答。比如说，在回答"长脚秧鸡的个头有多大？"这个问题时，读者们可以利用几天的时间到田野里去，追踪到秧鸡的行踪，弄清楚它到底有多大。

《森林报》是在列宁格勒编辑出版的，是一种地方性的报纸。这里面所报道的事情几乎都发生在列宁格勒地区，或者就在列宁格勒市内。

但是，我们的祖国是如此的幅员辽阔，以至于当暴风雪在北方边境肆虐，严寒将血液都冻住时，在南方边境上，暖暖的太阳正普照着大地，百花齐放；当西部边境的孩子们躺下睡觉时，东部边境的孩子们已经睡醒了，正在起床。于是，《森林报》的读者们提出了自己的愿望：他们希望从《森林报》上不仅能了解到列宁格勒地区的新闻，还能同时知道在全国的各个角落里发生的故事。为了实现读者的愿望，我们在《森林报》中设置了"无线电呼叫"这个栏目。

我们还开辟了一个栏目叫"布告"。在这个栏目里，我们那些善于跟踪侦察的读者们可以竞争"火眼金睛"的荣誉称号。

我们还邀请了生物学博士、植物学家、作家尼娜·米哈伊洛夫娜·巴甫洛娃为《森林报》撰写文章，说一说有趣的植物。

我们的读者应该热爱并且了解自己的故土，要知道在故土上生活的动植物的习性。

我们发表了"一年：有十二个章节的太阳组诗"。我们邀请了生物学博士巴甫洛娃写了大量的报道，来充实"农事"这个栏目。我们刊登了我们的战地通讯员从森林巨人的战场发回的报道。我们为钓鱼爱好者增加了"祝你钓钩不落空！"栏目。我们还登载了我们的少年助手——维利康诺夫讲述的小故事，他的十次观察记述。

我们的第一位森林通讯员

　　许多年前,列宁格勒列斯诺耶的居民们常常会在公园里看到一位老教授,这位老教授虽已白发苍苍,还戴着眼镜,两只眼睛却锐利又敏感。他总是认真地倾听周围的每一声鸟鸣,仔细地观察从身旁飞过的每一只蝴蝶或是苍蝇。

　　像我们这种生活在大都市的居民,很少有人会去仔细观察春天里一只新出生的小鸟或是蝴蝶,而他呢,没有一则森林里的新闻能逃得过他的眼睛。

　　他就是著名的德米特里·尼基罗维奇·凯格罗多夫教授。在半个世纪的漫长岁月里,他每天都认真地观察我们这个城市和近郊的自然界。整整五十年的时间里,他眼看着冬去春来,四季交替,鸟儿飞走又归来,花草树木生长又凋零,周而复始。德米特里·尼基罗维奇教授认真地记下自己观察到的点点滴滴。什么时间发生了什么他都记得清清楚楚,然后还把这些记录发表上报。

　　他还号召其他人尤其是年轻人去观察大自然,号召大家记录下观察结果然后寄给他。越来越多的人响应他的号召,一支大自然观察员——通讯员的大军逐年壮大起来。

　　五十年的时间里,德米特里·尼基罗维奇积累了大量的观察记录。正是因为他以及许许多多我们不知名的学者的顽强工作,今天的我们才得以了解春天里哪种鸟何时飞回来,秋天里它们又会何时飞走,以及我们的花草树木是如何生长、壮大和凋零。

德米特里·尼基罗维奇教授为孩子们和成年人写了许多书,这些书的内容丰富多彩、翔实有趣。关于鸟类,关于森林,关于田野,大自然的一切在他的书里几乎都有记录。他本人还曾在学校教书,他总鼓励孩子们去观察大自然,教导孩子们要多从大自然中,从森林和田野中学习知识,而不能仅仅依靠课本。

一九二四年二月十一日,在经历了长时间的重病之后,德米特里·尼基罗维奇教授去世了,没能赶得上新春的到来。

我们会永远记得他的。

森林年

　　我们的读者可能会认为,《森林报》里刊登的那些关于森林和城市的新闻都是些陈旧的过时的新闻,其实不是这样的。的确,每年都会有一个春天,但每一个春天都是崭新的,不管你活多少年,都不可能看到两个完全相同的春天。

　　一年,就像是有十二根辐条的车轮,十二根辐条正像是十二个月。十二根辐条全部闪现一次,车轮就转完了一圈,然后,又该闪现出第一根辐条了,而此时车轮已经不在原来的地方了,已经向前滚动了很远。

　　春天又到了,森林苏醒了,冬眠的熊从洞里爬了出来,春水淹没了森林居民的地下住所,鸟儿都飞回来了,重新开始嬉戏打闹、载歌载舞,野兽则开始生儿育女……读者朋友们可以在《森林报》里找到所有最新的新闻。

　　我们在这里刊登了每年的森林历,森林历不同于普通的年历,这一点并不奇怪。

　　因为鸟兽不同于人类,它们有自己的生活习性,所以它们的年历肯定也有自己的特点。在森林里,一切都取决于太阳。

　　太阳在天上转动一圈就是一年,每经过一个星座,也就是黄道带的一宫,就是一个月。

　　森林历上的新年,不是在冬天,而是在春天——当太阳进入白羊宫的时候。在森林里,迎接太阳的时候就是欢乐的节日,送别太阳的时候则意味着忧郁日子的到来。

　　在森林历上,我们也把一年分成了十二个月,不过我们根据森林里的特点,给这十二个月另外起了名字。

每年的森林历

Spring 春	Summer 夏	Autumn 秋	Winter 冬
1 万物复苏月 （春季第一月）3月21日至4月20日	**4** 鸟儿筑巢月 （夏季第一月）6月21日至7月20日	**7** 告别故土月 （秋季第一月）9月21日至10月20日	**10** 初入寒冬月 （冬季第一月）12月21日至1月20日
2 重返故土月 （春季第二月）4月21日至5月20日	**5** 雏鸟诞生月 （夏季第二月）7月21日至8月20日	**8** 储备冬粮月 （秋季第二月）10月21日至11月20日	**11** 酷寒难耐月 （冬季第二月）1月21日至2月20日
3 欢歌笑语月 （春季第三月）5月21日至6月20日	**6** 成群结队月 （夏季第三月）8月21日至9月20日	**9** 迎接冬客月 （秋季第三月）11月21日至12月20日	**12** 苦熬到春月 （冬季第三月）2月21日至3月20日

春

NO.1 万物复苏月（春季第一月）

3月21日至4月20日　太阳进入白羊宫

一年:有十二个章节的太阳组诗(3月)

新年快乐

三月二十一日——春分,白天和黑夜一样长,都是十二个小时,这一天森林里通常要庆祝新年——迎接春天的到来。

民间说,三月是温床,太阳战胜了冬日,泥土松动了,积雪的颜色也发生了变化,由雪白变成灰白,不再是冬天的那般模样,它,投降啦！春日临近,夏天也就不远了。屋顶上挂着的晶莹的冰柱,顺着冰柱滴答滴答地开始向下滴水……滴呀滴呀滴成了一些水洼——招来一群野乌鸦在这里一面嬉耍,一面洗净它们满身的冬日污泥。花园里山雀也开始快乐地唧唧喳喳。

春天乘着太阳的翅膀飞到了我们身边,它每天的工作安排得可满了,它最先要做的就是"解放"泥土,让大地脱去雪衣;这时候的河水还在冰层下沉睡,森林也在沉睡。

按俄罗斯的旧习俗,三月二十一日的早晨要烤制一种形似"百灵鸟"状的面包,用两颗葡萄干做眼睛,甚是逼真呢;这一天人们还要放飞鸟儿。从这一天开始习俗上就称之为爱鸟月。孩子们兴高采烈地庆祝爱鸟月的到来,他们在树上给鸟儿们搭建了上千个小房子——等候椋鸟、小山雀的到来,孩子们还把圆木头挖空做成小木桶,用灌木丛编织成鸟巢的模样,里面还放了食物等待他们最可爱的小客人们的光临;此外,孩子们还会在学校、课外小组组织各种活动,告诉所有的小朋友们应该如何爱护森林、田野、花园、果园,告诉大家应该如何保护我们这些快乐的飞鸟朋友。

三月里小鸡也开始在户外啄食了。

来自森林的第一封电报

白嘴鸦报春

最先带来春的信息的要算是白嘴鸦了。茫茫大地,冰雪融化,复苏的大地上最早出现的就是成群的白嘴鸦。在温暖的南方躲过了冬日后,白嘴鸦们就迫不及待地要回到它们思念的故土上,然而回来的路途却并不轻松,它们遭遇了无数次的暴风雪的考验,几十只甚至上百只白嘴鸦都在它们的归途中命丧黄泉。

因此第一批返回家乡的都是最强者。这会儿白嘴鸦们在休息,它们在复苏的大地上悠闲地踱着步,用它们坚挺的鼻子啄食着土地。

厚重的乌云在遮天蔽日后终于离开了,蓝蓝的天上飘浮着朵朵白云,如同大大的雪片。第一批小动物也会出世,麋鹿和狍子长出了新的犄角。森林里小刺猬、山雀和凤尾鸡开始放声歌唱。我们还在挖开的云杉根部发现了熊的洞穴,于是就派了"小卫兵"轮流看守,随时告知是否有熊的出没。一股股消融的雪水汇集在冰面下。森林里的雪也开始融化,但每逢夜里严寒又重新卷土重来,刚刚融化的雪水又冻结成冰。

林中轶事

雪地幼崽

当大地还是一片积雪时,兔妈妈们就生产了。兔宝宝一生下来,不但穿着暖暖的小皮袄,还能睁眼看东西,而且最神奇的是,它们一生下来就会跑;有时,兔宝宝们吃饱了妈妈的奶,会四下散去,躲在灌木丛下或是草丛中,而有时,它们会乖乖地躺在窝里,不叫也不闹,可它们的妈妈却跑出去玩儿了。

一天过去了,两天过去了,几天过去了,兔妈妈们在田里撒了欢儿玩儿,早把它们的宝宝丢在了脑后,可怜的兔宝宝们依旧躺卧在窝里,也不敢出门,因为它们害怕被狐狸和老鹰捉去当点心吃了。

终于,它们看到跑过来的兔妈妈,哦,不是妈妈,是兔阿姨,兔宝宝央求兔阿姨:喂喂我们吧,阿姨!"来吧,宝宝们,来,吃吧!"兔阿姨喂饱了小兔兔,就又跑走了。

兔宝宝们重新躺下休息,而这时它们的妈妈正在其他的地方喂养别人的兔宝宝。

原来啊,兔妈妈们早就有约定,无论是不是自己亲生的,所有的宝宝都是自己的,无论在哪儿,只要遇到兔宝宝,都要像对自己的孩子一样对待,一样喂养。

你别以为兔宝宝没人照顾就很可怜,才不是呢,它们过得可好了,它们身上有小皮袄,冻不着,而且兔阿姨的奶水又浓又香又甜,吃上一顿,好几天都不饿呢!

这么过上个八九天,兔宝宝就可以自己吃草了。

第一只蛋

在所有的鸟中最早生蛋的要数乌鸦妈妈了。乌鸦妈妈通常会把自己的窝搭在高高的云杉树上,当树上还是积雪一片时,乌鸦妈妈就开始生蛋了。为了不让自己未出世的宝宝受冻,乌鸦妈妈会一直守在窝里,由乌鸦爸爸负责带回食物。

最早盛开的花儿

第一批花儿盛开了,您可别在大地上去找,它羞涩地藏于白雪之下。当森林的边上传来阵阵潺潺流水,当沟渠中也涨满流水声的时候,您就会在褐色的春水之上,在光秃秃的榛树的枝条上发现盛开得最早的花朵。

从榛树的枝条上会向下垂着一些灰色软软的、如同小尾巴的东西,在植物学上俗称荑黄花序。然而它们的样子又不完全与植物的花序相同,你只要轻轻一摇,小尾巴上的花粉就会扑簌簌地散落下来。

令人奇怪的是,这些榛树的枝条上还长着其他类型的花朵,一个花蒂上有两朵或是三朵花,那形状很像是叶芽,只不过每一个叶芽的芽儿尖上吐出一对鲜红的"小舌头",这其实是雌花的花柱,是榛树用来接收异株授粉的器官。

没有树叶的阻挡也没有其他的东西妨碍它,风儿会随心所欲地在榛树的枝头间跳动,随意摇曳着那些小舌头状的荑黄花序,把花粉传递。

榛树花会凋谢,玫瑰色的花序会脱落,荑黄会干枯,然而每一朵花都会变成一颗榛子。

春日的小花招

森林里的猛兽总是袭击温顺的动物,只要被它们发现,就逃不掉了。

不过,在冬天,到处是一片白雪皑皑,雪兔和山鹑倒是可以藏身的;可现在,雪渐渐地化了,大地又显现出来,像狐狸啊、狼啊、老鹰、猫头鹰甚至像白鼬、银鼠这样小型的食肉动物都会从老远的地方发现雪兔这类小动物的茸茸的外衣和白白的羽毛。

于是,为了对付这些凶猛的野兽,雪兔和山鹑也耍了个滑头,它们将身上的绒毛褪了色,雪兔变成了全身灰色的灰雪兔,山鹑褪去了白色羽毛,长出了红褐色带黑条纹的新羽毛,这么一来,凶猛的野兽就没那么容易发现猎物了,因为,这些温顺的小动物们变身了。

一些凶猛的野兽也会变身,冬日里的银鼠和白鼬也是全身雪白,只不过白鼬的尾巴尖有点点黑色,由于外衣的颜色相同,使它们可以轻而易举地接近那些温顺乖巧的小动物并将它们捕获,成为它们冬日里的一顿美餐;而现在它们也变了身,全身都变成了灰色,银鼠变成了灰银鼠,白鼬变成了"灰"白鼬,不过,他的尾巴尖依旧是点点黑色。但白鼬尾巴上的黑色斑点无论冬夏都不会坏他的好事,因为雪地上到处可见枯枝烂叶,尤其是草丛里多得是呢。

冬日之客启程搬家

在我们这个州的各条公路上,可以看到成群结队的白色小鸟。这种鸟长得有点像黄鹂鸟,它们就是我们这里的冬日之客——雪鹀和铁爪鹀。

他们的老家在遥远的北冰洋沿岸和北冰洋的岛屿上,在一片冻土地带,那里的土要过很久很久才会解冻呢。

雪 崩

森林里可怕的雪崩开始了。

小松鼠习惯将它们的窝搭建在高高的云杉树的枝头,此时,小松鼠正

在它温暖的窝里睡大觉。突然,一个大大的雪球从树上砸到了它的窝顶,小松鼠吓得"嗖"地蹿了出去,可怜它无助的小宝宝被丢弃在了窝里。

蹿出来的松鼠赶忙扒开压在窝上的雪球,好在松鼠的窝是用粗粗的树条精心搭盖的,而且雪球只是砸到窝顶,窝是完好的,里面依旧是暖暖的软软的苔藓,小松鼠宝宝们竟然没有被吵醒。它们实在是太小了,就像刚生出的小老鼠,没毛儿,既看不到东西,也听不见什么声音。

潮湿的房间

雪在一天天融化,这让森林里住在地洞里的动物们很难受。森林里那些住在地下室的动物们如临大敌,鼹鼠、鼩鼱、老鼠、田鼠、狐狸等一些动物在地洞里饱受潮湿的煎熬,这眼瞧着雪就都要化了,还不知它们要遭什么罪呢?

神秘的小绒毛

沼泽地上的雪都化了,在一些坑洼处已经依稀可见水洼了,而在另一些坑洼处的底下竟可见到长在平滑嫩绿草茎上的银色的须子,轻轻晃动且泛着白光。莫非是秋天未来得及飞走的种缨(冠毛? 草籽?)? 或是它们就在雪下过了冬? 真不敢相信,竟是如此的鲜嫩。

你只要揪下一个须子,拨开它的绒毛,谜底就揭开了,这是一种花。白色的如丝般的绒毛间,露出了黄色的雄蕊和纤细的柱头。羊胡子草就是这样开花的,那绒毛是用来保暖的,因为它开花的时候,夜间还是很冷的。

四季常青的森林

四季常青的植物不只在热带和地中海沿岸可以见到,在我国的北方同样可以看到四季常青的森林和四季常青的灌木丛。时值森林年的头一个月，漫步在此真是一件心旷神怡的事，周围一片绿色，既看不到枯枝烂叶，也没有恼人的干巴巴的杂草。

远远望去，毛茸茸的小松树已经开始返青，而置身其中简直是妙不可言，真是太美啦！一切的一切都开始复苏，青苔如茵，越橘的叶子晶莹闪亮，枝条上长满了嫩芽，像是覆盖了绿色的鳞片，枝条上还留有去年开放的淡紫色小花，甚是好看。

在沼泽边上，有一种叫蜂斗菜的植物，它四季常青，叶子是深绿色，叶边向上卷起，露出粉白色的叶背。但是谁也不会驻足在这片灌木丛边，因为周围的花更绚烂，那如同越橘般的花朵，仿佛串串银铃，真是美不胜收，尤其是在乍暖还寒的早春，能在森林里觅到如此美丽的花朵实在是令人喜出望外。若是你摘下一朵带回去，一准儿会有人说是从温室里采摘的呢。因为在这早春之日还真是少有人会迫不及待地漫步于森林之中！

鹞鹰和白嘴鸦

"噼——啪，呱——呱"，头顶上空传过阵阵鸟叫，我回过身一看，五只白嘴鸦在追逐一只鹞鹰。这鹞鹰躲来躲去还是被白嘴鸦追上，白嘴鸦狠狠地啄了鹞鹰的头，鹞鹰疼得大叫，但最终还是逃脱了。

我站在一座高山上，可以望到很远很远的地方，我看到那只鹞鹰落到了树上，喘息着，突然不知从哪儿蹿出来一群白嘴鸦，狂叫着扑了过来，鹞鹰命悬一线了，此刻的它，不顾一切猛地扑向一只白嘴鸦，那只白嘴鸦被这阵势吓得仓皇逃走，鹞鹰灵活机敏地直冲上天空。白嘴鸦们丢失了猎物，在田野里四下散开了。

都市奇闻

屋顶音乐会

每到夜晚，猫儿们就在屋顶闹开了。尽管猫儿们每每乐此不疲，但每一天都会以绝望的斗殴收场。

阁楼趣闻

《森林报》的同行们为了了解阁楼上动物的生活状况，近日走访了市里一些住宅区。

那些栖身在阁楼上的各种鸟原来都很满意自己的住处，谁要是怕冷，就离壁炉的烟囱近些，可以享受免费取暖。已经抱窝的母鸽、麻雀和寒鸦开始满世界地叼来稻草、羽毛，为它们温暖舒适的窝做各种准备。

走访中得知，鸟儿们一致对破坏它们家园的猫儿和淘气的小男孩儿们非常不满。

麻雀风波

椋鸟们开战了，空中弥散着羽毛、绒毛和稻草。

原来，椋鸟回家，发现自己的家竟然被麻雀占领，气急败坏的椋鸟奋起反击抓住麻雀后脖颈一个个将它们赶了出去，连同麻雀刚铺好的软软的垫子一并轰了出去，这就叫作"扫地出门"。

一个油漆工正在脚手架上给屋顶的缝隙抹漆，麻雀在屋顶上乱蹦着，忽然它们发现房檐儿上有什么情况，就直奔油漆工的脸扑来。油漆工用小铲子抵挡着，他万万没有想到，他竟然把麻雀窝上的缝儿给堵死了，而窝里还有麻雀刚下的蛋呢。周围到处是一片吵叫，羽毛、绒毛漫天飞。

无精打采的苍蝇

街上出现了很多蓝绿色、带金属光泽的苍蝇,它们都是一副懒洋洋的样子,也不飞了,靠着细腿儿沿着房屋的墙吃力地爬着。

这一整天,苍蝇都在太阳底下晒着太阳,夜里就爬回墙壁或是栅栏的缝隙中。

苍蝇虎,一群流浪汉!

屋外出现一群流浪汉——苍蝇虎。

俗话说,狼是靠腿找吃的。苍蝇虎也是这样。它们不会像蜘蛛那样织那么复杂的网:它们很简单,它们进攻苍蝇和昆虫的时候,就是使劲一蹦,跳到背上就吃。

石 蚕

从冰水的缝隙中爬出来一些灰不溜秋、呆头呆脑的小幼虫,它们刚刚褪去外皮,费力地爬到了岸上,慢慢变成了有翅膀、纤细的匀称的昆虫,既不像是苍蝇,也不像是蝴蝶,而是一种叫作石蚕的幼虫。

它们拥有一双长长的翅膀,很轻盈,但还飞不起来,它们很弱,需要阳光滋润。

它们慢慢地爬过马路,忍受着被行人踩、被马蹄践踏、被车轱辘碾压的种种折磨,还有……成千上万的石蚕这样爬过马路,侥幸能活下来的就可以去房屋的墙壁上享受日光浴了。

森林村的观测站

一八六〇年,著名的自然科学家凯格罗多夫教授第一个开始在森林村进行物候学的观察。从那之后,这种观察从未间断。

现在,俄罗斯地理协会附属的"凯格罗多夫"委员会正领导着物候学观察者们进行工作。

委员会会收到来自各地的物候学爱好者们的报告。根据多年的观察，记下鸟类的迁徙现象、植物的花开花谢、昆虫的出现消失，可以建立一部"普通自然历"。这部自然历可以帮助我们预测天气，并且制定不同农事的工作日期。

现在，在森林村建立了国家级的物候学观察中心。像这种具有五十年以上历史的观察站，全世界只有三个。

来自森林的第二封电报

《森林报》特约通讯员

椋鸟和百灵都飞来了，开始放声歌唱。

我们焦急地等待着熊出洞穴，心里想：该不是在洞里冻僵了吧？

终于，洞穴外的雪开始松动了。

里面爬出来的竟不是熊，是个从未见过的怪兽，个儿跟小猪崽那般大，全身都是毛，黑黑的肚皮灰白色的头部有两道深深的条纹。

原来啊，这根本不是什么熊的洞穴，而是獾的老窝，里面爬出来的正是獾。

从现在开始，它们的冬眠结束。獾会整夜整夜地在森林里觅食蜗牛、各种幼虫、甲虫，捕老鼠，啃食植物的根叶。

于是我们继续在森林里寻找熊的洞穴，这一次是真的找到了。

熊还在冬眠。

水已经漫出了冰面。

雪开始融化，松鸡到了发情期，啄木鸟也开始啄食树上的害虫。

一种叫作白鹡鸰的啄冰小鸟也飞来了。

雪橇行驶的路泥泞不堪，村民们不得不改乘马车。

请准备房间吧

希望自己的花园里有椋鸟相伴的话,就要赶紧给它造个小房子迎接它。小房子一定要干净,要做个小门,以方便椋鸟进出,还要谨防小猫儿进入。

这个小门儿要做到不让猫儿和它的爪子够到椋鸟,所以小门的内侧要钉一个木制的三角板。

蚊舞翩翩

阳光明媚的温暖季节里,空中飞舞着很多小蚊子,别怕,它们不咬人,这种蚊子有一个好听的名字叫作舞蚊。

最早出现的蝴蝶

蝴蝶开始到户外吹风了,在阳光下尽情拍打着它们的翅膀。最早出现的蝴蝶是一种躲在阁楼上过冬的黑褐色带有些红色斑点的浅黄色柠檬蝶。

公园里发生的事

各大公园和果园里头带蓝帽子、浅紫色胸脯的苍头燕雀展开了它们银铃般的歌喉,它们聚集在一起等待着它们情人的到来——那些雄性燕雀总是姗姗来迟呢。

新的一片森林

为了在祖国广袤的土地上实施人工造林,科学家们进行了一百多年的细心勘察和实地栽种,他们选定了三百多种乔木和灌木,而这些树种适应力很强,能够在各种草原生存。

比方说橡树,它与锦鸡儿、金合欢夹杂着种在一群灌木丛中就很适合顿涅斯克地区的草原环境。

在我们的各大工厂里有一种新型机器,它能在很短时间内实现大面积的造林工程。

现今,我们国家的造林面积已经达到几十万公顷。

春天的花朵

各大花园、公园和庭院里到处盛开着艳黄色的款冬花。

街面上已开始叫卖早春的第一批花束。

卖花的姑娘们把这批最早上市的花儿叫作雪下的紫罗兰,其实无论从颜色还是从香气上它都大不如紫罗兰,它真正的名字应该叫蓝耳草。

蓄水池里的客人

列斯诺耶公园的峡谷里春潮涌动。《森林报》的几位记者相约来到这里,他们用石头和泥土造了个拦水坝,等待着"客人"的来临。

等啊等啊,没有一位客人光临,偶尔会飘过来一些木片和树枝,打着滚儿滚进蓄水池。

之后就是一只老鼠从小河的底部被冲了过来,但不是那种长尾巴、灰色的常见的家鼠,而是一只棕红色的、短尾巴的田鼠。

它好像是整个冬天一直在雪里冻着,早死了,这会儿呢,雪化了,小河里的水开始流动,就把这只死老鼠给冲了出来,冲到了这里。

过了一会儿,又来了一只黑色的甲虫,在水里拼命地挣扎着,翻着跟头,却怎么也逃不出池塘。起先呢大家以为是只水栖甲虫,等捞上来一看,竟然是一只地道的陆地虫,是只屎壳郎。

冬眠之后,醒来,一不留神,掉到了水池里。

又一个家伙拖着它那长长的后腿一蹬一蹬地过来了。它是自己游过来的。它是谁呢?您猜猜。青蛙先生。

周围还是一片积雪,而青蛙已经出现了。

它从水池里爬了出来,连蹦带跳蹿到了灌木丛中去了。

最后来的这个动物,棕色的,很像家鼠,但尾巴有点短,是只水耗子。

它通常会给自己准备很多粮食过冬的,而这会儿,开春了,显然是没吃的了,出来觅食了。

款冬花

上坡上早就出现了簇簇的款冬花儿的细茎,每一簇都似是一个家庭般,年长者的茎很纤细,茎的头部高昂着,挺挺的,年幼的茎则很敦实,憨憨地倚在长者的身边。

还有好玩儿的呢,就是那些刚出世的茎,竟然羞答答地低着头,哈着腰,一副难为情的样子。

这每一个家庭的茎叶都是从地下的雌茎叶滋生出来的,这些雌茎叶从秋天就开始储备养分,这些养分随着小的茎叶的"出世"在一点点消耗,不过这些储备是足够它们开花期的消耗的。那些昂起的茎叶的头部很快就会变成黄色的、成辐射状的小花儿,确切地说,不是花朵,而是花序,是一些小的、一个挨一个地挤在一起的花朵组成的花序。

当花凋谢时,根茎里就长出叶子,它们就承担起为根茎储备养分的任务。

从天上传来的喇叭声

市民们被天上传来的喇叭声吓到了,这声音在天刚蒙蒙亮的时候尤其明显,而这时市民们大多还在睡梦中,城市一片寂静,因而对此声音非常敏感。

那些眼神儿好些的,在空中发现了一群长脖子的白色鸟群。

这是一群爱叫的野天鹅。

每年春天野天鹅都会经过我们市区,每年都

是这样边飞边叫,声音如同对着喇叭的叫喊一样刺耳。但若是在白天,街面一片嘈杂的时候,人们通常是听不到它们的叫声的。

而这会儿,野天鹅正赶往科拉半岛,它们要去阿尔汉格尔斯科一带的梅津河或是伯朝拉河去筑巢。

爱鸟月的入场券

我们在等待我们的鸟类朋友的到来,为此学校要求每一位同学为心爱的鸟儿们造一个鸟窝。所有的孩子们开始忙碌起来。学校里有专门的木工室,不会做鸟窝的孩子们都可以到木工室去学,保证他们学会。

此外,在校园内,我们也搭建了一些鸟窝,希望这些鸟儿们能够安居于此,同时也能保护我们的苹果树、梨树和樱桃树,以免便宜了那些害虫们。到爱鸟节那天,所有的学生们都提着自己制作的鸟窝出席,我们这么约定好了,这个鸟窝就是我们参加爱鸟节的入场券。

来自森林的第三封电报(急电)

《森林报》特约通讯员

我们在熊洞附近的树上轮流守候,忽然积雪被什么东西拱了起来,随后一个野兽的大黑脑袋就露了出来。

先是钻出来一只母熊,母熊身后又出来两只小熊。

只见母熊张大了嘴巴美美地打了一个哈欠,就往森林里面去了。小熊一蹦一跳地跟在妈妈的身后,不管怎么说,这一冬下来,母熊可是瘦得相当厉害。

这会儿它们在林中四处觅食,冬眠后它们都饿坏了,只要它们能看到的东西,似乎都成了它们的美食：什么树根儿啊，去年的枯草和果实啊，当然还有它们撞上的小兔子更是逃不掉的，都成了它们盘中的美餐。

春 汛

漫长的冬天终于结束了，百灵和椋鸟放声歌唱。河水冲破了冰面自由地奔淌，滋润着广袤的田野。田野上一片生机，阳光普照，大地回暖，积雪下冒出了片片绿色。

在汛期泛出河岸的水面上出现了最早的野鸭和大雁。

还看到了最早钻出来的蜥蜴，只见它从树皮下爬出，上了一个树墩子，充分地享受着阳光的温暖。

每一天都有新的事情发生，而且事情多到我们都来不及将它们一一记录下来。

春汛来了，与城市的交通断了。

关于春汛造成的损失我们将在下一期的《森林报》为您做详细报道。

农 事

巴甫洛娃

救助挨饿的麦苗

冰雪消融，我们惊奇地发现，田野上已露出了大片大片的嫩草，只是土地尚未完全解冻，于是小草得不到养分，饿得又瘦又弱，真是可怜。

这些嫩草对人们实在太珍贵了，尽管它又细又弱，可它们是越冬的粮食，因此人们为它们贮备了充足的鸟粪、草木灰、粪水和食用盐。

这些物品是通过空中食堂配送的。

飞机从空中投下物品，分撒在田野上，让每一棵小草都能滋润成长。

土豆温暖的新居

土豆终于从冰冷的地窖里搬了出来，它好高兴，尽情享受着它的新居，积蓄着能量，加速生长着。

雪水被截住

融化的雪水由着性子急于从田里流入洼地。好在人们发现后，及时将奔流的雪水截住。他们在尚存积雪的斜坡上拦腰筑了一个坝，这样雪水就留在了田里，开始慢慢渗入到地里，秧苗得救了，水浸入了它们的根部，它们高兴极了。

一百个"新生儿"

昨天夜里，猪圈的饲养员接生了一百个小猪崽，个个都很壮实、健康，一出娘肚子就吱吱地叫着，九个幸福的猪妈妈总是盼着饲养员把它们的小猪宝宝快快送来喂奶，这些小猪宝宝的样子甚是喜人，鼻头翘翘的，尾巴一点点，全身红彤彤。

猎　事

春天只有很短的时间可以打猎，赶上早春的话，打猎也要提前。若是春天来得晚，那打猎的时间也会推迟。

春天可供打猎的食物就是飞禽和水鸟，而且只可以打到野鸡类的如公鸡和公鸭，还不能带猎狗出来打猎。

鹬鸟择偶

猎人外出打猎往往都是一大早从城里出来，黄昏时分就进了森林。

天空灰沉沉的，没风，空中飘着细雨，挺暖和的，很适合鹬鸟择偶的。

猎人找了一块空地,站在一棵云杉边儿上,周围的树是低矮的赤杨、白桦和云杉。

离太阳下山还有十几分钟,趁这会儿还可以抽根烟,再过一会儿就没地方抽了。

猎人边抽烟边聆听着周围的各种鸟鸣。鸫鸟在云杉的顶儿上亮高腔,红胸鸲在树丛中哼着小调。

太阳落山了。

鸟儿们也陆续下班了,连最爱唱歌的鸫鸟和红胸鸲也唱累了,要休息了。

仔细听,森林上空有声音。

——"唧唧,唧唧"!"嚯嚯,嚯嚯"!

猎人一激灵,把枪背到肩上,屏住了呼吸。"哪儿传来的声音呢?"

——"唧唧"!

——"嚯嚯"!

嗯,两只呢!

的确有两只长鼻子鹬鸟扑扇着翅膀从森林上空飞过。

一只追逐着另一只,不像是在打架的样子。

一看便知,前面的是母鹬,后面的是公鹬。

砰!后面那只鹬鸟打着旋儿缓缓地落到了灌木丛中。

猎人飞快地跑了过去,要是这只受了伤的鹬鸟跑了,或是钻进灌木丛,就很难找了。

鹬鸟全身的毛就像是干枯的叶子般。

猎人走近了,这只受伤的鹬鸟就挂在了树枝上。

不远处传来了另一只鹬鸟求偶的叫声。

太远了,猎枪打不到它。

猎人又站到了云杉树上,定睛听着,森林里又是一片寂静。忽然:

——"唧唧"！"嚯嚯"！

就在那边，——还是太远了。

把它们引过来？可行吗？

猎人摘下帽子，抛向空中。鹬鸟机敏地盯着看呢：它在暮色中寻找着它的另一半，它发现了这个一起一落的黑乎乎的东西。

是我的那个配偶吗？公鹬鸟似乎在琢磨。

于是公鹬鸟转过头来直奔猎人的方向扑来。

猎人兴奋得双手直抖。

砰砰！没打中。

砰砰！又没有打中。

暂且放过它吧，定定神儿。

现在可以了，手不抖了。

现在开枪没问题了。

从漆黑的森林深处传来低沉可怕的叫声，把一只睡眼惺忪的鹬鸟吓得也尖叫起来。

天色暗了下来，已经有些看不见了。

终于，又传来一只鹬鸟的叫声。

"唧唧"！

另一侧也传来同样的叫声。

"唧唧"！

两只情敌就在猎人的脑瓜儿顶上开战了。

"砰！砰!"两声枪响，鹬鸟双双落地。

趁天色尚未完全黑下来，林中的小路还能看到，赶紧离开这儿，赶到鸟儿发情时的聚集地去。

捕获交配的松鸡

夜里猎人就在林子里找了个地方歇着，随便吃了点东西，喝了些随身带的水，也不敢点火，怕惊走了动物。

好在不用等上很久，天就亮了，而且松鸡在天亮之前就开始交配了。

那只老鸮又瓮声瓮气地叫了两声，打破了夜的寂静。

可恶的家伙,会把松鸡吓跑的。

东边儿开始泛白,隐约可听到松鸡开始在不远处滴答唱歌。

猎人噌的一下子跳了起来,侧耳细听那声音究竟从何而来。

又有一只,就在附近,也就一百五十步左右,接着又有一只。

猎人蹑手蹑脚地朝那声响传来的方向走近,手握着猎枪,手指扣在扳机上,眼睛紧盯着黑暗中那些粗大的云杉。

再一听,咯咯的叫声没了,松鸡嗒嗒的叫声又响起来。

猎人原地来了个三级跳,就定在那儿了。

叫声戛然而止,一片寂静。

这会儿松鸡警觉起来,好个机灵的家伙。只要树下发出一丁点儿声响,它就会拍拍翅膀溜之大吉。

貌似未发生可疑情况,于是叫声又开始了,"嗒嗒"、"嗒嗒",这叫声听起来就像是两个树桩子相互敲打的声音。

猎人一动不动地等候着时机的到来。

松鸡又开始唱。

猎人向前一跃。

松鸡嘶叫一声,停止了歌声。

猎人抬起的腿似乎僵在了半空,而松鸡也被突如其来的声响吓到,凝神细听。

过了一会儿,松鸡又开始了叫声,"嗒嗒"、"嗒嗒"……

这样反复了几次。

现在猎物已经很近了,好像就在不远处的云杉树上,而且离地面很近,就在树的半腰处。

这会儿的松鸡已经完全昏了头脑,使劲儿地叫,什么也听不见了。

只是猎人无法在黑暗中确定松鸡的具体方位。

哈哈!你在这儿呐!就在离猎人三十步远的一棵毛蓬蓬的云杉枝上,有一个长着长长的黑脖子,脑袋上长着山羊胡子的家伙……

松鸡不再叫了,但也不能轻举妄动。

"嗒嗒!"、"嗒嗒!"又叫开了。

猎人举起了枪。

他瞄准了黑暗中这个脑袋上长着山羊胡子、尾巴像大蒲扇似的家伙。

砰!它落到了雪地上。

好一只松鸡,还是只公的。很大,全身都是黑的,少说也有五公斤!眉毛通红,血染了似的……

森林剧院

《森林报》特约通讯员

琴鸡交尾表演

森林里有个很大的空地——那就是森林剧院的所在。太阳还未升起,而周围的一切却看得清清楚楚,因为正值圣彼得堡的白夜。

一群长有花斑的雌琴鸡已经聚到空地来看演出了,它们有的在地上啄着食,有的则彬彬有礼地静静地在树上等候演出的开始。

不一会儿,一只全身乌黑、翅膀上有些白道道的雄琴鸡从森林的深处飞到了舞台上,它就是今天节目的主角。

它用那纽扣般大的黑眼睛环顾四周,发现来的都是些看热闹的琴鸡,与它配戏的"那位"还没影儿呢。

那些灌木丛是怎么回事?昨天好像还没有,简直莫名其妙,怎么可能在这一宿就冒出一米高的云杉来?兴许是自己忘了?上了岁数记性就是差了。

该开始了。

这位主角再次环顾了四周的观众,随后将脖子弯向地面,翘起了美丽的尾巴,侧身又将翅膀贴近地面。

嘴里开始嘟囔,像是在念台词,大致的意思是:"我要卖掉裘皮,之后买件外衣,买件外衣!"它挺直了腰板,又看了看观众席,继续念叨:"买件外衣,买件外衣!"

啪的一声,一只雄琴鸡落到舞台上。

啪啪,紧接着又有几只雄琴鸡飞落下来。

呸!台上的主角快要气疯了。浑身的羽毛都竖立起来。它把头贴到地上,尾巴呈扇形张开,发出"唬唬""唬唬"的声音!

这是发出的挑战的信号,那意思是:如果你不吝惜你的羽毛的话,就来吧。

舞台的另一头还真有一只雄琴鸡应战了。

"唬唬""唬唬",来这儿的可都不是胆小鬼,有种的就过来较量较量。

"唬唬""唬唬"……想叫板的还真不少,二十只、三十只,简直数不过来啦,都准备试试身手呢。

再看那些雌琴鸡,稳当儿地坐在树枝上,也不露声色,对这场精彩表演丝毫不感兴趣。这些狡猾的美女们,大家心知肚明,这场表演实际就是给它们看的,那些尾巴上有黑白道道,激动地眉毛通红通红的且盛装出席的斗士们就是冲它们才来的。

每一个斗士都想在自己心仪的美女面前尽显勇猛和强大。那些笨拙的胆小鬼只能赶紧滚开,只有那些勇敢灵活的斗士才值得美女的青睐。

较量开始了。

琴鸟啾啾的叫声响遍全场,它们俯下身子,积聚力量准备冲击。

两只雄鸟搅在了一起,互相啄着对方的脸。

"咕噜"——双方都动

了真格,愤怒地发出叫声。

天色渐亮,笼罩在舞台上空的那层白夜的透明薄雾渐渐退去。

在云杉丛中(也不知哪儿来的这些云杉),有个金属的东西闪着亮光。

可这些琴鸡斗士们可顾不上这些冒出来的云杉。

它们这会儿都在忙活着跟自己的情敌较劲呢。

我们这台节目的主角最强,它离树丛最近,两个对手都被它打跑了,它正在对付第三位,它是当之无愧的主角,整个林中数它最强了。

不过,这第三个挑战者也不是好惹的,很勇猛,跳起来,撞向了我们这只发了情的琴鸟。

"咕噜!"我们的主角发怒了。

树上的美女们都伸长了脖子,这出戏不错,有看头。这个对手不会被吓跑的,无论如何也不会的。只见它又纵身一跃,扑打着翅膀,两个情敌在空中扭作一团了。

啄啊,啄啊,都分不清是哪个啄了哪个,只看见两只琴鸟纷纷落地,散向不同的方向。那只小些的翅膀上的两根硬鸧断了,蓝色的羽毛都支棱着戳着。那老些的琴鸟火红的眉毛淌着血,还有只眼睛被啄瞎了。

树上的美女坐不住了,似乎要闹明白到底是谁打败了谁。莫非是小的打败了老的?那小伙子可真帅啊,蓝色的羽毛又密又亮,尾巴上有点点花斑,翅膀的条纹很是五彩斑斓。

看,这一老一小又打起来啦。双双跳起,又在空中扭作了一团。老的压住了小的。

掉到地上,又散开。

又扭到一块了,这回是小的在上面压住了老的。

最后一轮搏斗了。

扭在一起,又跳开。

又跳开,又扭到一起。

"砰!"只听一声枪响,响彻林中,随即一团青烟从云杉丛上空升起。

搏斗瞬间停止,树上的雌鸟伸长了脖子呆住了,雄鸟们也惊恐地挑起了红红的眉毛。

出什么事了?

没事,一切都还好啊。

没外人啊。

一片寂静,只是刚才的那缕青烟消失殆尽了。

一只雄鸟转过头,发现对手就在眼前,于是跳了起来,啄它的额头。

表演又继续下去了,一对对情敌又厮杀开来。

树上的美女们发现,刚才那一老一小都躺在了地上,死了。

它们是互相打死的?

这场戏又继续演了下去,还是看台上吧。台上这对情敌到底谁能胜出? 这些黑衣斗士哪位能成为最后的赢家?

当太阳升起的时候,表演也结束了,鸟儿们都飞走了,从云杉枝搭成的小窝棚里走出了猎人,他捡起今天的猎物,一老一小的雄琴鸟。

猎人把它们揣到怀里,扛起枪,满载而归。

他一边在森林里走着,一边竖起耳朵听着,警觉地张望着,唯恐撞上什么人,因为他今天做了两件不大光彩的事,一是在禁猎期射杀了准备交尾的琴鸟,再有就是他射杀了一只老的种鸟。

明天,森林剧院的戏恐怕演不成了,没了主角怎么演呢?

交尾的事没戏了。

无线电呼叫

呼叫! 呼叫!

这里是《森林报》编辑部。

今天是三月二十二日,春分,我们在这里进行无线电呼叫。

我们向东南西北各个方向发出呼叫。

我们呼叫各地,呼叫冻土带和原始森林,草原和高山,大海和荒漠。

请大家都来说说各自那里的情况吧。

回应！回应！

来自北极的回应

我们现在正在欢庆节日呢！经历了漫长的寒冬后，我们这里终于看到太阳了！

最开始时，只是在海岸线上看到太阳露出的最顶端的一个小边儿，而且很快，也就几分钟的时间，这小小的边儿也消失了。

两天之后，太阳已经露出一半了。

又过了几天，太阳终于脱离了海岸线，完完整整地呈现在了我们面前。

现在，我们这里也有白天了，虽然这白天不过短短几个小时，可总算是有了阳光，而且白昼的时间正在逐日增长呢。

洋面和陆地上依旧覆盖着厚厚的白雪和冰层，白熊仍在洞里酣睡，树上还没有出现任何幼芽，也没有任何鸟类飞来，依旧是整日的严寒和暴风雪。

来自中亚的回应

在我们这里，马铃薯的播种工作已经结束，现在开始种棉花了。太阳整日灼烧着大地，街道上成天尘土飞扬。扁桃、杏子、银莲、风信子的花早已凋谢，桃树、梨树、苹果树正花枝招展，种植农田防护带的工作也有条不紊地展开了。

在我们这里过冬的渡鸦、寒鸦、白嘴鸦和云雀都飞回北方去了，去别处过冬的家燕、雨燕也都飞回来了，野鸭也从树洞里钻了出来，扑扇着翅膀到水里游泳去了。

来自远东的回应

我们这里的狗已经从冬眠中苏醒过来了。

千真万确，你没听错，是狗，不是熊，不是土拨鼠，也不是獾。

你肯定在想，狗是不会冬眠的啊……可我们这里的狗真的是要冬眠的。

这是一种很特别的野犬，个头比狐狸还要小，腿很短，一身棕色的毛又长又密，连耳朵都被遮得严严实实看不见在哪儿。一到冬天，这种野犬就钻进洞里像獾一样睡大觉，现在，它们已经醒来了，开始抓老鼠和鱼吃了。

当地人称这种野犬为浣熊犬，因为它们长得很像美洲的小浣熊。

在南部沿海地区，人们已经开始捕鱼。这里盛产一种很特殊的鱼，叫鲽鱼。在乌苏里边区的原始森林里已经有小老虎出生了，它们马上就可以睁开眼睛了。

再过几天，大批生活在海洋里的鱼类也要到我们这里来了，它们要在这里的河流里产卵。

来自乌克兰的回应

我们现在正在种小麦呢。

去南非过冬的鹳已经飞回来了，大家都知道，鹳在房顶上筑巢是幸福的征兆，于是我们

纷纷把陈旧的大车轮拖到房顶上去，想用这个办法把鹳吸引过来。

现在，已经能看到鹳往车轮上叼树枝了，它们正在筑巢呢。

养蜂人这段时间一直忧心忡忡的，金晃晃的大蜂虎已经飞来了。这种长得五颜六色的美丽鸟儿最喜欢吃蜜蜂了。

来自亚马尔半岛冻土带的回应

我们这里还是彻头彻尾的冬季，一点春天的气息都没有。

北方鹿已经饥饿难耐了，它们纷纷用蹄子踏开冰雪层，寻找下面的青苔吃。

可不管怎样，渡鸦还是会飞来的！在这里，每年的四月七日都要庆祝"渡鸦日"，渡鸦的到来象征着春天的开始，就像在俄罗斯，白嘴鸦的飞来象征着春天到来一样，只不过这里是没有白嘴鸦的。

来自新西伯利亚原始森林的回应

我们这里的情况和编辑部那儿的情况差不多，因为我们都处于森林带——针叶林和混交林带。大家都知道，俄罗斯最主要的自然带就是森林带。

白嘴鸦得等夏天才会飞来，春天飞来的是寒鸦。跟其他鸟儿一样，寒鸦也是飞到别的地方去过冬的，但它们是很急于归乡的。每年春天，它们都是第一批飞回来的。我们这里的春天美妙和谐，却也短暂易逝。

来自后贝加尔草原的回应

我们这里有一种很特别的大脖子羚羊，叫黄羊。现在，大批黄羊正在向南迁徙，它们要离开这里前往蒙古。

现在正是早春时节，冰雪消融的天气对于它们来说可是一场巨大的灾难。白天，气温有所回升，积雪也稍稍融化，可到了夜里，气温骤降，刚融化的雪水马上又结成了冰，这样一来，平坦辽阔的草原就变成了一个硕大的溜冰场。黄羊的蹄子又平又硬，在这大冰场上直打滑，就跟站在玻璃上似的，四条腿各向外滑，很是搞笑。

别看黄羊在这冰面上站立都困难，有很多野兽在上面行动起来可是风驰电掣一般，它们是黄羊的索命鬼。

每年早春季节，都会有不计其数的黄羊丧命于虎狼之口。

来自高加索大山的回应

我们这里是春冬两重天，山脚下已是一片春意盎然，山顶上却还是彻头彻尾的冬季。但是已经可以看得出，春意正在由山脚向山顶步步靠近。

山顶上还是一片雪花纷飞的景象，可往下看，在山谷里，雨点落，河水涌，春潮来了！河水涨了很多，有的地方甚至已经冲出了河岸，浑浊的、湍急的水流一路向前，直奔大海。

山谷里开满了野花，树上也长出了新叶。山的向阳面上早已长出了绿草，开始只是在较低的地方，现在在较高处也能看见些绿色了。看来，这野草大军正在步步向上呢。

较高处不仅长出了绿草，还飞来了鸟儿，爬来了啮齿动物和食草兽，有狍、野兔、鹿、野山羊、野绵羊等，当然，紧随这些食草动物而来的还有狼、狐狸、野猫，甚至有让人类也不寒而栗的雪豹。

寒冬节节败退，眼看就要退居到最顶端了，暖春却仍紧逼不舍。春意正在慢慢向上蔓延，各种各样的活物也在慢慢向上蔓延。

来自中亚沙漠地区的回应

我们这里的春天很是热闹呢。有时会下些小雨，天气并不热。地面上，甚至是沙土地上，都钻出了许多不知名的小草。

灌木长出了小嫩叶，许多沉睡了一冬的动物也从土壤里钻了出来。蜣螂、象虫都飞来了，亮闪闪的吉丁虫更是布满了灌木丛。蜥蜴、蛇、龟、黄鼠、沙黄鼠、跳鼠也纷纷"出洞"了。

大型黑秃鹫成群地从山顶上飞了下来，它们捕食的对象是龟。秃鹫的长喙是弯曲的，因此它们可以轻而易举地啄取坚硬龟壳下的美味龟肉。

地面上一派生机勃勃，空中也并不逊色，大批的鸟类纷至沓来，有小巧的沙漠莺，有善于舞蹈的石即鸟，还有各种各样的云雀，叽叽喳喳的啼叫声不绝于耳，好不热闹。

虽然我们这里是沙漠地区，可在这阳光明媚的春日里，到处都是蠢蠢欲动、生机勃勃的小生命，绝不是人们想象中的那种死气沉沉的感觉。

来自北冰洋的回应

现在，海洋上到处都是大块大块的浮冰在漂移，上面还卧着潇洒的"漂流者"，那是许多滑溜溜、黑乎乎的海兽——格陵兰母海豹。这群勇敢的母亲们直接在寒冷的冰层上产下幼崽。新生的小海豹长得和母亲们很不一样，它们一个个毛茸茸的，白得像雪一样，浑身上下只有小拱嘴跟小眼睛是黑溜溜的。

小海豹们成天在冰上爬来爬去，它们还不会游泳，还不能下水。

黑溜溜的公海豹早就爬上了浮冰。它们成天卧在冰层上，漫无目的地漂流，因为它们要在冰层上换毛。是时候脱掉那身又短又硬、还略带些黄色的旧毛了！

与此同时，侦察员们成天乘着直升机在大洋上空观望，看一看哪儿的浮冰上出生了许多小海豹，哪儿的浮冰上公海豹正在褪毛。

观望归来，他们再将情况报告给船长，哪里的海兽很密集，需要小心绕行。

还有许多特殊的船只在浮冰之间穿行，上面载着猎手，他们在捕海豹呢。

来自里海的回应

里海的北部有些浮冰，上面也卧着很多海豹。

不过这里的小海豹已经长大了，而且换上了棕黑色的毛。这段时间，母海豹出现在它们身边的次数越来越少了，该是给小海豹断奶的时候了。

母海豹也该换毛了，它们离开了小海豹，爬上其他浮冰。那里聚集着大量的公海豹，现在，它们可以一起换毛了。不过，随着天气转暖，浮冰在慢慢融化，再过些日子，它们就得向岸边转移了，它们将在沿岸的浅滩上完成换毛的任务。

至于里海里的鱼儿，鲱鱼、鲟鱼、欧鳇，还有好多其他鱼类，现在都成群结队地向伏尔加河、乌拉尔河的河口游去，它们会在河口附近逗留几天，等河流上的冰融化，河水通畅，它们就顺着水流一股脑儿地涌进河里，你挤我，我靠你，拥在一起开始产卵。

渔人们开始准备工具了，等到河里的鱼儿产完卵，他们就要大显身手了，伏尔加河、卡马河、奥卡河、乌拉尔河及其支流，到处都是他们活动的舞台。

来自波罗的海的回应

我们这里的渔人们也摩拳擦掌、跃跃欲试了，马上就可以捕鱼了，棱鲱、鲱鱼、鳕鱼……在芬兰湾和里加湾，还能捕到鲑鱼、胡瓜鱼、欧白鲑之类。

港口一个接一个地解冻了，各种大型轮船纷纷出海远航了，来自四面八方的船只也纷至沓来。

寒冬结束了,波罗的海迎来了美妙的春季。

到此为止,本次无线电呼应就结束了。

下一次呼应的时间为六月二十二日,我们到时见!

打靶场

*＊＊第一次竞赛＊＊＊

1. 按照日历,春季从哪一天开始?

2. 哪种雪融化得更快,干净的还是脏的?

3. 为什么春天禁止猎毛皮兽?

4. 春天,哪种动物出现得较早,蝙蝠还是飞虫?

5. 在我们这儿,春天时,哪种花最先开花呢?

6. 春天时,森林里的哪种鸟类会突然改变羽毛的颜色?

7. 雪兔什么时候最容易被发现?

8. 刚出生的小兔能看到东西吗?

9. 图中画着两棵松树。其中一棵生长在浓密的森林中,另一棵生长在开阔的土地上。请辨别。

10. 我们这儿最小的野兽是什么?

11. 我们这儿最小的鸟儿是什么?

12. 这里画着三种不同的鸟嘴。一个是吃昆虫的,一个是吃谷子和浆果的,还有一个是吃小兽和小鸟的。请根据它们的嘴,判断出什么鸟儿是吃什么的?

13. 在我们这儿,哪种鸣禽的雄鸟是黄色的,而雌鸟是绿色的?

14. 图中是一棵被兔子啃过的树木。兔子怎么会爬到那么高的地方啃树皮呢? 它为什么不从下面的树根处啃呢?

15. 一年中的哪两天是白天和夜晚一样长呢?

16. 什么是头朝下生长的?

17.（谜语）没有生炉火,没有烧柴火,周围却暖和。

18.（谜语）飞行时不出声,落地时不出声,死掉腐烂了,开始大声叫。

19.（谜语）马拉着车跑,车轮却不动。

20.（谜语）一位老大娘,爱美爱漂亮,冬天穿白衣,春天换彩装。

21.（谜语）冬天散热,春天腐烂,夏天死去,秋天复活。

22.（谜语）昨天出现过,明天仍会来。

23.（谜语）虽不是树木,头上长枝杈。

布 告

求 租

求租一间结实的小屋,木板厚度不要少于 2 厘米,高 32 厘米,面积是 15 厘米×15 厘米,门径为 5 厘米,位于离地板 23 厘米处。房子朝南。

已经飞来了的椋鸟

求租一所菱形的小屋。室内面积为 12 厘米×12 厘米,门径为 4 厘米。

将在两三天内到达的杂色捉虫草鸟和红尾鸲

求租一间三居室。总面积为 12 厘米×36 厘米,门要在屋檐下面,门径为 4 厘米。

将在五月份到达的雨燕

求租一间带顶棚的房间。顶棚高 11 厘米,面积为 11 厘米×11 厘米,门位于离地板 7 厘米处,门径为 4 厘米。

已经到这里的白鹡鸰

将在五月到达的灰鹡鸰

NO.2 重返故土月（春季第二月）

4 月 21 日至 5 月 20 日　太阳进入金牛宫

一年:有十二个章节的太阳组诗(4 月)

　　四月里,冰雪消融! 四月还沉浸在梦乡里,但已经和风徐徐,马上就会转暖,你看着吧,春意盎然的景象很快就会到来了!

　　在这个月里,溪水从山涧流出,鱼儿从水面跃起。春天,已将大地从积雪中释放,现又继续凿开禁锢河水的浮冰。融雪汇成的小溪悄悄地流入河里,河水上涨了,冲破了浮冰。春水已泛,在山谷里奔流。

　　大地受到春水和春雨的滋润,换上了绿色的新衣,上面还点缀着柔美的雪莲花。森林还是光秃秃的,它在等待着春天的照顾。可是树里的浆液已经开始暗暗流动,嫩芽破土而出,枝头盛开的花朵飘满空中。

鸟儿回乡大搬家

　　鸟儿们成群地从过冬的居所返回故乡。回家的时候,它们井然有序地结队返乡,每一队都有自己的顺序。

今年,鸟儿们还是沿着以往的航线飞回我们这儿,飞行时遵守的规矩也是几千年、几万年甚至几十万年前它们祖先的那套老规矩。

第一批启程的,是那些去年秋天最后一批离开我们的。最后启程的,是那时最先离开我们的。最晚飞来的,是那些色泽最艳丽的鸟儿:它们要等到嫩叶、青草长出来后,才会飞来呢。要是来早了,在光秃秃的大地和树木上,它们太显眼。现在在我们这儿,它们还无法躲避猛兽和猛禽这类天敌。

有一条鸟类的海上长途航线刚好经过我们的列宁格勒区。这条航线被称为"波罗的海航线"。

它的一头是昏暗的北冰洋,另一头是那些繁花似锦、天气晴朗的炎热地方。数不清的海鸟成群结队地在空中飞行,一队队一行行的,浩浩荡荡,没个尽头,每队有自己的顺序和队形。它们沿着非洲海岸飞行,穿过地中海,经过比利牛斯半岛和比斯开湾海岸,飞越一条条海峡,途经北海和波罗的海。

一路上,它们会遇到很多的艰难险阻。浓雾会像墙壁矗立在这些旅行者的面前。它们在潮湿的黑暗中迷路,横冲直撞,一不小心,就会撞到看不见的尖锐岩石上,撞得粉身碎骨。

海上的暴风雨折断它们的羽毛,打落它们的翅膀,把它们卷到了那些远离海岸的地方。

骤降的严寒把海水结成冰。许多鸟儿都饥寒交迫,在途中死去。还有成千上万的鸟儿死在了贪婪的猛禽——雕、鹰和鸥的利爪下。

在这时,许多猛禽都聚集在这条海上航线上,不用费多大的力气,就能享用到丰盛的美食。

还有上百万只候鸟会死在猎人的枪下(在这期的《森林报》我们会发表在列宁格勒附近打野鸭的故事)。

可是,什么也阻挡不了候鸟们回家的步伐:它们穿过浓雾,冲破阻碍,向自己的故乡飞去。

我们这里的候鸟,并不都是在非洲过冬,也并非都沿着波罗的海航线飞行。一些候鸟是从印度飞到我们这儿的,而扁嘴鳍鹬的过冬居所更加遥远——在美洲。它飞过整个亚洲,急匆匆地飞到我们这儿。从它过冬的住处,到它阿尔汉格尔斯克的老家,它要花费大约两个月的时间飞越大约一千五百公里的路程。

戴脚环的鸟

如果你打死了一只脚上戴金属环的小鸟,那么你就将这脚环取下,寄到中央鸟类脚环局去吧,地址是:莫斯科,B-331,赫尔岑大街12号。再附上一封信,说明你是在什么时候、什么地点打死了这只鸟。

如果你捉到一只戴脚环的鸟,那么就请你记下刻在脚环上的字母和数字,之后把鸟儿放走,再给鸟类脚环局寄去一封信,告诉他们你的发现。

如果是你认识的猎人或捕鸟者打死或者捉到了这样的鸟,那么请你告诉他他应该怎么做。

人们把一种很轻的金属环(铝环)套在小鸟的脚上。环上的字母能够表明,是哪个国家的哪个科学机构给这只鸟戴上脚环的。至于刻在脚环上的数字——在科学家的日记里,也记着同样的数字,并且记载着他是在什么时候什么地方,给这只鸟戴上脚环的。

科学家们用这种方法来探知鸟儿生活习性的秘密。

例如,在我们遥远的北方某地,人们给一只鸟戴上了脚环。后来,它在非洲南部,或者印度,或者其他某个地方,被人捉到,那个人就会把脚环取下,寄回我们这里。

不过,在我们这里,并非所有的候鸟都飞到南方过冬:有些飞到了西边,有些飞到了东部,有些甚至飞到了北方过冬。这就是我们利用给候鸟戴脚环的方法,探知到的候鸟生活习性的秘密之一。

林中轶事

道路泥泞

城郊道路泥泞：雪橇、马车和汽车均无法在林间和乡间小路上通行。费了九牛二虎之力我们才获得林中的信息。

从雪下钻出的浆果

红梅苔子从森林沼泽地的积雪下钻出。村里的孩子们跑了去采摘，他们说，过冬的浆果比新的甜多了。

昆虫的节日

柳树开花了。那些小巧的明黄小球将柳树那些粗糙的、灰绿的枝条遮盖了起来。整棵树变得毛茸茸的，显出一副轻盈、幸福的状态。

柳树开花——这可是昆虫的节日。在盛装的柳树丛中笼罩着节日的喧闹、喜庆的气氛。野蜂嗡嗡地飞舞，苍蝇头脑不清地乱撞，勤劳的蜜蜂越过细细的雄蕊，采集花粉。

蝴蝶翩翩起舞。看，这有一只翅膀上带透花图案的黄粉蝶，那还有一只大眼睛的棕色荨麻蛱蝶。

而柳树毛茸茸的小黄球上面，还落了一只长吻蛱蝶呢。而它那黑色的翅膀把小黄球完全遮住了。此刻它正用它的吸管深深地插到雄蕊间吸吮花蜜。

在这个欢声笑语的柳树丛旁边，还有一簇柳树。它们也都盛开了花朵。不过这些花朵完全不同：是些丑陋的、蓬乱的、灰绿色的小毛球。上面也有些昆虫。但却没有临近的柳树丛那般热闹的景象。不过这丛柳树正在结子，因为昆虫们已给这些灰绿色的小毛球授上了小黄球的黏稠的花粉。不久之后,它那每个小瓶子似的长长雄蕊里就要结子了。

葇荑花序

小河与溪流的沿岸和森林的边缘,绽放着一大片葇荑花序。它们不是出现在刚刚解冻的大地上,而是挂在洒满春天阳光的、温暖的树枝上。

那些长长的、褐色的、挂在白杨和榛树上的小吊坠,就是葇荑花序。

它们去年就长出来了,冬天时,它们浓密而牢固。然而现在它们舒展开来,变得松散又柔软。

晃动树枝,就会泛起一片黄色的花粉烟雾。

而在白杨和榛树的枝条上,除了这些葇荑花序外,还有它的雌花。白杨的雌花是褐色的小球;榛树的雌花是厚实的苞蕾,并且有一些粉色的卷须从苞蕾里伸出,看上去就像是苞蕾里昆虫的触须,事实上,这是雌花的柱头。每个苞蕾中都有两三个甚至多达五个柱头。

现在白杨和榛树还没有长叶子,风自由地穿梭于光秃秃的树枝间,使葇荑花序摆动了起来,风携带着洒落的花粉从一棵树到另一棵树。粉色的须状柱头受了粉,那么这些奇怪的硬毛的雌花就受精了,等到秋天它们就长成了一颗颗榛子。白杨的雌花受精后,则会长成有子的黑色球果。

蝰蛇的日光浴

有毒的蝰蛇每天早晨会爬到干枯的树桩上晒太阳。它爬起来很吃力,它的血液因为寒冷急剧地冷却下来。

晒过太阳的蝰蛇马上活跃起来,出去逮老鼠和青蛙了。

蚂蚁窝有了动静

我们在一棵云杉树下发现了一个大蚂蚁窝。最初我们以为,这只是一堆垃圾和枯针叶,并非是个蚂蚁王国,因为一只蚂蚁也没有见到。

现在,上面的雪化了,蚂蚁们爬出来晒太阳了。漫长的冬眠过后,蚂蚁们变得很虚弱,纷纷集成黑压压的一团,躺在窝上。

我们轻轻地用小棍吓唬它们,而它们只能稍微地动一下,甚至连向我们喷射刺激性蚁酸的力气都没有。

几天之后,它们就能重新开始工作了。

还有谁醒了?

从冬眠中醒来的有蝙蝠和各种甲虫:扁平的步行虫、圆圆的黑屎壳郎、噼啪响的叩头虫等。叩头虫有一门绝技:把它仰面朝天地放在地上,它就吧嗒一磕头,然后弹到半空中翻个跟头,稳稳地落到地上。

蒲公英开花了;白桦也换上了绿装:看,叶子马上就长出来了。

第一场春雨过后,从地里钻出了粉红色的蚯蚓,羊肚菌、鹿花菌等菌类也破土而出。

池 塘 中

池塘里一派热闹的景象。青蛙离开了水藻
中自己过冬的床铺,产了卵后,跳上岸来。

蝾螈则相反,它们现在正从岸上回到水中。

在我们市郊这里,孩子们都管蝾螈叫水壁虎。因为它——全身橙黑色,还有条大尾巴,不大像青蛙,更像蜥蜴。冬天时它就离开池塘到森林去,藏在潮湿的青苔里开始冬眠。

癞蛤蟆也睡醒了,也产下了卵。只是,青蛙的卵是一团团游荡在水中的透明小泡,每个泡泡里都有一个小黑圆点,而癞蛤蟆的卵则连成一条带子状,附着在水底的水草上。

森林清洁工

　　冬天，偶尔会有一些鸟兽被突如其来的严寒冻死。它们的尸体会被雪掩埋。到了春天它们的尸体就暴露了出来。不过用不了多久，熊、狼、乌鸦、喜鹊、埋粪虫、蚂蚁等森林清洁工就会把它们清理掉。

　　它们是春天开花的吗？

　　现在已经可以找到许多开花的植物了，如三色堇、荠菜、遏蓝菜、繁缕、欧洲野菊。

　　可是不要以为这些草都跟雪花莲一样，到春天时才从地下钻出来：它先"伸出绿色的梗，然后用尽所有力气"，钻出地面就开花了。

　　而三色堇、荠菜、遏蓝菜、繁缕、欧洲野菊这些花，却勇敢地迎接寒冬，不躲不藏。当它们上空不再是积雪，而是湛蓝的天空时，已开的花朵和待放的蓓蕾就又变得生机勃勃起来。

　　去年晚秋我们在草茎上见到的那些蓓蕾，都已成了艳丽的花朵，现在在草丛中望着我们呢。

　　它们怎么能算是春天开花的植物呢？

巴甫洛娃

白 寒 鸦

　　在小雅尔契克村的学校里住着一只白色的寒鸦。它在普通的寒鸦群中与它们共同飞翔。这种白寒鸦连老人们都没见过。我们这些小学生又怎么会知道，为什么有这样一只白寒鸦呢？

《森林报》学生通讯员　西尼采娜　马斯洛夫

编辑释疑

　　普通的鸟兽有时会生下周身纯白的幼鸟幼兽。

　　科学家称，它们患上了白化病。

　　白化病病患有的是全身发白，有的是部分身体发白。它们的身体里缺少能使羽毛或兽毛着色的色素。

家畜中有许多都会患上白化病,如白家兔、白鸡、白老鼠。

而野生动物中很少生来就患上这种病。

而一旦患上白化病的它们就难以生存:有的还很小就被亲生父母咬死;有的会一生受到同类的折磨、排挤。不过,即使它们像小雅尔契克村的白寒鸦那样,成为同类群体中的一员,也往往活不久,因为它们太扎眼了,首先猛禽猛兽就不会放过它们。

罕见的小兽

森林里传来了一只啄木鸟尖厉的叫声。我一听这叫声,就知道它有麻烦了。

我穿过密林,看见空地的一棵枯树上有个精致的树洞,那里就是啄木鸟的窝。有只稀奇的小兽正沿着树干向那个窝爬去。我不知道这是什么动物!它——灰啦吧唧的,有根有些秃的短尾巴,一双跟小熊一样又小又圆的耳朵,而眼睛却又大又凸,像猛禽一样。

这只小兽爬到树洞口,往窝里瞧了瞧,看来是想吃鸟蛋……啄木鸟猛地向它扑了过去!小兽一下子躲到了树干后面。啄木鸟追着它。小兽绕着树干跑,啄木鸟也围着树干追。

小兽转着圈越爬越高,一直爬到了树干顶端,无路可走了!啄木鸟追上它狠狠地啄了一口!小兽从树上掉下,却飘在了空中!

它叉开了四只小爪——在空中飞走了,就像一片秋天的槭树落叶。它有些左摇右晃,而它的小尾巴在掌舵。它飞过了空地,落在了一根树枝上。

这时我才想起,这是一只会飞的鼯鼠。它的身体两侧长有皮膜。它叉开四只小爪,也就张开了两张皮膜,就能飞起来。它是我们森林里的跳伞员!只可惜它们太罕见了。

《森林报》通讯员 斯拉德科夫

鸿 书

《森林报》通讯员

春 汛

春天给森林里的动物们带来了不少灾难。雪很快地消融了,河水暴涨,淹没了两岸。有些地方发生了洪灾。四面八方都传来了动物受灾的消息。兔子、鼹鼠、田鼠以及其他地上地下的小动物受灾最重。水灌进了它们的洞穴,它们不得不逃跑。

每一只小动物都凭着自己的本领进行自救。

小鼩鼱从洞中蹿了出来,爬上了灌木丛。它在那里等待洪水退去。它很饿,显出一副可怜巴巴的样子。

大水漫上岸后,鼹鼠差一点闷死在洞里。它钻出地面后,浮在了水面上,并努力地寻找一块干燥的地方。

鼹鼠是个优秀的游泳运动员。它蹿上岸之前,在水中游了好几十米。它很庆幸,没有一只猛禽发现它那在水中时油黑发亮的皮毛。

它跳上岸后,就又钻到了地下。

兔子上树

兔子有过如下的经历——

一只兔子住在河中央的孤岛上。夜里它啃食小山杨的树皮,白天就躲进灌木丛里,以防被狐狸或人发现。

这是一只年纪还小又不太机灵的兔子。

它竟然完全没有注意到,周边的河水已经把浮冰噼里啪啦地冲到小岛上来了。

这一天,小兔子还在灌木丛中悠闲地睡大觉。暖暖的阳光洒在它身上,对河水的迅速上涨,它毫不知情。直到感到身下的毛湿了,它才醒过来。

它猛然跳起,可周围已一片汪洋。

发大水了！水漫过了爪子,它慌忙向岛中央逃去,那里还有片干地面。

可是河水迅速地上涨。这个岛变得越来越小。小兔子跳来跳去地寻

找安全地带。眼看着整座小岛要被全部淹没了,可它又不敢跳进这条冰冷湍急的河:它不可能游过这条波涛汹涌的河的!

就这样,一天一夜过去了。

到了第二天早晨,仅剩下一小块小岛露出水面了。那里长着一棵粗壮的布满节疤的大树。吓坏了的兔子直围着大树打转。

第三天,河水已涨到了树下。兔子急忙地往树上跳,可每次都跌落下来,啪嗒一声掉到水里。

兔子终于跳上了一根粗壮低矮的树枝。它勉强地待在上面,开始焦急地等待大水退去,因为河水已不再上涨了。

它不担心被饿死,因为虽然老树皮又硬又苦,可还是可以填饱肚子的。

最可怕的是大风。大风剧烈地摇晃着树枝,兔子几乎在树上撑不住了。它就像船桅上的水手,脚下的树枝就像剧烈摆动的船桅,而下面就是深不见底、冰冷的大海。

下面宽广的河中漂过了整棵的大树、原木、树枝、稻草和死去的动物。

当从它身旁漂过另一只在浪涛里颠簸、晃悠的兔子时,它吓得全身直哆嗦。

那只兔子的脚被一根树枝绊住了,如今只能肚皮朝天、四仰八叉地跟树枝一起漂走了。小兔子在树上待了三天。

水终于退了,小兔子跳到了地面上。

现在它依然只能住在河中央的小岛上,一直到炎热夏天。到那时河水水位会下降,它就可以跳到岸上去住了。

上船的松鼠

被春汛淹没的一片草地，变成了小水洼，一个渔夫在那里布网捕鳊鱼。他慢慢地划着小船穿行于水面上的灌木丛。

他在一棵灌木上发现了一颗奇怪的、棕黄色的蘑菇。那蘑菇突然纵身一跳，跳到他的船上。

它转过身来，原来是只浑身湿淋淋、毛乱蓬蓬的松鼠。

渔夫把它送到岸边。松鼠马上从船上跳下，飞奔进了森林。

谁也不知道它为何会到水中央的灌木上，又在那里待了多久。

鸟类也遭殃

通常，洪水无法对鸟类构成威胁。可如今它们也受到了春汛的折磨。

一只淡黄色的鸲鸟在大渠边上筑巢生蛋。

可洪水把它的窝冲走了，蛋也被卷走了。鸲鸟只好寻觅新的筑巢之所。

而沙锥待在树上，等待着洪水退去。

沙锥是一种鹬。它住在森林中的沼泽地中，用它那长长的嘴巴在稀泥里觅食。

它等啊等，希望还能用自己长长的嘴巴在这片泥沼里刨食。它不能飞离这片沼泽！

别的地方全部被其他同类占领了，是不会让它进驻的。

意想不到的猎物

有一次，我们的一位猎人通讯员悄悄走近一群在湖边灌木丛后的野鸭。猎人穿着高筒胶鞋小心翼翼地靠近它们，漫上岸的水已经没到了他的膝盖。

突然，他看到正前方灌木丛后出现了一个长长的、灰色光滑的鱼类脊背,只见一只怪异的鱼在浅水中扑腾。他没多想就朝这个不知名的怪鱼连发了两枪。

顿时,灌木丛后的水面泛起一片涟漪,激起一片泡沫,最后又恢复了平静。猎人走上前去,看见一条被射杀的一米半长的梭鱼。

时下正是梭鱼产卵的季节,它们从河湖中游到被春汛漫过的岸边,在草丛里产卵。这里的浅水很温暖。小梭鱼孵出后,就会随着退下的水游到河湖中。

猎人完全没想到是产卵的梭鱼,不然他绝不会干这种违法的事。法律规定禁止捕杀春天游到岸边产卵的鱼,连梭鱼和其他肉类鱼也包括在内。

残留的冰块

冬天时有一条横穿河面的道路,人们驾驶雪橇在上面通行。可是春天来了,河面的浮冰就噼啪裂开了,这条道路也变成了一块冰,随着水流向下漂走了。

这个冰块上布满了马粪、雪橇印和马蹄印,十分污浊。冰块中间还被钉了一个马掌钉。

最初,这个大冰块顺着河床漂流。从岸上飞来一些白色的鹡鸰聚集在它上空,啄食小苍蝇。

后来,河水漫上了岸,冰块就顺着漂到了一片草地上。原本在这片由草地变成的水泽里嬉戏的鱼儿们,便在这大冰块下穿梭。

一次,冰块旁的水面上突然钻出一只黑色的小兽,爬上了冰块。原来是只鼹鼠。大水没了草地,它无法在地下居住了,只得漂在水面上。而漂浮的冰块一侧刚好连着一座土丘,鼹鼠就乘机跳上土丘,麻利地躲进了地下。

而冰块越漂越远,漂进了森林,然后被一个树墩挡住,停了下来。于是在冰块上聚集了一大群受灾的陆生小动物:森林鼹鼠和小兔子。它们经受了共同的灾难,全都面临着死亡的威胁。惊吓和寒冷让它们浑身发抖,于是它们挤作一团。

幸好水很快就退了。阳光融化了冰块,树墩上只留下了一个马掌钉。小动物们纷纷跳到地面上,东奔西跑了。

水上运输

密密麻麻的原木顺着小河漂流:用河水运送冬天砍伐的木材的工作开始了。放筏工人在小河汇入大江和湖泊的地方,筑了坝,挡住入口。在这里原木被结成木筏,继续向前漂流。

在我们州的密林里,有上百条小河,其中许多汇入梅塔河。

梅塔河又汇入了伊里敏湖。

而伊里敏湖与拉多加湖由沃尔霍夫河连接。

而从拉多加湖中又流出了涅瓦河。

冬天时伐木工人在我们州的密林中伐木,春天就把伐下的树木推到小河中。于是,这些原木就顺着大大小小的航道开始了旅行。寄生在树干里的木蠹蛾也会随之来到我们城市。

放筏工人可以捕捉到森林里发生的一切。

一位放筏工人向我们讲述了这样一个故事——

河岸边的树墩上坐着一只松鼠,正在用两只前爪抱着一颗大大的松果啃。

突然从森林里蹿出的一条大狗大叫着向它扑来。本来它蹿到树上就能逃命,可旁边一棵树也没有。

松鼠丢掉松果,把毛蓬蓬的尾巴翘到背上飞奔向小河边。狗在后面紧追着。

这时,沿着小河漂过密密麻麻的原木。松鼠立刻跳上最近的那一根,又从这根跳到另一根,就这样一根根地跳了过去。

狗也头脑发热地跳上了原木。但是凭狗那又高又僵硬的腿,怎么能在原木上跳跃呢! 只见原木在水中滚了起来。它的后腿一打滑,就掉进水里。而这时又漂过了一大排原木,而狗却不见了踪影。

而灵巧的松鼠在原木上蹦来蹦去,就蹿上了对岸。

另一个放筏工人则在一根单独漂流的原木上,看到一只肥胖的、长着棕毛的野兽,它的个头有两只猫那么大,嘴里还叼着一条大鳊鱼。

这只野兽四仰八叉地躺在原木上,悠闲地享用完美餐,挠了挠痒痒,打了个哈欠就钻进水里去了。

原来,这是一只水獭。

冬天鱼儿们在干什么?

在冰天雪地的冬季里,几乎所有的鱼都在酣睡。

鲫鱼和冬穴鱼早在秋天就钻到河底的淤泥里了。鲄鱼和欧鲌在低洼的沙底里过冬。鲤鱼和鳊鱼就躺在河湖湾里铺满芦苇的深坑里过冬。秋天一到,鲟鱼就紧密地聚集在大河底,那里严寒无法侵袭。

那有一些几乎不冬眠的鱼是如何过冬的呢?看过这期《森林报》你就会知道。

以上提到的冬眠鱼,现在都醒来了,并忙着产卵去了。

祝你钓钩不落空!

根据古时候的一个有趣的习俗,当猎人出发去打猎的时候,人们就会跟他说:"祝你一根鸟毛也打不到!"而对于出发去钓鱼的人却恰恰相反,人们会说:"祝你钓钩不落空!"

在我们的读者中,有不少是钓鱼爱好者。我们不仅祝愿他们满载而归,而且还准备给他们一些建议,告诉他们,什么鱼什么时候在什么地方容易上钩。

河水解冻后,便可以用蚯蚓做鱼饵钓河底的江鳕鱼。而池塘和湖泊里的冰一融化,就可以开始钓红鳍鱥鱼了,它们喜欢待在岸边去年的草丛里。再晚些时候,就可以钓小鲤鱼了。

河水变清后,就可以开始用鱼网捞大鱼,用鱼竿钓小鱼了。

著名捕鱼业专家库尼洛夫说过:"钓鱼者应该掌握鱼类在一年四季和各种天气条件下的生活习性,这样,在他来到河湖的岸

边时,才能准确无误地选择到钓鱼的好地方。"

当春潮退去,河岸显露出来,河水变清的时候,就可以开始钓狗鱼、鲈鱼、赤梢鱼和鳜鱼了,要在以下这些地方钓:小河口和小河道里,浅滩和石滩处,陡岸和深湾旁,特别是在岸边存在沉没在水中的乔木和灌木的地方,在平静的、鱼钩可以抛到航道中央的窄河区,在桥墩下的小船或木排上,在磨坊的堤坝上——无论是从深坑里,还是从岸边灌木丛下的浅水里,都可以钓到鱼。

库尼洛夫还说过,能钓各种鱼的、带鱼漂的钓鱼竿适用于从初春到深秋的各种钓鱼的地方。

从五月中旬开始,就可以用红虫子在湖泊和池塘里钓冬穴鱼了,而再晚一些,钓鲤鱼、鳜鱼和鲫鱼的时候就到了。最适合钓鱼的地方是:岸边的草丛和灌木旁和水深在一米五至三米的水湾里。不要老待在同一个地方钓——如果没有鱼咬钩了,就换到另外的灌木丛旁或者另一丛芦苇或牛蒡里的空地中去。更加方便的方法是乘船钓鱼。

当平静的小河水变清之后,就能在岸边钓各种鱼了。在这种风平浪静的水域,最适合钓鱼的地方是:陡峭的岸边,水中有浸没的乔木或灌木的河中央的小坑旁,或者是岸边有杂草和芦苇的河湾里。

有时候这种小河湾和灌木丛不容易穿过,因为岸边泥泞,周围有水。不过,如果有人踩着土墩或穿着高筒靴走到这种河岸,并把鱼饵抛到牛蒡或芦苇丛中,就可以钓到许多鳜鱼和鲤鱼。

需要沿着岸边细心地寻找钓鱼的好地方。拨开灌木丛,把鱼竿伸进树木中,把鱼饵抛在还没有人钓过鱼的地方。

桥墩旁、小河口和磨坊的堤坝上都是吸引垂钓者的好地方。这里常常可以找到鱼,并且顺利地钓到。

在岸边,用豌豆、蚯蚓和蚱蜢做饵,用普通带鱼漂的鱼竿,可以钓到大

鲤鱼,有时也可以用不带鱼漂的鱼竿钓到。

从五月中旬直到九月中旬,都可以用不带鱼漂的鱼竿钓鱼。

可以用这种方法钓淡水鲑和苗鱼的地方有:河水湍急转弯处的大坑里;林中小河的平静水域中,那里堆满了被风刮倒的枯树;岸边

有许多灌木的深水坑里;还有堤坝和石滩下。

有一些鲑鳟鱼和茴鱼,要在石滩和暗礁附近钓。

而有几种小鲤鱼和体形不大的鱼类,要在河岸附近的浅水急流,或者在铺满砾石的河道河底钓。

森林之战

不同种类树木之间的战争总是无休无止。我们派了几位特约通讯员去采访战事。

首先,他们来到灰白胡子的巨人——百年云杉生活的国家。这些战士,个个都有两根甚至三根电线杆子那么高。

这是个阴沉的国度。老云杉战士们笔直地站着,沉着脸,一言不发。它们的树干,从地面到树顶都是光秃秃的,偶尔从树干某处伸出一些布满枯死节疤的枝条。

在离地面很高的地方,巨人的枝叶茂密的枝条交织在一起,像一块大幕布,把它们的国家完全遮盖住了。阳光照不进来,里面又闷又黑,被潮湿、腐朽的空气充斥着。偶尔在这里生长的幼小的绿色植物都枯萎了。只有灰色的苔藓和地衣喜欢这个阴暗的国家:它们汲取着主人的血——树的汁液,贪婪地在战死的云杉的树干上聚集。

我们的通讯员在这里没发现任何的走兽和飞禽。他们只碰到了一只孤僻的猫头鹰,它待在这里躲避明媚的阳光。这只被我们的通讯员吵醒的猫头鹰,竖起全身的毛,胡须颤抖着,角质的钩嘴发出愤怒的吼声。

在无风的日子里,这个云杉的国度里万籁俱寂。就算上空有一阵风掠过,那些笔直的大树,也只是摇晃一下布满针叶的树梢,气咻咻地抱怨一下。

云杉是老林中最高大、最强壮、成员最多的家族。

从云杉国出来,我

们的通讯员来到了白桦和白杨之国。迎接他们的是,白皮肤、绿头发的白桦和银皮肤、绿头发的白杨发出的有礼貌的窸窣声。许多鸟儿在枝头歌唱。透过树梢的阳光洒下来,那里的空气变得五光十色:光影在闪烁,像金色的小蛇在跳跃,跳到光滑的树干上,又构成了圈圈点点、五彩斑斓的图案。地上生长着矮小的草类,显然,它们在绿树主人的庇护下有种宾至如归的感觉。在我们的通讯员脚下,野鼠、刺猬蹿来蹿去。风在上空掠过时,一片热闹的欢呼声响彻这个国度。就算没有风,这里也很热闹,白杨日日夜夜地抖动着叶子,沙沙之声不绝于耳。

这个国家的国境线是一条河,河那边是一片荒漠:冬天时那里原有的森林被尽数砍伐。荒漠后面又是一大片云杉林,它们像一面阴暗的墙矗立在那里。

我们的编辑们知道,只要林中的冰雪化尽,那片荒漠就会变成一个战场。

每个树木家族的居住地都非常拥挤,附近只要一出现空地,大家都会急忙去占领它。

我们的通讯员为了亲自观看这场争夺地盘的战争,过河之后,就在这片荒漠上搭了帐篷,住了下来。

在一个阳光和煦的早晨,远方传来一阵好似敌我双方对射的噼啪声。我们的通讯员赶忙奔向那里。

原来,云杉已经开始了进攻:它们派出了自己的空军去占领这块空地。

被太阳晒热的云杉的大球果发出噼啪声。一个个地相继裂开了。每次裂开都会发出好似玩具手枪的射击声。

球果的外壳裂开后,躲在球果这个军事掩蔽所里的一架架小滑翔机——种子也就飞了出来。风携带着它们,忽而高忽而低,在空中翻滚着前进。

每一棵云杉都有成百个球果,而每颗球果中又藏着上百粒种子。它们都随着风降落在那片空地上。

可是也有这种情况。由于云杉的种子上面只有一个扇形的双翅又比较重,微风无法把它们送到远处,往往路程未过半种子就落了下来。还好,几天后又刮起了大风,云杉的种子才把全部空地占领了。

而且,清晨的春寒也是这些弱小种子的致命威胁。幸好之后下了场温

暖的春雨,松软的大地把这批小小的移民拥在了怀里。

云杉家族占领空地的时候,河那边的白杨正在开花。毛茸茸的荑荑花序中的种子才开始成熟。

又过了一个月,夏天已经临近了。

在那个云杉家族的阴郁国度里有了欢快的节日气氛。红蜡烛在树枝上点燃——那是新生的球果。云杉都盛装打扮:金黄色的荑荑花序缀满了布满针叶的树枝。云杉开花了,它正在不动声色地孕育来年的种子。

现在,在温暖春雨的滋润下那些埋在空地下的种子膨胀起来,即将破土而出变成一棵棵小苗。可是,白桦树还没开花呢!

我们的通讯员认为,空地最终会成为云杉的领地。其他的林木家族都晚了一步。

战争打不起来了。

在下一期《森林报》中,编辑部希望通讯员们能提供新的详细报道。

农 事

巴甫洛娃

雪刚刚融化,拖拉机开到了田地里。拖拉机耕田、耙田,而挂着钢爪的拖拉机连根掘出树墩,开垦荒地。

立刻,在拖拉机后面,出现一些蓝黑色的白嘴鸦,迈着方步;远处,灰啦吧唧的乌鸦和白腰身的喜鹊在田间跳来跳去。因为,新翻耕的土地上会有许多甲虫和它们的幼虫,这些都是小鸟们的美餐。

田地耕过耙平后,拖拉机就开始播撒种子了。播种机均匀地把选好的种子撒进田垄里。

我们这儿最先种的是亚麻,而后是娇气的春小麦,接着是燕麦和大麦,它们都是春播作物。

而那些秋播作物黑麦和冬小麦已经长成好几厘米高了。这两种麦子是去年秋天播种生长的,在雪下过的冬,现在正在长个儿呢。

清晨和黄昏时分,从绿树林中会传来吱吱唧唧的声响,不知是马车驶过,还是大个头的蟋蟀在鸣叫。

然而,不是马车,也不是蟋蟀,而是号称"美丽的田鸡"的灰山鹑的叫声。

它那灰色的羽毛上带有白色的斑点,脖子和两颊为橘黄色,红眉,黄脚。

绿树林的某处,它的妻子正在做窝。

草地上嫩草青青。拂晓时分,孩子们就被喧闹的牲畜叫声吵醒,原来是牧人们赶着一群牛羊来到草地上。

有时可以看到马或牛背上有一些奇怪的骑士,它们是寒鸦和白嘴鸦。一头牛在走着,而带翅膀的骑士在咚咚地啄着牛背。牛本来可以用尾巴,像赶苍蝇一样把它赶跑。可是牛并没有驱赶,而是忍耐着。这是为什么呢?

原因很简单:小骑士很轻,而且可以给这些牲畜带来益处。因为寒鸦和白嘴鸦是在啄食牛毛马毛里的蝇蛹和幼虫、还有牛马受伤皮肤里的苍蝇卵。

胖胖的、毛茸茸的野蜂早已醒来,嗡嗡地飞舞着,细腰的美丽黄蜂也飞了出来。蜜蜂也要亮翅了。

养蜂人把蜂房从过冬的地下暖蜂房里搬到养蜂场上。金翅的蜜蜂爬出蜂房,沐浴阳光,等身体暖和后就伸了个腰飞走了——去采集甜甜的花蜜,这是它们今年第一个工作日。

植　树

　　春天我们地区种植了几千公顷的林地。其中，在许多地方开辟了十到五十公顷的新苗圃。

农村新闻

新　城　市

　　昨天晚上，一座新城市在果园附近诞生了。在这座城市里，所有的房屋都千篇一律。据说，这些房屋不是建造起来的，而是居民们用担架运来的。一到温暖的天气，城市里的居民便欢快地出来散步。它们绕着自己的屋顶，在空中盘旋着，熟悉着新街道和新居。

节　日

　　如果马铃薯会唱歌，那么你们今天就能听到一首最欢快的歌曲。原来，今天是马铃薯的大节日——它们被运到田里了。人们小心翼翼地把马铃薯装到箱子里，放到车上运走了。

　　为什么要小心翼翼呢？为什么是装在箱子里，而不是装进麻袋呢？

　　原来，这些马铃薯都发芽了。看，这些嫩芽多奇妙呀：短短的、粗粗的、毛茸茸的、晒得黑黑的。它们的下面很宽，还有许多白色的小凸起——就要生出根了。嫩芽的上面尖尖的，已经长出嫩叶了。

神秘的坑

　　从秋天起，校园附近就挖好了一些坑，也不知是干什么用的。时常有青蛙掉进坑里。于是，有人认为这是专门逮青蛙的陷阱。

　　不过，现在就连青蛙也明白了：这些坑是用来栽果树的。

孩子们在每个坑里都栽上了树,有苹果树、梨树、李子树和樱桃树。他们还在每个坑中央立了根木桩,小心翼翼地把小树苗绑在木桩上。

修 指 甲

专业理发师正在给母牛修指甲。他一边刷净四只牛蹄,一边修剪它们。很快,这些蹄子就要走到牧场上去了,它们要保持整洁。

开始干农活了

拖拉机在田地里日夜不停地轰鸣着。夜里,它们单独地工作,而到了早上,就有一群寒鸦放肆地跟在拖拉机后面。寒鸦忙得团团转,但还是来不及吃完被拖拉机翻出来的蚯蚓。

在河湖附近,跟在拖拉机后面的就不是一群群黑色的寒鸦,而是一群群白色的鸥鸟:鸥鸟也非常爱吃蚯蚓和在土里过冬的甲虫幼虫。

奇怪的芽

在一些黑醋栗丛中出现了一种奇怪的芽,这些嫩芽又大又圆。有些芽张开了,很像小小的甘蓝叶球。我们透过放大镜仔细一看,不由得大吃一惊! 那里面竟然住满了令人厌恶的生物,长长的身子,弯曲着,又吹胡子又蹬腿儿的。

难怪嫩芽会鼓起来:原来是这些壁虱在这里过冬啊。壁虱可是黑醋栗最可怕的敌人。它们毁了黑醋栗的芽,还把传染病带到黑醋栗上。得了这种病,黑醋栗就不能结果实了。

如果一棵黑醋栗上鼓起的芽还不多,那就赶快把芽都摘下来烧掉。不过,那些遍布病芽的黑醋栗树,就只好把整棵都烧掉。

顺利的飞行

我们村飞来了一批小鱼——一岁的小鲤鱼。它们是"坐"在矮木箱里，乘飞机来的。虽然鱼儿不能在空中飞行，但它们都活得健健康康的，正在我们池塘里欢欢喜喜地游来游去呢。

都市奇闻

植 树 周

积雪早已融化。大地已经回暖。我市和我州开始开展植树周活动。春天植树的日子成了我们的节日。

在学校附近的空地上，在花园和公园里，在住宅和道路旁，孩子们在到处忙碌着，他们在挖树坑。

少年自然科学家试验站为他们准备了几万株树木的幼苗。

布谷鸟叫了

五月五日的早晨，市郊公园里传来了第一声布谷鸟的叫声："布——谷!"

一个星期后，在一个温暖而宁静的傍晚，突然在灌木丛中响起了不知什么鸟的清脆动听的叫声! 最初，是轻轻地，然后越发地嘹亮，之后它便放开了歌喉。那歌声越来越动听，好似颗颗珍珠落入玉盘。

大家听出来了，这是夜莺在歌唱。

果园和公园里

树木身披绿纱，就像置身于轻柔的绿色薄雾之中。

当树木长出第一批有黏性的叶子后，这袭轻纱就消失了。

出现了一只美丽的大蝴蝶,它叫长吻蛱蝶。这种蝴蝶一身柔美的褐色,上面还点缀着浅蓝斑点,而双翅的下端发白。

还有一只有趣的蝴蝶。它很像荨麻蛱蝶,但个头小些,并且不那么鲜艳。全身淡棕色,翅膀的边上像大锯齿,好像被撕破似的。

捉一只观察,你会在它的翅膀下部看见一个字母"C"形的白色图案。你会以为是有人特意在它身上做的记号呢。

它的学名是 C 字白蝶。

不久还会出现两种白色的蝴蝶——菜粉蝶和大菜粉蝶。

七 鳃 鳗

一直到萨哈林岛的大小河流中,都可以看到一种奇怪的鱼。它身体细长,第一眼看的话还以为是蛇呢。它的鳍没有长在身子两侧,而长在背部靠近尾巴的地方。它游起泳来身子一扭一扭的,十分像蛇。它的皮很松弛,没有鳞片。它的嘴不同于普通的鱼嘴,它有一个漏斗状的圆孔,叫吸盘。看到这吸盘,你就会想,它根本不是鱼,而是大块头的水蛭。

农村人叫它七鳃鳗,因为它身体两侧和眼睛后面长有七个一组的呼吸孔。

幼小的七鳃鳗很像泥鳅。孩子们经常捉它们当鱼饵来钓食肉的大鱼。

七鳃鳗常常用吸盘吸住大鱼,随着大鱼在河里游逛,大鱼根本甩不掉它。

渔民还告诉我们,七鳃鳗也会去吸水底的石块。吸住后就拼命地扭动身体来拉拽石块。石块居然被拽动了,真是条强壮的鱼。七鳃鳗就在搬开石块留下的坑里产卵。

这种奇怪的鱼的学名叫河鳗。

别看它长得丑,用油煎了它,蘸上醋,可好吃了!

街上的活动

每到夜里,蝙蝠就开始对城市的郊区展开袭击。它们毫不在意往来的路人,只忙着追捕空中的蚊蝇。

燕子也飞来了。我们这里的燕子有三种:一种是家燕,它们长有剪刀状的长尾巴,喉咙处有鲜红的斑点;一种是短尾巴、白咽喉的金腰燕;还有一种是个头小小,灰褐色的,白胸脯的灰沙燕。

家燕的窝筑在城郊木房子上。金腰燕则在石房子做巢,而灰沙燕则带着它的幼雏住在悬崖的岩洞里。

姗姗来迟的是雨燕。它们很容易辨认。它们总在屋顶盘旋,还不时地发出尖叫声。这种燕子全身乌黑,翅膀不是别的燕子那样的尖角形,而是半圆形,像把镰刀。

叮人的蚊子也出现了。

以下摘自少年自然界研究组组员的日记

晴 天 雪

五月二十日。早上的太阳还很明亮,东边的天空也蓝蓝的,可突然下起雪来。晶莹的雪花轻盈地在空中飞舞。

冬天啊,你不要再逞强了,你的寒雪持续不了多久啦!这种雪就像夏天的晴天雨一样——太阳在上空微笑,它只会让蘑菇更快生长。看,雪一落地,就化了。

我要到城郊的森林里走走,也许,在那里我会遇到好事呢。

我也许会发现,在雪化的地面上有一大堆布满褶子的小褐伞,那就是早春第一批美味蘑菇——羊肚蘑和鹿花菌。

《森林报》通讯员　维利卡

飞机上的长翅膀旅客

听到机舱里一阵阵的嗡嗡声,才猜到乘坐这架飞机的是长翅膀旅客。在二百个舒适的客舱——三合板木箱中是来自高加索的小蜜蜂。几架飞机把八百个蜜蜂家庭从库班运到我们北方来了。

旅途中,为小旅客们提供的是"蜜食"。

伊万琴科

城市里的海鸥

涅瓦河刚刚解冻,河面上空就出现了海鸥。它们毫不惧怕来往的轮船和城市的喧闹,悠闲地在人们眼皮底下从水中逮小鱼吃。

当海鸥们飞累了,就大摇大摆地落到铁皮屋顶上休息。

维利康诺夫讲述的故事

我们《森林报》编辑部里来了一位个子小小的男孩儿。

"你们好!"他机灵地向我们问好,"我叫维利康诺夫,是少年自然科学研究组的成员。请你们让我成为《森林报》的特约通讯员吧。我很会编写一些森林里的小故事。"

我们大为惊奇:"你的专业有些奇怪哦。不过,我们的报纸讲述的都是真实的故事,我们不需要那些编写的森林故事。"

"怎么会不需要呢?难道你们不想让读者们一边阅读一边思考吗?"

"我们认为,他们会思考的。"

"唉!不过,我想他们会以为你们已经替他们思考过了,所以他们没什么可想的了。你们在第一期《森林报》里写到过:'小鸟们抱怨猫咪和小男孩们毁了它们的巢。'这句话吧?没错,确实写过。但是,它们只是不会说话的雏鸟,这些可怜的小家伙们只会默默地流泪,根本无法抱怨谁。可是,读者们就会认为,小鸟们确实飞到《森林报》的编辑部去诉苦了。我了解读者,因为我就是读者呀!”

“嗨,怎么会呢？我们的读者都十分清楚,鸟儿们是不会说人话的。”

“就算是这样吧。可他们并没有你们所想的那样善于分析呀……他们对生物现象可认真啦。不过,我已经编出了一种游戏,一定可以让读者们边阅读边思考。”

“噢,什么游戏？说说看吧。”

小男孩从口袋里掏出了一个皱皱巴巴的小本子,放在我们面前。

我们看了小男孩编写的游戏,认为既有意思,又有益处。于是,我们留下了这个小本子,并且请他为我们继续编写一些小故事。

后来,我们才知道,这个维利康诺夫还是一名电台的播音员呢。

电台的编辑们告诉我们,维利康诺夫是一名出色的少年自然科学研究组成员,他观察力敏锐,活泼机灵,是个诚实、勇敢、乐观的男孩。

只是他的个性有些张扬,就连自己的名字都被他夸大了。他本来叫马雷什金(俄语中有“小毛孩”之意),不过,他给自己改名为维利康诺夫(俄语中有“伟大”之意)。他喜欢搞一些恶作剧,但最终还是如他的本名那样纯真、坦率、诚实。

在整本书的最后,小男孩会对所有的故事进行一些说明。如此一来,就请我们的小读者们组成小组一起来阅读这些故事吧。如果在故事中遇到一些有关生物观察、介绍以及奇闻轶事的记述,就请你在纸上记下你们对这些记述的判断。如果你们认为是正确的,就写个字母 Π(俄语“正确”一词的首个字母);相反,如果你们不相信那些记述,那就记个字母 B(俄语“谎言”一词的首个字母)。

之后,将你们的判断同“维利康诺夫的说明”进行对照一下,并在标记字母下面打个分。这样,大家还可以互相比赛喔。

在维利康诺夫的每个故事中有十处需要大家做出判断的地方,一共有四个小故事。如果共计四十处的测试点全部答对,就可获得一等奖,得到“第一聪明”和“谎言揭露者”的称号。若答对三十处,就可获得二等奖和“第二聪明”的称号。而要得到三等奖,也要答对二十处喔。

我的十次观察记述

这个星期日我很早就起了床:要到城外去看看动植物们都在做些什么。

刚跑到涅瓦河边,天啊! 多么神奇啊! 只见水面上空飞着两只颜色奇特的大海鸥。它们从下到上都是雪白雪白的,而翅膀却乌黑乌黑的——简直像硬加上去的!

而桥的正下方有几只游泳的野鸭。哧溜一声,它们一头扎进水里去了。

河水很清澈,我站在高高的桥上也看得清清楚楚:它们扎进水中后就自如地在水下游起来,好似在空中飞一样! 奇怪的是:它们只需扇动一下翅膀,就可以在水中游出好远!

这些景象让我很诧异,于是我又向前跑去。一边跑一边哼着一首古老的校园歌曲:

胡说八道,全是骗人的话! 锤子砸炉灶,虾须割干草!

我坐上了电车,车很快就开到了一个我熟悉的车站,这里离森林很近,森林后面就是大海——芬兰湾。

海面上叫声一片,现在正是水鸟迁徙的季节。我爬上树,把望远镜放到眼前……我惊呆了,望远镜差点儿跌落下来。那里有十五只黑天鹅!

太高兴了! 除了我之外,谁还在彼得堡附近见过这种美丽的景象! 我太幸运了!

看! 有些大雁向天鹅靠近。它们是大大的一群。每一只大雁背上都有几只燕子或雨燕飞下来。整个空中挤满了飞往不同方向的外地飞鸟。

可爱的燕雀飞来了! 强壮有力的大雁用自己宽大的翅膀载着它们,从海上带了过来。真要谢谢大雁。这些是我们久盼的小生灵!

我又朝森林里望了望,那里已经是一个花的海洋,芬芳的花香扑鼻而来。高高的椴树矗立着。小丘上到处开着一种亮晶晶的黑色小花,它的名字我忘记了。这时又传来了一阵小绵羊轻柔的歌声。当然,你知道,我们这里的小绵羊在春天是用尾巴唱歌的。

我在树上待了好久,尽情聆听春天的声音,呼吸春天的气息,观赏春天的美景……突然我看到,有个白色的东西在灌木丛中穿行……我最初以为是只小白兔,可后来一看,它比兔子要小……又看了看,好像是一只什么鸟……它不是纯白的,身上带有大大的黄色斑点。

"噢!"我推测,"它就是我们这一带的鸟,它们像兔子一样,冬天时一身雪白,到夏天就换上彩装!"

时间已近中午。我饿了。于是便爬下树,向车站跑去。几道黑影在森林中闪过,我以为是燕子从树梢头掠过。可定睛一看,居然是蝙蝠!也就是说,它们也从冬天的避难所里飞出来了。

就在电车站的前面,森林的边缘,我做了第十次有趣的观察,确切地说,是在那里的灌木丛下采摘了满满一帽子美味的蘑菇!

妈妈以它们为原料给我做了晚餐。

谁能在我的观察记述中,找出哪些是编造或错误的,发现一处记两分。

而这些观察记述中也有些是对错参半的,也请你找出来,并在书后附上"我的说明"。答对这类选项记一分。

维利康诺夫

猎　事

在马尔吉佐夫洼打野鸭

马尔吉佐夫洼自古是芬兰湾的一部分,处于涅瓦河河口和科特林岛之间。这里是彼得堡人喜欢去的猎场。

涅瓦河早就解冻了,但海湾里仍有大冰块。猎人划着独木舟排开浊浪,奔向这片水洼。

独木舟终于进入了大块的浮冰群。猎人停好了船,跳到浮冰上。他挽起套在皮毛外衣上白色的长衫,然后从舟上把引诱野鸭用的母家鸭赶出,用绳拴住放在水面,绳子的另一端拴到浮冰上。母家鸭立即叫了起来。

猎人驾着独木舟躲了起来。

奸细母家鸭和白衫隐身人

猎人没等多久。

远处水面上出现一只公野鸭。它听到了母鸭的召唤,就飞来了。

它还没来得及飞到母鸭身边,便响起了两声枪响,公野鸭跌落水中。

母鸭十分尽忠职守,甘心做奸细,一遍又一遍地叫着。

在它的召唤下,从四面八方向它飞来了公野鸭。

它们只顾着母鸭,根本没察觉在白茫茫的浮冰中有一只白色的独木舟,上面有一个身穿白色长衫的猎人。

猎人开了一枪又一枪,各种公野鸭一只只地落到独木舟里去了。

一群群的野鸭沿着海上的航道继续着它们的长途旅行。太阳落在了海平面下,城市消失在夜幕之中,对岸亮起了星星点点的灯火。

天黑了,不能再射击了。

猎人把母鸭收回舟里,把锚抛到浮冰上,让小舟紧靠冰块停好(免得被浪冲毁)。

现在要想一想过夜的事情了。

起风了。天空乌云密布。是个伸手不见五指的黑夜。

水上的家

猎人在独木舟的两舷上安装了一个弓形木支架,把篷布绷到支架上。他点燃煤气炉,灌了一壶水(马尔吉佐夫洼里的水是涅瓦河注入的淡水),放到炉上烧开。

雨滴敲打着篷布。

篷布是不漏雨的。篷布下干燥、明亮、温暖。像普通的炉子一样，煤气炉烧着散热。

猎人喝着热茶，吃着点心，还喂了他的好帮手母鸭，点燃了一支烟。

春天的黑夜过得很快，天空又有了一抹亮色，它渐渐扩展开来。乌云散去，风止了，雨停了。

猎人望向篷布外。

远处的岸边还没亮起，但已隐约可见，而城市还是一片漆黑，连城里的灯火也看不到，原来夜里他停船的那块浮冰被吹到大海里去了。

糟糕，得划很长时间才能回到城里，不过幸好，别的冰块没有撞到这块浮冰。要是撞上，小舟就会被撞成碎片，猎人也会被挤成肉饼。

打 靶 场

* * * 第二次竞赛 * * *

1. (谜语)身穿黑衣，活力四射，换上红装，死气沉沉。
2. 哪种食用菌最先出现?
3. 田地里，为什么白嘴鸦紧跟在耕地的农民身后呢?
4. 如何区分喜鹊和乌鸦的窝?
5. 哪种蜘蛛被称为"流浪汉"?
6. 谁比较早飞到了我们这儿，雨燕还是家燕?
7. 如果我们为椋鸟搭的房子不够，它们会到哪儿去筑巢呢?
8. 为什么椋鸟和寒鸦总是停在牛、羊、马的背上呢?
9. 春天时，为什么家鸭和家鹅会发出悲鸣，并且变得焦躁不安?
10. 春汛时期，哪些鸟类会遭受困苦?
11. 春汛时，禁止射杀哪些鱼类?
12. 谁更怕冷，鸟类还是两栖动物?
13. 青蛙舌头的哪个部位连在嘴里?
14. 图中画着两种不同鸟类的翅膀:一个生活在丛

林,另一个生活在开阔的土地上。请辨别它们。

15.（谜语）貌似是个纺线锤,说话像个德国鬼;前面像锥,后面像叉;蓝呢大衣披在背,白色围巾系胸前。

16.（谜语）没有门闩的门开了,跑进一只无尾的狗。

17.（谜语）全身漆黑不是牛,六条腿却没有蹄,飞时发出嗡嗡声,落地就把土来刨。

18.（谜语）一到五月就出门,不是水中的鱼虾,不是陆上的走兽,不是天上的飞禽,更不是我们人类。细长腿,声音高,飞时嗡嗡响,落地悄无声。若将它打死,自己的血流出。

19.（谜语）一个向下坠,一个大口喝,一个长得乐呵呵。

20.（谜语）不会地上走,不能向上看,不会筑巢穴,却能生宝宝。

21.（谜语）一人养活全世界,自己却不吃一口。

22.（谜语）小铃铛一张开,大铃铛跑出来。

23.（谜语）没有翅膀,却能飞翔;没有腿脚,却能奔跑;没有风帆,却能远航。

24.（谜语）七件武器集一身,四件来行走,两件来作战,最后一件是条鞭。

布　告

"火眼金睛"称号大赛第一次测验

谁 在 飞?

天空中飞着许多鸟儿,该如何辨别它们呢?

图1　　　　　图2　　　　　图3　　　　　图4

图1：这是一只白色的大鸟。它的脖子伸得长长的,翅膀向后拢,尾巴很短,看不到它的腿。它是谁呢?

图2：这只鸟儿的翅膀耷拉着,腿像两根小棍一样向后伸,头和脖子连在一起,好像是在背上打了一个问号。它是谁?

图3：这只鸟的翅膀长在身体的中部,脖子向前伸着,像一根棍儿。它是谁?

图4：这只鸟和第一只鸟长得很像,只是个头小一些,脖子也稍短一些,而且是灰色的。这是什么鸟儿?

想获得"火眼金睛"这个荣誉称号吗? 那你可要睁大眼睛,仔细观察研究我们在布告里面的图片,学会根据不同的剪影、脚印和一些其他的特征,辨认出这里所画的、生活在森林、田野、河湖和空中的飞禽走兽。

为鸟儿们准备住所吧

读者小朋友们,现在,我们的灭虫能手——鸣禽正在寻找可以孵小鸟的居所。

我们恳请小读者们帮助它们,为它们盖个房吧。

腐烂的树枝掉落在地上,形成了一片洼地。在那里挖一个洞,房子就算是做好了。也可以直接在腐朽的老树干上挖个洞当作房子。山雀、红尾鸲、鹟鸟和其他小个头的穴居动物——小型猫头鹰、黑啄木鸟等都很喜欢住这种树洞。

为那些在灌木丛中筑巢的小鸟盖房,可以参考示意图,把灌木的枝条捆绑在一起。

灰鹟和红胸脯的鸲鸲喜欢住在浅树洞里,可以为它们盖一个如图那样的房子。

而像枭和寒鸦这种穴居鸟类,那可要为它们造一个如图所示的圆木卧室喽。

快来加入吧

请大家赶快加入到"鸟兽救助协会",去帮助那些遭受春汛的兔子、狐狸、松鼠、鼹鼠和其他陆地动物吧。

凡是救助走失的小动物的人,我们将一律颁发"马查依老公公"奖章。

奖章是由少年自然科学研究组的成员们亲手制作的,他们剪下一个个的圆形硬纸片,再在外面包上金色或银色的纸,一个个奖牌就做好啦。

经过大家一致决定,凡是救助个头较大的野兽(如麋鹿、狍、狐狸等)的好心人,将被授予金牌。

而银牌将授予救助小个头的野兽(如兔子、松鼠、鼹鼠、刺猬等)的人们。

NO.3 欢歌笑语月（春季第三月）

5 月 21 日至 6 月 20 日　太阳进入双子宫

一年:有十二个章节的太阳组诗(5 月)

五月到了,出来尽情地散散心吧! 在这个月份里,春天开始着手做它的第三件事:给森林穿绿装。

这是个森林欢腾的月份——歌舞升平月。

太阳取得了全面的胜利——它的光明战胜了黑暗,它的温暖驱走了严寒。朝晖和晚霞握手言欢——我们北方的白夜开始了。得到土地的哺育和水分的滋润,各种生命都生机勃勃地成长着。绿叶给树木披上新装。飞虫在空中飞翔,黄昏时分,晚间活动的蚊母鸟和身手敏捷的蝙蝠就跟踪捕捉它们。白日里,家燕和雨燕在空中翱翔,雕和鹰在田野和森林上空盘旋。茶隼和云雀在田野上空游戏,它们居然能扇动翅膀停在半空,好像被云中垂下的绳系住一样。

没闩的屋门打开了,从里面飞出了长有金色翅膀的住户——劳动能手蜜蜂。一切都在尽情地唱歌、嬉戏、舞蹈:地上的琴鸡、水里的野鸭、树上的啄木鸟,还有那森林上空的天羊——鹬。这场面正应了诗人的话语:“在我们的祖国,所有的鸟兽都是那么的快乐,旧叶也从新叶下探出头,给森林添加了一抹蓝色。”

为什么五月又被称为“哎哟月”呢?

这是因为,五月里天气乍暖还寒,忽冷忽热。白天阳光明媚,暖洋洋的,可到了夜里——哎哟!——太冷了!有时热得躲在树荫下,有时又得给马圈铺草,自己得凑到炉边取暖。

欢乐的五月

在这个季节里,大家似乎都想抓紧时间展示一下自己的勇猛、力量和灵巧。森林里的歌声和舞蹈少了,到处都是尖喙的敲啄,翅膀的拍打,绒毛、羽毛漫天飞舞。

森林居民们都在忙着享受呢,这可是春天的最后一个月份了。

夏天很快就要到了,到时就得成天为小巢和雏鸟操心了。

在俄罗斯流传着这样一句话:

"若是春天能永驻该多好,可布谷鸟还是咕咕地叫了起来,夜莺也啾啾地啼了起来,夏天就要到了,赶紧找凉快地儿躲起来吧。"

林中轶事

森林乐队

五月里,夜莺唱得很起劲,它日夜不停地歌唱,歌声时而尖利,时而婉转。

孩子们感到奇怪了:那它什么时候睡觉啊?原来,春天里鸟儿们是不睡大觉的,只是半夜或中午在唱歌的间歇打个盹儿。

在清晨和黄昏,不仅仅是鸟儿,所有森林里的动物,都会尽情地歌唱和演奏,真可谓各尽其才,各显其能。它们有的放声歌唱,有的拉琴,有的击

鼓,有的吹笛。或低吟浅唱,或高歌亮嗓,各有各的唱法,真是热闹。

那放声歌唱的是燕莺和鸫鸟;拉琴的是甲虫和蚂蚱;打鼓的是啄木鸟;吹笛的是小巧的黄莺和白眉鸫。

唱小调的是狐狸和白山鹑;浅吟的是狍;高

歌的是狼。

惊叫的是猫头鹰；嗡嗡作响的是熊蜂和蜜蜂；咕咕呱呱的是青蛙。

那些没有迷人歌喉的动物也不甘示弱，它们分别给自己选择了心爱的乐器。

啄木鸟挑选的是能发出响亮声音的枯树枝，这就是它们的鼓，而它们那坚硬的嘴就是好用的鼓槌。

天牛的脖子扭动起来会吱吱作响，这不就是一把小提琴吗？

蚂蚱的爪子上带钩，翅膀上也有锯齿，用爪挠翅膀，不也奏出乐来了？

火红的麻鹬把它长长的嘴巴伸到水里，使劲一吹，整个湖面上都会响起一片咕噜声，很像牛在吼叫。

而沙锥竟然能用尾巴唱歌：它冲入云霄后，张开尾羽，一头俯冲下来。尾羽兜上风就会发出咩咩的声响，活脱脱就是一头在森林上空欢叫的天羊！

这就是森林乐队。

客 人

在乔木和灌木丛下，离地面不高的地方，早早就绽放了顶冰花那小金星似的艳丽花朵。

它开花的时候，树上还是光秃秃的没有一片叶子，因此春天那明媚的阳光可以一直照到地面上。在温暖阳光的沐浴下，顶冰花早早地就开放了。它旁边的紫堇也开花了。

那初放的紫堇花真叫人赏心悦目！它那曼妙的淡紫色小花，一簇簇地盛开在花茎的尖顶上，那花茎长长的，还长有锯齿状的青灰色小叶，枝上的叶、茎上的花，样样都美不胜收。

现在，顶冰花、紫堇姐妹已成明日黄花。浓浓的树荫妨碍了它们的生存，它们准备回老家了。它们的家就在地下，来到地上就算是做客吧。在地上留下自己的种子后它们就消失了，然而它们那些小小的球茎和圆圆的块茎却将藏在深土里，整个夏、秋、冬都在休憩，直到来春。

如果你想把它们移栽到家里来，那现在就要赶紧去挖，在它们的花凋谢之前把花株掘出来。掘的时候要当心,因为这两种小植物的白色地下茎往往是很长很长的呢!

在冻土带,它们的球茎和块茎埋藏得很深,在较暖和有覆盖物的地方则浅些。在移植时要注意这一点。

巴甫洛娃

田地里的声音

我和小伙伴到田里去除草。我们默默地走着,突然听到从草丛里传来这样的叫声:"去除草! 去除草! 去除草!"我对它说:"我们正是去除草呀!"可它还在不停地叫:"去除草! 去除草!"

我们走过池塘时,又见两只青蛙把头探出水面,鼓起鼓膜在那里喊叫。一只喊:"傻瓜! 傻瓜!"另一只就回:"你才傻! 你才傻!"

我们走到田边,受到了圆翅麦鸡的欢迎。它们一振翅膀飞到我们头顶上,问:"你们是谁? 是谁?"我们回答:"克拉斯诺雅尔斯村的。"

《森林报》通讯员　库罗奇金

鱼　语

人们播放了水底声音的录音带,房间里立刻响起了一种人类从未听过的声音,有低沉的哼唧声,有尖利的嘶叫声,有莫名的呻吟声,有奇特的呷呷声,夹杂着突然响起的震耳的哒哒声,把满屋子人的说话声都淹没了。这就是采集来的黑海鱼类发出的声音。在海洋世界里,每种鱼都有自己独特的、与其他鱼类迥然不同的声音。

现在我们借助海底采音装置——听力灵敏的"水下耳",确信水下并不是一个无声的世界,鱼类并不是哑巴。这个发现有很大的应用价值:借助水下测音器可以熟悉,什么地方有丰富的鱼类资源,它们的迁徙路线,这样就可以避免出海捕鱼的盲目性,根据鱼类的分布和行踪情报进行捕捞作业。将来,人们可能会模仿鱼发出的声音来诱捕鱼群。

在屋顶下

花粉是花朵中最娇气的部分,一被打湿就坏掉了。雨水、露水都对它有危害。那么,花粉是怎么保护自己、免受其害呢?

铃兰、覆盆子和越橘的花朵,像一个个倒挂的小铃铛,它们的花粉就藏在"屋顶"的下面。

睡莲的花是朝上的,但它的花瓣都向里弯成小勺状,而且层层花瓣叠在一起,就形成了一蓬严丝合缝的小球,雨点打在花瓣上,却一滴也落不到包在小球里的花粉上。

凤仙花正含苞待放,它的每一个花蕾都藏在叶子下面。而且,花梗搭在叶柄上,这样花朵就牢固地附着在"屋顶"下面了。

野蔷薇花的雄蕊很多,雨天它就把花瓣闭合起来。百合也用这个方法对付雨水。

毛茛花避雨的方法是倒挂。

巴甫洛娃

森林之夜

我们的一位通讯员来信说:

"我曾在夜间到森林里去探听那里的动静,听到了各种各样的声响,可是我不知道这些声响是什么动物发出来的,我该如何给《森林报》写有关的报道呢?"

我们这样答复他:"那就把听到的声音照直写下来,让我们来进行辨别。"

他就给我们编辑部寄来了下面的稿件:

说实话,我夜间在森林里听到的是一些乱七八糟的声响,根本算不上什么你们所称的乐队。

鸟儿的叫声渐渐地平息了,后来就完全静寂下来。已是午夜时分了。

　　突然间从一片高地上传来一阵低沉的琴声。开始这琴声很低，但越来越响，直到变成一种轰鸣。可随后那声音又越来越小，最终归于沉寂。

　　我想："作为开场，这个独奏还是不错的！"

　　这时猛然响起一阵狂笑："哈哈，哈哈！呵呵，呵呵！"这笑声如此可怕，我不禁毛骨悚然。

　　"嗯，"我想，"这是送给刚才那位琴手的，是在嘲笑它呢！"

　　又沉寂下来，良久的沉寂。我甚至觉得，再也不会有什么动静了。

　　可后来我又听到一种给留声机上发条的声音。这种声音就一直响啊响，可就是没有音乐放出来，我想："莫非是它们的留声机坏了？"

　　终于这种声音停息了，一片静寂。可之后那吱、吱、吱的声音又响起来，而且没完没了，烦死人了。

　　上发条的声音好不容易才停止下来。我想："现在该上唱片了，马上就放音乐了。"

　　可突然响起了鼓掌声。那掌声很响很热烈。

　　我莫名其妙："这是谁呀？还没有任何演奏，鼓什么掌啊？"

　　这就是我听到的所有的声音。后来，又是很长时间给留声机上发条的声音，只是没有放出任何音乐，接着又是有人鼓掌。我大为恼火，就回家了。

我们说，这位通讯员不该生气。

他最先听到的所谓低沉的琴声，其实是一种甲虫——大概是金龟子——发出的嗡嗡声。

使他毛骨悚然的笑声，是大型猫头鹰灰林鸮的叫声。

它的叫声就是那么难听，有什么办法呢？

给留声机上发条的声音，是蚊母鸟的。它也是夜间活动的鸟，不过不是猛禽。当然这种鸟不会有什么留声机，那种吱吱声是它的喉音，它自以为那是在唱歌呢。

鼓掌的也是蚊母鸟。它当然不是在拍手掌,而是在空中啪啪地拍翅膀,拍出的声音很像鼓掌。

至于它究竟为什么要拍翅膀,我们编辑部也解释不了。

也许只是在撒欢吧。

游戏和舞蹈

灰鹤正在沼泽地开舞会。

大家围成一圈,有一两只走到圈中央,于是舞会就开场了。

最开始并没什么,不过是用两条长腿蹦跳而已。可后来就来劲了:连蹦带跳,连摇带舞,这种舞步简直能笑死人!它们还转着圈,蹿着高跳,蹲矮步,活像是在踩着高跷跳舞!那些围成圈的灰鹤也用翅膀打着拍子,而且打得不快不慢,很有节奏。

而猛禽的游戏场和舞场是设在空中的。

表演最出色的是游隼。它们一直飞到云彩下面来展示它们的绝技。它们时而猛地把翅膀一收,从令人炫目的高空像石子似的跌落下来,眼看快跌到地面上了,才把翅膀打开,来个大回旋,直冲云霄;时而张着翅膀停在高高的空中,就像吊在云彩下面;时而它们又在空中翻起跟斗来,像个小丑,倒栽葱似的向地面猛地跌落下去。

姗姗来迟的鸟族

春天即将过去,最后一批在南方过冬的候鸟也飞回了我们列宁格勒州。

不出意料,这最后一批正是那些穿着五彩缤纷的盛装的鸟儿。

现在,草地上开满了鲜花,乔木和灌木也都长满了新叶,鸟儿可以更容易地躲避猛禽了。

在彼得宫里可以看见有翠鸟在小河上空飞行,它们身着翠绿、棕色和浅蓝色相间的礼服。它们是从埃及飞回来的候鸟。

在树丛中还有黑翅膀、通体金黄的金莺在鸣叫,它们是从南非归来的。

在潮湿的灌木丛中隐现着蓝胸脯的小川驹鸟和杂色羽毛的石鹬的身影,沼泽地里还出现了金黄色的鹡鸰。

粉红胸脯的伯劳、五彩的戴着毛茸茸围脖的流苏鹬和绿蓝色相间的僧鸟也都飞回来了。

长脚秧鸡

有一种怪鸟——秧鸡,这种鸟几乎是从非洲走回来的。

秧鸡飞行起来很困难,而且速度不快。

所以,飞行的秧鸡很容易被鹰和游隼抓获。

好在秧鸡跑起来非常快,而且善于藏在草丛中隐蔽。

因此,它们只是在必要的情况下才使用飞行,而且多是在夜间。

这些天,秧鸡整日整夜地在我们这一带的高高草丛中鸣叫:

"咯咯!咯咯!"

这种野禽只许你听它的叫声,可你想把它赶出来,看看它长什么样儿,那就不容易了。不信,你试试看!

有笑的,有哭的

森林里的树木都很快乐,只有白桦在哭。

在太阳的暴晒下,白桦的树液在它白色的躯干中越流越快,有些竟会从树皮的孔眼里流出来。

人们觉得白桦液好喝而且对身体有益,所以就割开树皮,把它收集到瓶子里。

如果树木流失过多的树液,就会枯萎至死,因为树液对于树就像血对于人那么重要。

松鼠开荤

松鼠整个冬天都在吃素食:不是剥松果吃,就是吃秋天储备的蘑菇。现在可以开荤了。

许多鸟已筑了巢,生了蛋,有的还孵出了幼鸟。

这些荤菜就在松鼠的眼皮底下,它可以在树枝上和树洞里找到鸟巢,把幼鸟和鸟蛋掏出来美餐。

这个可爱的小家伙儿干起破坏鸟巢的坏事来可不亚于任何猛禽。

我们的兰花

这种怪异的花在我们北方是很少见的。偶尔见到它,你会不由得想到它有名的近亲——热带雨林兰。热带雨林兰花是生长在热带树上的,因而得名。而我们这里的兰花只长在地上。

我们这里的一些兰花根很发达,像一只只胖胖的小手抓在地上。可它们的花并不好看,甚至可以说是丑陋,还好舌唇兰等品种的花很香,香得令人心醉!

前几天我在罗普萨第一次看到了一种兰花,它堪称兰花中的精品。这种我从未见过的花开着五朵美丽的大花。我伸手撩起一朵花,但立即又厌恶地缩回了手——只见一只红褐色的、模样怪怪的苍蝇落在上面。我用麦穗拍它,它却一动不动。再仔细一看,原来不是苍蝇。这个东西通体像天鹅绒般柔软,上面布满浅蓝色的斑点,还长有毛茸茸的翅膀、小脑袋和一对触须。不过,怎么说也不是苍蝇。它是兰花的一部分,这种兰花名叫蝇头兰。

巴甫洛娃

采浆果去

草莓熟了。在向阳的地方可以找到红彤彤的熟透了的草莓——又香又甜！尝一下，简直叫人终生难忘。

黑果越橘、沼泽地上的云莓也都快熟了。黑果越橘枝上挂了许多果子，而草莓每棵顶多长五颗。云莓最小气：它的茎上只挑着一颗果子，有的还只开花不结果。

巴甫洛娃

甲　虫

我捉到一只甲虫，可不知道它的名字，也不知道该喂它什么。

它的所有地方长得都很像瓢虫，只不过瓢虫是红的，带有白斑点，而这只甲虫全身乌黑。它圆乎乎的，比豌豆粒稍大些，六条腿，也会飞；它背上有一对又黑又硬的翅膀，下面还有黄色的薄薄的复翅。它竖起硬翅，展开软翅，就飞起来了。

有趣的是，一遇到危险，它就把爪子收到肚子下，把触须和头缩进身子里。这时，你把它拿到手里，无论如何也想不到它会是只甲虫，因为它太像一粒黑色的水果糖了。

不过，只要没人去碰它，过不了多大一会儿，它就会伸出六只小脚，然后又伸出头，最后伸出触须。

恳请你告诉我，这是什么甲虫？

柳托尼娃（十二岁）

编辑部的答复

你把小甲虫描述得很细致，我们很快就判断出来了，它是阎虫，又叫小龟虫。它爬得很慢，就像乌龟一样，又能把头脚缩进壳里。它的甲壳很深，完全容得下它的头、脚和触须。

阎虫有很多不同的种类，有黑的，也有其他颜色的。各种阎虫都吃腐烂的植物和家畜的粪便。

还有一种阎虫，它浑身长有黄色的毛毛，这种阎虫住在蚂蚁窝里。它们随便往哪儿飞上一阵，然后就回到蚂蚁窝里去。蚂蚁不但不会触犯阎虫，还会保护它们，使它们不受敌人的伤害。

燕　窝

摘自自然界研究小组组员日记

5 月 28 日

在邻家的房檐下——从我的窗户正好能看到那儿——有一对燕子开始筑巢。这让我感到非常高兴：现在我就可以看到燕子做窝的全过程了，还能看到它们什么时候开始孵蛋，怎样给小燕子喂食——所有这一切都能知道了。

我一直在密切观察，这对燕子夫妇是飞到什么地方搞来建筑材料的：原来是从流经村庄的小河边衔来的。它们径直落到河岸上，用嘴挖出一块儿小河泥，马上衔回小窝。它们轮番工作，把泥衔到房檐下，马上再去。

5 月 29 日

不幸的是，这个在建燕窝不仅仅让我兴奋不已，也引起了隔壁大公猫的极大兴趣。这家伙曾是只流浪猫，一身灰毛，浑身是伤，因为和别的猫打架还瞎了右眼——现在总是一大早就爬到房檐上去。

这只猫一直盯着飞来的燕子，而且还不时地往房檐下瞟：燕窝垒好了没有？

燕子惊慌着飞了起来，只要猫待在房顶上，它们就停下工来。难道它们要彻底离开这里吗？

6 月 3 日

最近几天，燕子已经垒好了镰刀形的底座。大公猫经常爬上房顶去吓唬它们，扰乱它们的工作。今天午后，燕子再没有飞回来，看来，它们是要放弃这项工程，找一个更加安全平静的地方——那我就不能继续观察了。

这可太叫人懊丧了！

6 月 19 日

这些天来一直很热，房檐下的那个黑泥垒成的镰刀形底座干透了，颜色也变灰了，可燕子一次也没来过。今天白天天空中乌云密布，下起了大雨——真的是倾盆大雨！窗外像是挂了条水帘，街道上水流成河，小河泛滥了，河水咆哮着向前涌去，沿岸的稀泥都能没过膝盖了。

黄昏时分雨才停，一只燕子飞到房檐下，它落到筑成的巢基上，待了一会儿，就又飞走了。

我想："燕子可能不是被大公猫吓走的吧，是不是因为这几天找不到地方衔泥了呢？它们可能还会回来吧？"

6 月 20 日

回来啦，燕子飞回来啦！而且不单是原先的那对，是整整一大群呢！它们在房顶上空盘旋，还不时朝房檐下瞭望，叽叽喳喳地叫着，好像是在争论着什么。

争论了有十分钟，然后它们就一下子飞走了，只有一只燕子留了下来。它用爪子勾住镰刀形的巢基，停在那里用嘴巴修理着，也可能是在用自己吐出的黏稠唾液加固它。

我认定，这是燕窝的女主人。不一会儿，那只雄燕也飞来了。它嘴对嘴递给雌燕一块泥。雌燕就继续垒窝，而雄燕又飞走去衔泥了。

大公猫又来到了房顶上，可现在燕子不怕它，它们不再惊叫，只是埋头干活，一直干到日落。

不管怎么说，我可以亲眼看到一个新燕窝的落成了，只是希望大公猫的爪子够不到它，不过燕子也是知道应该在什么地方做窝的。

《森林报》通讯员　维利卡

斑 鹟 巢

五月中旬的一个傍晚，我在院子里看到一对斑鹟，它们落在白桦树旁的柴棚顶上。白桦树上有一个我挂上去的树洞形鸟巢。后来雄鸟飞走了，雌鸟留了下来，却没有钻进去。

过了两天，雄鸟又飞回来了，它钻进鸟巢，又钻了出来，落到一棵苹果树的树枝上。

这时又飞来一只朗鹟，两只鸟就打起架来。这是很自然的事，因为它们都是以树洞为家的鸟。朗鸫想抢占斑鸫的巢,但斑鸫坚守不让。

斑鸫在这个人造巢里住了下来。雄鸟整天唱歌,不时地在鸟巢里进进出出。

一对燕雀落在了白桦树的枝头,斑鸫并不理会。这也不奇怪:燕雀和斑鸫并不是对头,燕雀自己搭窝,不住树洞。再说了,它们的食性也不一样。

又过了两天。

一大早,就有一只麻雀钻进了斑鸫的巢里。雄鸫向它扑了过去,巢里展开了一场恶战。

突然间就安静了下来。

我跑到桦树前,用木棍敲了敲树干,麻雀从巢里钻了出来,雄斑鸫却连头也没露。而雌斑鸫在鸟巢附近盘旋着,凄惶地叫着。

我担心雄斑鸫是被啄死了,就往鸟巢里看了一下。

它还活着,但已被撕扯得不成样子。巢里还有两个蛋。

雄斑鸫在巢里待了很久才飞出来,它显得很憔悴,刚落到地上,就有几只母鸡去追击它。我怕它再遭劫难,就把它捉回家,喂它苍蝇吃,晚上又把它送回了巢里。

七天后我又去看这鸟巢,一股腐烂味儿扑面而来。我看见雌鸟正在巢里孵蛋,旁边靠墙躺着那只雄鸟。它已经死了。

我不知道,是麻雀又来侵袭了,还是因为第一次战斗伤势过重它才死去的。

雌鸟没有飞出来,甚至是当我把死去的雄鸟掏出时,它也没有惊慌地离开,后来它终于把小鸟孵了出来。

森林之战(续)

还记得通讯员写的那篇关于林中那块被采伐殆尽的空地的报道吗?他们天天盼望着那里重新变绿,重新长起一片苗壮的云杉。

他们的愿望实现了:几场温暖的雨后,空地真的变绿了。不过,那些从地面钻出来的绿苗是什么植物呀?

不,不是云杉苗! 不知是哪里来的横行霸道的杂草,有莎草,有拂子。

它们长得又快又密。小云杉拼命地从地下往外钻,但为时已晚,阵地已被野草大军占领了。

就这样,第一场战役开始了。

小云杉用它锋利的长矛般的树尖,好不容易才挑开头上覆盖的野草层,野草家族则使足力气进行弹压。地面上打得不可开交,地下也没闲着。

野草和树苗的根纠缠在一起,厮打在一起,你勒我,我掐你,像穷凶极恶的鼹鼠一样拼命争夺营养丰富、富含盐分的地下水。一大批小云杉还未见天日就惨死在地下:它们是被细铁丝般又柔韧又结实的草根活活勒死的!

而那些好不容易冲出地面的小云杉又被草茎紧紧地缠住了。

野草把小云杉的躯干紧紧缠住,小云杉想努力用自己的尖稍把它捅破,而野草不断地交织,要罩住它,不让它晒到太阳。

极少数的小云杉经过一番苦战才终于冲破了这面密实的大网。

空地上的战斗正激烈的时候,河对岸的白桦树刚刚开花。而白杨却做好了行军的准备:它们准备向河对岸派出空降兵了。

白杨的花絮张开了。从每个花絮里都飞出几百个顶着白毛的小种子,它们就像一个个张着白色降落伞的小伞兵。

风儿挟起一张张白色的降落伞,带着这些独脚小伞兵在空中打着转,浩浩荡荡地过了河,把它们均匀地抛撒在那片林中空地上,于是这些小伞兵就直逼到云杉国的城下。

独脚小伞兵雪花般地落到小云杉和野草的头上。第一场雨把它们冲进地下,于是它们就潜藏下来。

日子一天天地过着,林中空地上的战争仍在进行。不过可以看得出,野草已经不是云杉的对手了。

野草使出浑身的力量拼命往上伸展,但生长一段时间它们的身高就不再变化了,而云杉树却在不停地长高。

野草家族开始衰败了。茁壮的小云杉把长满浓密的针叶的枝条遮在野草头上,霸占住阳光。被笼罩在树荫下的野草迅速地枯萎了,它们一个个无力地瘫倒在地上。

但是,从地下已经冒出了另一支队伍——一丛丛的白杨苗。它们成堆地冲出地面,畏畏缩缩地挤在一起,浑身瑟瑟发抖。

已经太晚了,它们也无力跟云杉抗争了。

云杉把黑乎乎的魔爪伸展在小白杨的头顶上——小白杨只能卑躬屈膝地生存,很快也在这阴影之中衰落、枯萎了。

云杉大获全胜。

可就在这时,又有一批敌国的伞兵降临到这里。它们是驾着双翅滑翔机来的。它们也跟白杨的子弟兵一样,一来就在地下潜伏起来。它们就是白桦树的种子,它们热热闹闹地过了河,均匀地散布在地面上。

它们能不能战胜云杉家族这头批占领者呢?我们的通讯员正拭目以待。

我们将在下一期刊登他们发来的最新报道。

农 事

村里的居民现在忙得很:已经播完种了,可还得往田里送厩肥和化肥——这些肥料都是为秋播庄稼准备的。然后,还得往菜园里跑:当务之急是栽马铃薯,紧接着要种胡萝卜、芜菁、黄瓜、饲用芜菁和圆白菜。亚麻也长高了,还得给它除草。

孩子们也没闲坐在家里,它们在田里和菜园里、果园里帮忙,帮大人们栽种呀,除草呀,修剪树木呀,农村的活多着呢! 它们还扎桦条扫帚,拔野荨麻,用嫩嫩的荨麻做的汤好喝得很! 还要去捕鱼:小鲤鱼、斜齿鳊、铜色鳜鱼、鳜鱼、鲈鱼等得用钩钓,鳕鱼和梭鱼要设鱼笼逮,而鳜鱼、梭鱼和鳕鱼得下鱼饵捉。

傍晚,他们就用大网(在一根长竿上端安上网框,框上装一个口袋形的网,叫作捞网)捕捞各种鱼。

夜间,他们在岸边布下捉龙虾的套儿,然后围坐在篝火旁讲笑话和恐怖的故事,等进网的龙虾多了再去收网。

清晨麦田里已听不到公田鸡——也就是灰山鹑的叫声了。秋播的黑麦已经长到齐腰高了,春播庄稼也正在苗壮生长。

其实公田鸡还住在田地里,不过它们不敢叫了:身边就是它们的窝,窝里有蛋,雌鸡正在孵蛋。公田鸡现在必须保持沉默,不然会大祸降临的:鹰、狐狸或孩子们会闻声赶来——它们可都是捣毁田鸡窝的能手。

帮大人们干活

刚放假,我们这些小学生们就开始帮大人干活了。我们在田里除草,灭虫。

我们劳逸结合,干得很好呢。还有许多事情要做,不久就要收庄稼了,到时我们会帮大人们给收割的麦穗打捆。

《森林报》通讯员　尼吉金娜

新的森林

中部地区和北部地区的春季植树工作已经结束了,这片新栽的小树苗占地面积约为十万公顷。

今年春季,在俄罗斯欧洲部分的草原带和森林草原带也新添了一片森林防护带,占地面积约为二十五万公顷。

与此同时,大批的苗圃也纷纷兴建起来,等到明年,这些苗圃将可以为我们提供数百万种乔木和灌木的播种苗。

新栽的小树苗都在苗壮成长,等到秋天,在俄罗斯广袤的大地上将新增数十万公顷森林。

农村新闻

给绵羊脱衣

工厂里,数十位经验丰富的剪毛工正在用机器给绵羊剪毛呢,与其说剪毛,倒不如说是脱衣:只消几下,绵羊的毛就被完完整整地剃了下来,就像脱掉了一层衣服似的。

哪一个是我的妈妈啊

牧羊人把一群刚刚剃完了毛的光秃秃的母绵羊放进了羊圈,羊圈顿时乱作一团。

"哪一个是我的妈妈啊?"小羊羔一个个慌了神,"你在哪儿啊,妈妈,你在哪儿啊?"小羊可怜巴巴地叫着。

牧羊人对号入座,帮每只小羊都找到了妈妈,然后又赶着另一批绵羊去剃毛了。

畜群在壮大

这些日子,村子里的畜群在迅速壮大,简直一天一个样儿,新出生的小马驹、小羊羔、小牤牛真是不计其数。

单是昨天夜里,邻村的山羊群就扩大了近三倍。昨天看还是孤零零的一只公山羊,今儿早上再一瞧,呵,多和美的一家子啊:公羊,母羊,还有三只可爱的小羊。

天然的帮手

这些日子,亚麻地里怨声载道,幼小的亚麻苗中间长出了许多杂草,这些杂草来势汹涌,大有压倒一切独霸一方的势头,亚麻苗简直快活不下去了。

村里的妇女们马上赶来救援了,她们对恶草毫不手软,一律铲除,对亚麻苗则善待有加。她们生怕碰坏了亚麻苗,就纷纷脱去鞋子,赤着脚小心翼翼地逆风前行。虽然她们已经很谨慎了,可身下的亚麻苗还是时常会被碰倒。不过没关系,这迎面吹来的风可是天然的好帮手,被碰倒的亚麻苗经它们一吹就会重新挺直,像什么都没发生一样。这样一来,亚麻苗就一个个昂首挺立,杂草大军则荡然无存。

第一次放风

牧人赶着一批小牛犊来到牧场上。

这批小牛自出生以来一直被关在圈里,今天是第一次出来。乍来到这空旷的草场上,小牛犊全都美坏了,一个个撒着欢儿地跑了起来。

最曼妙的时光

这些日子,果园迎来了它最曼妙的时光。草莓早就开花了,樱桃树上也已满是雪白的小花,昨天,梨花的蓓蕾也纷纷打开了,再过一两天,苹果树也将花枝招展了。

新邻居

昨天,在池塘边的空地上搬来了一位新住户,它是来自南方的蔬菜——西红柿。这些西红柿苗一直生长在温室里,是刚刚才"得见天日"的。它们现在被移栽在了黄瓜苗旁边。西红柿现在已是苗壮的秧苗,再过一段时间就要开花了,而黄瓜还是弱小的幼苗,仍包在封套里,只探出个小尖儿来。大地母亲把这些小苗掩护得好好的,鸟类那贪婪的眼睛是很难发现它们的。不知这些黄瓜苗能否一直苗壮成长,并赶上西红柿苗,让我们拭目以待吧。

六条腿的小助手

谈到昆虫和庄稼的关系,我们的脑海里马上会浮现出许多身材瘦小却相当凶猛的田地里的害虫,但我们忘记了还有许多小昆虫是怎样卖力地在田地里为我们劳动,忘记了在庄稼的授粉过程中它们发挥了多大的作用。很多六条腿的长着翅膀的小昆虫都是可以帮助授粉的,像蜜蜂、熊蜂、姬蜂、甲虫、苍蝇、蝴蝶等,它们会不知疲倦地在黑麦、荞麦、大麻、苜蓿、向日葵地里劳动,把花粉从一朵花上带到另一朵花上。

但是,这些小帮手力量有限,有时候,它们不能完成所有庄稼的授粉工作,那样的话,就需要我们亲自动手,人工授粉了。

给黑麦、荞麦、大麻、苜蓿授粉通常是采用绳索——拖架车的方法。两个人分别拽住绳的一端,把绳架在开花的植物上方,高度为把植物稍稍压弯为宜,两个人就这样乘着拖架车,拉着绳索并排向前行驶。这样一来,花粉就从花上掉了下来,然后被风吹遍整片田地,而且花粉很容易粘在绳子上,在前行的过程中,也会被从一朵花上带到另一朵花上。至于给向日葵授粉,则需要准备一小块儿兔皮,把花粉收集在上面,然后一一带到其他向日葵花上。

都市奇闻

城里的麋鹿

五月三十一日清晨,有人在梅契尼科夫大医院附近发现了一只麋鹿。最近几年来,麋鹿不止一次出现在市区里。人们猜测,这些麋鹿是来自弗谢沃洛日克区的森林。

会说人话的鸟

有位公民来到《森林报》编辑部,叙说了他遇到的一件事:

"早晨,我在公园里散步。突然听到灌木丛里有人问我:'你看见特里什卡了吗?'那声音很响亮,很坚定。我环顾四周,一个人也没有,只有通红的小鸟落在灌木丛上。我看了看它,心想:'这是什么鸟呀? 竟然会说人话,而且说得这么清楚! 它问的特里什卡又是谁呢?'这时,它又重复那句话:'你看见特里什卡了吗?'我朝它迈了一步,想近些把它看清楚,它一下子溜进灌木丛里消失了。"

这位公民见到的鸟叫红雀,是从印度飞来的,它的叫声确实很像人在问话。不过,它的这种叫声,有人听起来像是:"你看见特里什卡了吗?"而有的人听起来像是:"你看见格里什卡了吗?"

来自深海的客人

最近有一大批各种各样的鱼从海洋游到河流里来产卵。出生的小鱼将重新返回海洋中去。

只有一种奇特的鱼是在深海里出生的,而后从海洋迁到河里去生活。它们的故乡是大西洋中的马尾藻海。

这种奇特的鱼叫小扁头鱼。

你没听说过这样的鱼名吧?

也难怪,因为只有这鱼小的时候、生活在海洋里的时候才叫这名字。

那时,它全身透明,肚里的肠子都看得清清楚楚,扁扁的身体像树叶。长大后就变得像蛇了。

说到这儿,大家就知道它真正的名字了:其实这是鳗鱼!

小扁头鱼在马尾藻海要待三年,到第四年,它就变成了小鳗鱼了,那时身体还是玻璃般透明的。

到这时,小鳗鱼就会密密麻麻地向涅瓦河游去。

它们从大西洋那个神秘的海域游到我们这里的路程至少有两千五百公里!

从海上来的产妇

这几天,从芬兰湾游来了大群大群的胡瓜鱼,它们将在涅瓦河里产卵。渔民们累得不亦乐乎,网网都能捞到成堆的鱼。

胡瓜鱼产完卵后就将重归大海。

有生命的云团

六月十一日,许多市民在涅瓦河岸散步。天上没有一片云,酷热难耐,房子和柏油马路被晒得发烫,人被它们散发的热气炙得喘不过气来。孩子们在嬉闹。

突然在宽宽的河道那边腾起了一大片灰蒙蒙的云。

人们都停下脚步朝它望去：这片云飞得很低，简直是在擦着河面移动，而且越聚越多。

不多一会儿，这云团伴随着窸窸窣窣的响声把散步人头顶上的天空遮了个严严实实。这时大家才看清，那不是云，而是一大群蜻蜓。

瞬时间这里变成了一个魔幻般的世界。

由于这么多小翅膀在扇动，人们分明地感觉到阵阵凉风扑面而来。

孩子们停止了玩闹，他们出神地观看着这种奇异的情景：阳光透过蜻蜓的薄翅，在空中形成了一片七彩的亮光。

散步人的脸一下子变得五彩缤纷，斑驳的光影闪闪烁烁。

这片由小生灵构成的云团发着嗖嗖的声响飞过了河岸上空，越飞越高，最后消失在大楼后面。

这时一群刚出世的小蜻蜓，它们集结在一起去寻找新的地盘。至于它们在哪里出生和将要去哪里生活，谁也说不清。

这些成群结队的蜻蜓在任何地方都能经常看到的。如果你遇到了，不妨考察一下，这些小生命究竟是从哪里来，要到哪里去。

路过城郊的黑水鸡

这些日子，城郊人在夜里总是听到一种"呼哧""呼哧"的鸣叫声，声音是从水沟那边传出来的，很低沉，时断时续，而且一呼一应。原来这鸣叫声是从我们这里路过的黑水鸡发出来的。它和秧鸡一样，是徒步穿越整个欧洲，来到我们这一带的。

采蘑菇去

一场及时雨过后，可以到城外采蘑菇去了。红菇、白桦菇和蘑菇都钻出了地面，这是夏天的第一批蘑菇，统称麦穗蘑，因为它们长出的时候正值黑麦抽穗。等

到夏天就看不到它们了。

当你看到花园里的紫丁香花凋谢的时候，就意味着春天结束、夏天开始了。

学飞的鸟儿

当你走在公园里、街头或林荫路上的时候，要不时地往上看看，有没有小乌鸦、小椋鸟从树上掉下来，有没有小麻雀从屋檐下掉下来。这些小鸟雀刚出窝，现在正学飞呢。

列宁格勒州的新面孔

近几年，猎人们在列宁格勒州的叶菲莫夫区及其邻近的几个区的森林中常遇到一种兽，这种兽当地居民并不认识，它个头跟狐狸差不多，叫乌苏里浣熊狗，简称浣熊。

它们是怎么跑到这里来的呢？

很简单，是火车运来的。

当初有五十只浣熊被运来，放到我们的森林里去了。十年过去了，浣熊的数量增长了许多，已经准许捕猎它们了。

乌苏里浣熊的皮毛很珍贵，整个冬季都可以打到它：这熊虽然也冬眠，但天气暖和的时候就会出窝逛逛。

蝙蝠的回声测探器

在一个夏天的傍晚，从打开的窗子飞进一只蝙蝠。

"快赶走它，快，快！"女孩们尖叫起来，慌忙地用头巾包住脑袋。

而秃头的老爷爷不以为然地咕哝了一句：

"它是奔着窗内的灯光来的，不会钻进你们的头发里！"

直到最近几年，科学家们都还搞不懂，为什么在夜里、在黑暗中飞行的蝙蝠不会迷路。

科学家们蒙上它的眼睛，堵上它的鼻孔——可它照样能够躲开飞行中的障碍,甚至把它放到拉满细线的房间里,它也能灵活地避开这些罗网。

直到回声测探器发明之后,这个谜才被破解开来。现在已经证实:蝙蝠在飞行时,会从嘴中发出一种人耳听不到的尖叫声,这种声叫超声。这种超声无论遇到什么障碍,都能反射回来。而蝙蝠的耳朵能"收听"各种反射信号,如"前面有墙"、"有线"、"有蚊子"。不过女人那又细又密的头发反射超声的效果可不太好。

当然,秃头老爷爷的话没有什么错。可是,女孩子们的亮发会向蝙蝠发出这样的信号——窗户内的亮光,那么它就会向其中的"一扇窗"扑过来的。

鼹 鼠

有些人认为,鼹鼠属于啮齿类动物,同老鼠一样生活在地下,在地下刨掘,吃植物的根。其实,这是对鼹鼠的误解。鼹鼠根本不是鼠类,而更像是身穿天鹅绒般滑软皮衣的刺猬。它也是一种食昆虫的兽,吃金龟子之类害虫的幼虫,因此对我们是有益的,它也并不危害植物。

但有人不能原谅鼹鼠——它在花园、菜园里挖掘,刨出一个个小土堆,这就是鼹鼠洞,这就破坏了花卉和蔬菜——其实,主人只要心平气和地在那里插上一根安有小风车的长竿子就可以了。

风吹动风车,转动的风车会使长竿抖动,抖动的长竿又会使鼹鼠洞发出声响,这样它们就会四下逃走了。

少年自然界研究小组组员　尤拉

猎　事

我们这个地区幅员辽阔。在列宁格勒一带春猎期早已结束,可北边的河水刚刚到了汛期——正是狩猎的旺季。于是,许多酷爱打猎的人在这个时期就赶往北方。

诱 饵

我们这一带闹熊害了。不是这个村的小牛被它咬死了,就是那个村的小马被它吃掉了。

瑟索伊奇在会上讲了这样一番话,很是在理:

"我们不能坐以待毙,等着熊来祸害我们的牲畜,应当采取措施。加弗里奇赫家的小牛不是被咬死了吗,把它交给我,我用它做诱饵。如果熊到我们畜群附近转悠,就会被诱饵引来。只要它敢来,定叫它有来无回,再也伤害不了咱们的牲畜,我已经想好该怎么弄了。"

瑟索伊奇是我们这里最棒的猎手。人们把加弗里奇赫家的那头死小牛交给了他,说:"你去干吧,我们等着过安生日子呢。"

瑟索伊奇把小牛装到大车上拉到森林里,把它放到一块儿空地上,在死牛周围用带皮的白桦树枝圈起一道矮矮的栅栏,又在离栅栏二十步远的并排长着的两棵树上搭了个窝棚,窝棚离地面有两米来高,这窝棚就是他夜间守候熊的瞭望台。至此,一切准备工作就绪,不过他没有爬到窝棚里去休息,而是回家过夜了。

一个星期过去了,他还是照常在家里睡觉。每天早晨抽空到木栅栏那里去了一趟,绕着它走一圈,卷一根烟,抽完就又回家了。

村民开始嘲笑他了。几个小年轻还朝他挤眉弄眼:

"嗨,瑟索伊奇,看来,还是在自家的热炕头上睡得香啊!你不愿意守在森林里吧?"

他答道:"贼不来,守在那儿有什么用啊?"

他们又嘲笑他:"小牛都快发臭了!"

他说:"这就对了!"

真拿他没办法,他总是那么镇定。

瑟索伊奇知道该做什么,他还知道,熊已经围着畜群转悠了好几天了,可没有去进犯它们,就是因为眼前摆着一大块儿现成的肉。

瑟索伊奇知道,熊已经闻到了动物尸体的气味,他那锐利的眼睛也看见了熊在围着牛尸体的栅栏四周留下的脚印,但熊并没有动那小牛,看来,它还不饿,它在等着,等牛尸真正发臭后,就会美美地把它吃下。这种毛蓬蓬的森林野兽就是好这口儿。

死牛在森林里已经躺了一个多星期了,瑟索伊奇还是每天回家过夜。

终于有一天,他根据熊的脚印得知,那家伙曾翻过了栅栏,而且从牛身上撕掉了一大块儿肉。

当晚,瑟索伊奇带着枪爬上了窝棚。

森林的夜晚,一片静寂。野兽们都睡着了,鸟儿也进入了梦乡。

当然,也不是所有的动物都睡着了,猫头鹰扑扇着毛蓬蓬的翅膀,无声地飞过,它在搜寻草丛里簌簌作响的野鼠;刺猬在林子里转悠,找青蛙吃;兔子在啃咬白杨的苦皮;一只獾在土里翻找喜欢吃的草根。那头熊悄悄地朝诱饵走来了。瑟索伊奇的眼皮直打架:深更半夜是他平日睡得正香的时候。

突然他打了个冷战:咔嚓!……是不是听错了?

没听错。虽然没有月亮,但北方的夏夜没有月亮也不昏黑。他清楚地看到,一只黑乎乎的野兽扒在泛白的白桦树枝栅栏上。

熊爬过了栅栏,美滋滋地吃了起来。

"你等着!"瑟索伊奇暗想,"我这儿给你准备着更好吃的东西呢,等着挨枪子儿吧!"

他端起枪,瞄准了熊的左肩胛骨。

轰然一声枪响惊醒了沉睡的森林。受惊的兔子蹦了半米来高;獾呼呼叫着奔回自己的地洞;刺猬针刺竖起,缩成一团;野鼠一溜烟躲进巢穴;猫

头鹰悄无声息地飞进大云杉树的浓阴中去了。

可安静下来后，那些夜行动物们就又放开胆去做自己的事了。瑟索伊奇爬下窝棚，走到栅栏边，卷上一支烟，抽了起来。而后他不慌不忙地朝家走去。天快亮了，还得补上一小觉呢。

村里人睡醒了。瑟索伊奇对那几个小年轻说：

"喂，小伙子们，套上车去把森林里的熊拉回来吧，以后熊再也祸害不了咱们的牲畜啦！"

打 靶 场

* * * 第三次竞赛 * * *

1. 哪种甲虫是以它出生的月份来命名的？
2. 蚂蚱用什么发出嘶嘶的声响？
3. 沙锥用什么发出"咩咩"的叫声？
4. 为什么把棕黄色的鹭鸶称为"水牛"？
5. 蜘蛛有几条腿？
6. 甲虫有几对翅膀呢？
7. 从南方飞来的哪些鸟来我们这里的途中曾步行过？
8. 小椋鸟破壳而出后，破碎的蛋壳到哪儿去了？
9. 谁的耳朵长在腿上？
10. 什么鸟叫起来像瘦猫？
11. 如何区分青蛙和蟾蜍的卵？
12. 长脚秧鸡的个头有多大？
13. 哪种鸟的叫声像狗叫一样？
14. 哪些鸣禽是最后一批飞来我们这儿的？
15. 丁香是在春天还是夏天开花？
16. （谜语）树根下面闹翻天，树干上面叮咚响，树枝梢头闪亮光。
17. （谜语）走路要拄它，赶车要握它，生病得

喝它。

18.（谜语）白似雪,黑似虫,绿似草;转起圈来像中邪,转身飞进林里边。

19.（谜语）小小个头真能干,不用手能把网织。

20.（谜语）身材细又长,落入草丛中,自己不出来,孩子跑出来。

21.（谜语）人人期盼我到来,我来又都躲起来。

22.（谜语）像头无角牛,额头大而宽,眼睛细而窄;不能碰也不能摸,进了畜群了不得。

23. 谁一生下来就有胡子?

24.（谜语）三个朋友聚一起,一个跑,一个躺,一个扭着挠痒痒。

布 告

音乐会即将开始

欢迎光临!

在僻静的、长满水草和芦苇的小湖面上,可以欣赏到十分有趣的演出。可是,你要在岸上搭一个小棚子,并藏在里面,才能看到演出。

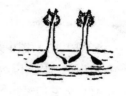

明媚的清晨,两名光鲜亮丽的演员从草丛中飞出。它们有着纤细的脖颈,立在脸颊两侧的衣领在阳光的照耀下熠熠生辉。它们是凤头䴙䴘。你就安静地坐着,等待着它们的表演吧。

看,它们肩并肩划着水,就像军人的队列一样。突然,仿佛听到了"散开"的口令,它们迅速地游开了。

然后,它们急速转身,面对面地相互鞠躬示意。那姿势优美极了,就像是一对舞蹈演员。

之后,它们伸直了脖子,头向后仰,嘴巴微微张

开,好像在进行一场庄严的演说。突然，
它们一头扎进了水里，却没有溅起一点儿
水花。紧接着，两位演员又相继跃出水
面，修长的身体直立在水中，就像站在地
板上一样，并将从水底叼出的水藻手帕递给对方。

当你看到它们的表演，不由得热烈鼓掌时，它们已经消失在芦苇丛中，
不见踪影了。

"火眼金睛"称号大赛第二次测验

怎样辨别这些动物？

图1：根据在水中的姿态，怎样辨别潜鸭和野鸭？

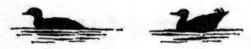

图1

图2、图3：图中是我们这儿的两种兔子：灰兔和雪兔。冬天时，它们都
保持原色，谁也不会将它们混淆。可是，到了夏天，它们都变成了灰色，要
怎样区分它们呢？

图2　　　　　　　　　图3

图4至图6：图中是三种不同的小兽。请辨别它们，并说出它们的
名字。

图4　　　　　图5　　　　　图6

图 7 至图 10：四幅图中画着三种不同的蛇和一条无脚蜥蜴。哪幅图中是蜥蜴？哪些蛇有毒，它们用什么咬人？而哪些不是毒蛇呢？

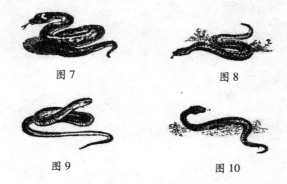

图 7

图 8

图 9

图 10

夏

LIBRARY
OF
WORLD
LITERATURE

NO.4 鸟儿筑巢月（夏季第一月）

6月21日至7月20日　太阳进入巨蟹宫

一年：有十二个章节的太阳组诗（6月）

玫瑰色的六月。迁飞结束，夏季来临。我们将迎来最长的白昼，甚至在遥远的北方，太阳不落，黑夜消失。鲜艳的花朵铺满了湿润的草地，黄色的金莲花、驴蹄草和毛茛将草坪映衬得金光闪闪。

就在这阳光最最灿烂之时节，人们已开始采集、储藏可入药的花、茎、根，以备不时之需。万一谁有个不舒服的时候，这些药草都能使人们重新精神焕发。

六月二十二日——夏至节气，这一天是一年中白昼最长最长的一天。

从这天开始，正如春光悄然到来一样，白天开始慢慢地缩短，让人们感到时光飞逝。正如人们常说的那样："透过篱笆缝已经看到了盛夏的景象……"

小鸟儿们都已把家盖好啦，筑好了巢，每个鸟巢中都有五颜六色的鸟蛋。而在那薄薄的蛋壳中孕育着娇弱的小生命。

大家都住在哪儿

又到了孵化的季节。森林中的各种小动物都建造好了自己的房子。

我们的通讯员们决定去看一看那些野兽，小鸟儿、鱼群和昆虫都住在哪儿？

出色的居所

原来，现在整片森林中，从上到下，所有地方都建起了住宅，没有一点空地。地上、地下、水上、水下、树上、草丛中、半空中都住满了各种小动物。

金黄鹂的家搭在了半空中。它们将用大麻、草茎、毛发等编成的轻巧小窝挂在离地很高的白桦树枝上。现在，一窝金黄鹂的蛋躺在这个家中。令人惊奇的是，即使轻风摇晃的树枝，它们也没有丝毫恐惧。

在草丛中安家的有云雀、林鹨、黄鸫和许多其他的鸟类。我们的通讯员们最喜欢柳莺的小窝。它用干草和青苔建成，上面有屋顶，侧面有一扇小门。

而在树洞中筑巢的有飞鼠（一种爪子中间有蹼的松鼠）、木蠹曲、小蠹虫、啄木鸟、山雀、椋鸟、猫头鹰和其他一些鸟类。

小鼹鼠、小老鼠、獾、灰沙燕、翠鸟和各种小昆虫把窝搭在地下。

鹏鹏是一种潜鸟，它的窝浮在水面

上，是用沼泽里的杂草、芦苇和淤泥堆积成的。鹏鹏的窝像木筏一样，带着鹏鹏在湖中四处游荡。

河榧子和银色水蜘蛛的小窝搭在水下。

谁的住宅最好？

我们的通讯员们想要找到一幢最好的房子。可是，要确定哪个房子最好都不是件容易的事。

雕的房子最大。它是用最粗大的树枝搭建而成，挂在又粗又大的松树上。

而黄头戴菊莺的窝最小。整个窝也只有拳头那么大，因为它自己个头还没有蜻蜓大呢。

最复杂的房子要数小鼹鼠窝了。那里有许许多多的出入口，这样你根本无法在洞穴捉到它。

而最精巧的窝是卷叶象鼻虫的家,它是一种带吸管的小甲虫。它先吸断白桦树叶的叶脉,然后等叶子枯萎后,将叶子卷成筒状,用唾液粘住。雌卷叶象鼻虫就在这座筒状的房子中产卵。

长脖的滨鹬和夜间活动的夜莺的窝建得最简单。前者直接将自己的四只蛋产在河边的沙土中,而后者把蛋产在树下堆满树枝的坑中。它俩都不会在搭窝上多费工夫。

叽叽喳喳的柳莺的房子最漂亮。它把窝搭在白桦树枝上,用苔藓和薄薄的白桦树皮加以装饰,而且还从人们的别墅花园中叼来废弃的彩纸碎片编织点缀在房子外面。

长尾山雀的窝最舒适。这种鸟儿还有一个别称,叫"汤勺儿",因为外形很像一把舀汤的勺子。它的窝里面用羽绒、羽毛和兽毛编织而成,外面附上苔藓和地衣。它的窝像个小南瓜,在它的顶部正中有个又小又圆的入口。

河榧子是一种带翅膀的小昆虫。当它们落在地上时,就会合上翅膀,放在自己背上,正好可以覆盖住自己的身体。可是,它的幼虫没有翅膀,光秃秃的,没有什么可以遮住自己。它们就住在小溪和小河的水底。

河榧子的幼虫会找到火柴棍长短的细草棍儿或芦苇秆儿,把用泥沙做成的小圆筒粘在上面,再倒着爬进去。

多么方便啊!可以全部隐藏在圆筒中,睡个安稳觉,任谁也发现不了它。也可以伸出前腿,带着小窝一起在水底爬来爬去,反正小窝十分的方便。

瞧,有一只小河榧子在水底找到了一根细细的香烟头儿,于是它便爬了进去,就这样开始了携带着香烟头儿的旅行。

最令人惊奇的房子就是银色水蜘蛛的小窝了。这种蜘蛛在水下水草间织出一张网,再用自己毛茸茸的肚子带来一些空气泡放到蜘蛛网下面。这样,水蜘蛛就可以住在有空气的房子里了。

还有谁筑了巢

我们的通讯员们还找到了小鱼和小老鼠的住所。

刺鱼为自己建造了一个实实在在的窝。搭窝的工作是由雄性来完成的。它们只选择较重的草秆，即使用嘴将这些草秆从水底叼上去，它们也不会浮在水面上。雄刺鱼把这些草秆儿固定在水底的沙土上，再用自己的唾液将它们粘成墙壁和顶棚，用青苔堵住所有的窟窿。最后在小窝的墙壁上开两扇小门。

小老鼠的窝完全和鸟窝一样。幼鼠用草茎和撕下的细细纤维编织成窝，把它挂在离地大约两米高的松树枝上。

小动物们用什么筑巢呢？

森林中，动物们用来筑巢的材料各种各样。

会唱歌的鸫鸟用朽木中的胶泥涂抹自己圆形巢的内壁。

家燕和小乌鸦用泥巴做巢，并且用自己的唾液将其加固。

黑头鹰用轻巧又有黏性的蜘蛛网，把细树条加固做成自己的巢。

是一种头朝下沿着笔直的树干跑来跑去的小鸟。它把家安在洞口很大的树洞里。为了防止小松鼠钻进自己的家，用黏土把大洞口砌上，只留下一个自己能够勉强挤过的小小洞口。

而绿、棕、蓝三色相间的翠鸟的巢最有趣。它在岸上挖出一个深深的坑，并在自己卧室的地板上铺满细细的鱼刺。这样，就有了一张软乎乎的床垫了。

借住别人的家

那些不会做窝或者偷懒的小动物，就会借住在别人的家里。

布谷鸟会把蛋偷偷地产在鹡鸰、知更鸟、莺等其他善于筑巢的小鸟家中。

森林黑嘴鹬则找到了一个旧的乌鸦巢，就在里面开始孵化自己的雏鸟。

船碉鱼很喜欢被主人丢弃在水底细沙中的虾洞里。它们在这里产下自己的卵。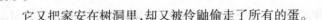

而小麻雀的巢筑得十分巧妙复杂。

它把巢筑在了屋檐下，却被小男孩们捣毁了。

它又把家安在树洞里，却又被伶鼬偷走了所有的蛋。

于是，小麻雀便把家安在了雕的大窝里。雕的大窝搭在粗壮的树枝间，里面十分宽敞，足以装小麻雀的小家。

现在，小麻雀可以平静地生活了，再也不用害怕谁了。体形庞大的雕根本不会注意到这个小家伙。无论是伶鼬、小猫、鹞鹰，还是小男孩们，都不会再捣毁它的窝了，因为它们都怕雕啊！

公共宿舍

森林中还有一种公共宿舍呢。

小蜜蜂、大黄蜂、野蜂和蚂蚁的家里有成千上万个小房间。

白嘴鸦们占据了花园和小树林作为自己的殖民地，海鸥们则占领了沼泽、沙岛和浅滩，而灰沙燕就在河边的岸上凿出许许多多的小洞来居住。

什么在窝里呢

鸟巢中有着各种各样的鸟蛋。

不同的小鸟有着不同的鸟蛋，这并不是没有原因喔。

勾嘴鹬的蛋上布满了大大小小的斑点，而歪脖鸟的蛋则是白里透一点粉红色的。

然而，由于歪脖鸟的蛋通常在又深又黑的树洞里，所以并不常见。而勾嘴鹬直接把蛋产在土墩上，完全置于露天环境中。如果它的蛋是白色的，那么任谁都会发现。现在，它的颜色和土墩一样，这样在你走到它跟前时，便很可能会踩到它。

野鸭的蛋同样也是纯白色的，可它们的巢就赤裸裸地筑在土墩上面。

因此,野鸭们不得不耍一些小花招。当要离开家时,野鸭们就会叼掉一些腹部的绒毛,覆盖在鸭蛋上。这样,鸭蛋就不会被发现了。

可是,勾嘴鹬的蛋为什么是尖的呢?要知道,体形庞大的猛禽秃鹰的蛋可是圆的喔。

原来,勾嘴鹬是一种体形不大的鸟儿,也就是秃鹰的五分之一。而勾嘴鹬的蛋却很大,如果这些蛋不是尖头对尖头,方便地躺在一起,使得占据的地方变小,那么它那小小的身躯在孵蛋时怎么能把蛋盖住呢?

而为什么小勾嘴鹬会产下同秃鹰一样巨大的蛋呢?

关于这个问题,只有等到雏鸟破壳而出时,我们在下一期《森林报》中作解答了。

林中轶事

有趣的植物

浮萍开始布满了池塘。有人说那是水藻。可浮萍和水藻是大不相同的。

浮萍与其他植物不大一样,它特别有意思。它的根又细又小,一个个绿色小圆片漂浮在水面上,圆片上有种类似椭圆形的小鼓包。这些小鼓包就是浮萍饼状的茎和枝。浮萍本身并没有叶子。它偶尔也会开花,但十分罕见。浮萍不需要花朵。它繁殖起来简单而迅速。只需从饼状的茎上掉下来一个饼状的枝,一株浮萍就变成了两株。

浮萍生活得十分自在,不会眷恋任何地方。若是有野鸭从它近旁游过,它会缠在鸭子的脚蹼上,并随着它们去到另一个池塘里。

巴甫洛娃

狐狸抢占獾洞

狐狸家出事了:房顶塌了,还差点儿把小狐狸砸死。

狐狸一看，大事不妙，要赶紧搬家。

它来到了獾的家门口。獾的洞穴的确不错，全是它自己挖的。左右两边都有出口，此外人家还特意挖了些备用出口，以防备敌人的突袭。

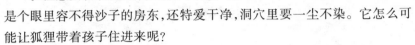

獾的洞穴很大，能够同时居住两家子。

狐狸想要住在这里，但獾不同意。獾可是个眼里容不得沙子的房东，还特爱干净，洞穴里要一尘不染。它怎么可能让狐狸带着孩子住进来呢？

它把狐狸赶走了。

狐狸愤愤地想："哼！好啊你，等着瞧！"

狐狸假装走开，一转身便躲进了灌木丛的后面，等待着时机。

獾见狐狸离开了，便爬出洞，到森林里去找蜗牛吃了。

而狐狸乘机溜进洞里，在洞中拉屎，把洞里弄得臭烘烘脏兮兮的，之后就跑了出来。

獾觅食回来了。天啊！洞里臭气熏天！它懊丧地哼了一声，就到别的地方为自己挖洞去了。

狐狸就是等着这样的结果呢。

它将小狐狸们分几次叼到这里，开始在獾洞中舒舒服服地生活了。

有求必应

在草地和林边空地上开满了紫红色的草地矢车菊。我看到它们，就会想到小檗果。因为它们同小檗果一样，都会玩一种小把戏。

矢车菊的花不是一朵朵的，而是花序状。它周围是美丽、蓬松的角状花。而真正的花朵在它的中间，是深紫红色的喇叭花。这朵喇叭花里面是它的雌蕊和会变戏法儿的雄蕊。

刚一触碰这朵紫红色的喇叭花，它就会倒向一边，并从中央冒出一小团花粉来。

过一会儿，你再碰一下这朵花，它又会倒向一边并冒出一小团花粉。

它就是这样变戏法儿的!

它的花粉并不是散乱地铺开,而是根据每个昆虫的需求分成一份一份的。在昆虫采集和食用时,便会将花粉沾到自己身上,然后只要把这一点儿花粉带到其他的矢车菊上就大功告成啦。

巴甫洛娃

神秘的夜强盗

森林里来了一个神秘的夜强盗。森林中的居民们都陷入了恐慌。

每夜都有几只小兔子不见了。幼鹿、小花尾榛鸡、母黑琴鸡、松鸡、兔子、松鼠等,每逢深夜,它们个个都人心惶惶的。无论是灌木丛中的小鸟,还是树洞中的松鼠,或是地洞中的老鼠,它们都不知道自己哪天会倒霉。神秘的杀手总是出其不意地现身:一会儿是草丛里,一会儿是灌木中,一会儿又是树上。或许,它根本就不是一个人,而是一伙儿呢。

几天前的一个夜里,一对獐鹿夫妇带着两只小獐鹿在林边空地上吃草。公獐鹿站在距灌木丛八步远的地方放哨,而母獐鹿和小獐鹿们在林地中央吃草。

突然,从灌木丛中蹿出一个黑乎乎的东西,一纵身直奔公獐鹿的脊背扑过来。公獐鹿被扑倒了,母獐鹿带着小獐鹿逃到了森林里。

第二天早上,当母獐鹿再次回到那片林地时,只看到了公獐鹿的犄角和残肢。

然而,昨天夜里驼鹿也受到了攻击。当时驼鹿正在僻静的森林中走着,忽然发现一棵树的树枝上好像有一个又大又丑的木瘤。

驼鹿这个森林巨人怕谁呢？它有着一对连熊都不敢靠近的大犄角。

驼鹿走到那棵树下，刚想抬头看一下树枝上的木瘤，突然，在它脖颈子上受到了一记可怕的、足有一普特（约十六点三八公斤）力量的重击。

驼鹿被这猛然的攻击吓坏了，狠命地摇了摇头，把敌人从背上甩了下来，头也不回地落荒而逃。可怜的它最终也不知道，是谁在黑夜中攻击了它。

我们的森林里没有狼，况且狼也不会爬树啊。而现在熊已经钻进密林去褪毛了，并且它也不会从树上跳到驼鹿的脖子上啊。这个神秘的强盗到底是谁呢？

目前这还是一个谜。

勇敢的小鱼

之前我们曾经说过，雄棘鱼在水下建造了怎样的巢穴。

当巢穴建成后，它就会挑选一条雌棘鱼带到自己的家中。鱼儿在里面产完卵后就离开了。

之后，雄棘鱼会去寻找第二条，第三条，第四条……但所有的雌棘鱼最后都会离开它，只留下鱼卵交给它照顾。

现在只剩下雄棘鱼看家了，而家里有一大堆鱼卵。

在河里有许多对鱼卵感兴趣的家伙。可怜的小个头的雄棘鱼只好努力保护着自己的家园，免遭那些凶猛的水下家伙们的袭击。

不久前，一条贪食的河鲈攻击了它的巢穴。小小的巢穴守护者勇敢地投入了与河鲈的战斗。

它竖起全身的五根刺，三根在背上，两根在胸部，灵活地向河鲈的鳃猛刺。

河鲈周身都被坚固的鳞甲保护着，唯有鳃是裸露的。

河鲈被这个勇敢的小家伙吓着了，逃跑了。

离奇失踪的夜鹰蛋

我们的通讯员们找到了夜鹰的巢。那里有两颗夜鹰的蛋。当人们靠近时，雌夜鹰便飞走了。

我们的通讯员们并没有碰那个巢，只是悄悄地在这个地方做了个记号。

一个小时后，他们回到鸟巢处，但里面的蛋不见了。

又过了两天，通讯员们成功地找到了它们：原来，雌夜鹰将它们叼到了别的地方。它怕人们会拆毁它的巢。

六条腿的鼹鼠

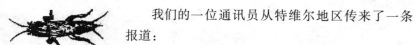

我们的一位通讯员从特维尔地区传来了一条报道：

"为了锻炼身体，我把一根杆子埋入地下。刨土时，从地里蹦出一只小兽。它的前掌上有锐利的爪子，背上有一对翅膀似的薄膜，身披又密又短的黄褐色兽毛。这只小兽大约有五厘米大小，既像黄蜂又像鼹鼠。从它的六条腿我断定，它是一种昆虫。"

凶手是谁？

(《神秘的夜强盗》续)

今儿个夜里，森林中的松鼠们在树上相继被杀害了。我们仔细查看了凶杀现场，根据凶手在树干上及树底下留下的脚印，我们终于知道，究竟是谁不久前咬死公獐鹿，并且搅和得整片森林都笼罩在恐怖气氛中了。

我们根据它的脚印了解到，这是像我们北方森林中的豹一样凶猛的森林猫科动物——猞猁。

猞猁的幼崽已经长大了，猞猁妈妈现在带着它们在整片森林中散步，在树木间穿梭。

夜里，猞猁也能像白天一样看清四周的一切。所以，那些睡前没有藏好的小动物们就会成为猞猁的夜宵啦。

108

编辑释疑

这是一种独特的昆虫,它确实很像野兽。难怪它有着野兽一般的名字:蝼蛄。它与鼹鼠有着很多的相同点:它们都有着宽大的前爪,都是刨地的能手。可是,幼小的蝼蛄的前腿很像一把剪刀。这对它十分有利,当它在地下爬行时可以将植物的根剪断。而强壮的大鼹鼠则要用自己有力的爪子或是牙齿将根弄断。

蝼蛄的两颌上,有一对弯曲的薄片,像牙齿一样。

如同鼹鼠一样,蝼蛄一生的大部分时间都在地下度过:挖掘地下通道,在那里产蛋并像鼹鼠一样在上面堆起一个小丘。除此之外,蝼蛄还有一双柔软的大翅膀,可以让它自由地飞来飞去——这点鼹鼠可比不上了。

在特维尔地区,蝼蛄并不多见,而在我们这儿就更罕见了。可是在南部地区,蝼蛄却很多。

在潮湿的土壤里,特别是水洼旁,花园或是菜园里,可以发现这种独特的昆虫。想要捉住它,可以这样做:每天傍晚在同一个地方浇上水,并覆盖上一层树枝。夜里,蝼蛄就会钻入树枝堆下的泥土里。

蜥蜴

我在森林的树墩旁捉到一只蜥蜴,于是就把它带回了家。我在一个大罐子里铺满了沙石,让蜥蜴住在那里。我每天都给它换草换水,并往罐子里放上食物:苍蝇、甲虫、幼虫、蠕虫、蜗牛等。蜥蜴用宽大的嘴贪婪地觅食。蜥蜴最爱吃的是卷心菜里生长的那种白蛾子。它迅速地转头,张开嘴,伸出分叉的舌头,随后一跃而起,像大狗一样扑向美食。

还有一次,我在沙地的石子中间发现了十来个椭圆形的蜥蜴蛋,这些蛋的壳又薄又软。蜥蜴把它们放了可以晒到阳光的地方。一个多月过去了,蛋全部裂开了,从里面钻出一些灵活的小小蜥蜴,它们长得和妈妈十分相似。

现在这些小家伙们爬到了石头上面,舒服地享受着阳光。

《森林报》通讯员 谢斯加科夫

救星刺猬

玛莎早早地就醒了,穿上了连衣裙,像往常一样光着脚丫就跑进了森林。

在森林里的小山丘上有许多草莓。玛莎欢喜地采了满满一篮子,然后沿着布满露珠的、冰凉的树墩,蹦蹦跳跳地往家走。可是突然她脚下一滑,从树墩上摔了下来,本来就赤着的脚丫不知被什么尖利的东西划破了,流血了,玛莎疼得大叫。

原来,树墩下躲着一只小刺猬。现在它缩成了一团并发出噗噗的声音。

玛莎一边哭着,一边坐到旁边的树墩上,用连衣裙将脚上的血擦干净。小刺猬也沉默了。

突然,一条背上有黑色曲线的灰色大蛇朝着玛莎爬过来,那是条有毒的蝰蛇!玛莎吓得手脚都不听使唤了。而蝰蛇在靠近她,伸出分叉的舌头,发出咝咝声。就在这时,小刺猬忽然伸展开身子,疾速地跑到蛇的面前。蝰蛇挺起上半身,像甩出的鞭子一样,向刺猬猛扑过去。然而,小刺猬敏捷地竖起了它的刺。蝰蛇惨叫一声,慌忙转身要逃走。刺猬急忙追上它,从后面咬住蝰蛇的头,并踩在它的背上。

这时,玛莎回过神儿来,急忙站起身,飞奔回家。

以下摘自少年自然科学研究组组员的日记

燕子的巢

6月25日

燕子们每天都在我眼前辛勤地搭窝筑巢,而它们的巢眼看着也要大功告成。它们每天都早早起床开工,中午休息两三个小时,之后继续工作,一直到太阳落山前两小时才肯收工。当然也不能不歇脚连续地干,毕竟要让泥土干透才行。

有时候,一些别的燕子也会飞来做客。如果猫不在屋顶上,它们就会

110

在屋檐上叽叽喳喳地闲扯一会儿。这个新巢的主人是不会驱赶它们的。

如今，这鸟巢的形状愈发像圆月过后朝右侧弯曲的下弦月了。

我当然知道，燕子的巢怎么会建成这种形状，而不是正圆形。因为这个巢是雌燕和雄燕共同筑成的，但它们可不是同样地卖力工作。雌燕衔着泥土飞来，总是头朝左边落下；它十分勤劳地工作，总是从左边筑巢，而且效率远高于雄燕。而雄燕常常浪费几个小时的时间，与其他燕子在云中追逐嬉戏。雄燕通常头朝右落在巢穴上。当然，以这样的工作态度它是无法赶上雌燕的进度的，鸟巢的右面自然也不如左面筑得快。这个新居自然不可能建得一般儿大。

多懒的雄燕啊！真不害羞?! 论个儿它可比雌燕要壮呢！

6月28日

燕子不再衔泥筑巢了，它们开始往里面搬运稻草和茸毛铺成床。而我并未想到，这正是它们聪明的规划。原来，这个巢左边比右边筑得快，正是它们所需要的。雌燕从左侧把巢一直筑到顶端，而偷懒的雄燕并没有尽职干完自己该干的活儿，于是就形成了一个右上方有缺口的、不规则的球状的鸟巢。当然，这个缺口是必须的：因为这里就是鸟巢的入口！否则，燕子们要如何飞回家呢？哎，我真是冤枉雄燕了。

今天可是雌燕在新家的第一夜。

6月30日

燕子的巢筑好了。雌燕已经不出门了，想必它已经产下了第一枚鸟蛋。雄燕常常为它带来一些食物，还不时放声高歌，嘴里不停地唠叨着，祝福着，愉悦地叽叽喳喳地叫着。

那群小燕子又飞回来了。它们轮流在附近舞动翅膀，仿佛是亲吻了这个幸福的主人伸出来的嘴。它们围着燕子的巢叽喳了一会儿便飞走了。

猫不时会爬到屋顶上，从房梁上向下看着。难道它在等着雏燕的出世?

7月13日

雌燕已经在巢中待了两周。只有在最炎热的时候飞出来待个半天，因为此时柔弱的蛋不会受凉。它在屋顶上空盘旋,捉一些苍蝇吃,随后飞到池塘旁边,紧贴着水面,一面滑翔,一面喝水。喝足水后,雌燕又飞回巢里。

而今天,燕子夫妇都开始频繁地从巢里飞进飞出。而且,我注意到,雄燕叼了一片白色的蛋壳,而雌燕叼着一只苍蝇。也就是说,它们的小宝宝雏燕已经孵出来了。

7月20日

太可怕,太可怕了!猫爬上了屋顶,然后把身子探过房梁,伸出爪子够着鸟巢。而在窝里弱小的雏燕十分无助地吱吱乱叫。

不知从哪儿飞来一大群燕子。它们大叫着,乱飞着,差点撞上猫的鼻子。哎呀,猫差点抓住一只雏燕!啊,它又扑向了另一只!

阿弥陀佛!这个灰色的小偷并未得逞,而且还从屋顶上“轰”的一声摔了下来!

猫倒是没摔死,但估计摔得不轻,它喵喵地叫着,一瘸一拐地回家了。

它真是活该!再也不敢吓唬小燕子了!

《森林报》通讯员　维利卡

苍头燕雀母子

我们住的院子生机盎然,郁郁葱葱。

我正沿着小院儿散步,突然从我的脚下飞出一只刚出巢的小苍头燕雀,它头上还留有两撮弯弯的绒毛呢。它努力飞起,又落到地上。

我捉住了它,带回了家。父亲建议我将它放在敞开的窗子前。

还不到一个小时,它的父母就飞来喂它了。

就这样,这只小苍头燕雀在我家生活了一天。夜里,我关上了窗户,把它放进笼子里。

清晨,我大约五点就起了床,看到窗外站着那只小苍头燕雀的妈妈,嘴里还叼着苍蝇。我急忙站起来,打开窗户,随后回到屋中开始观察。

很快,苍头燕雀妈妈又飞回来了,落在窗边。小苍头燕雀吱吱地叫起来,想要吃东西。燕雀妈妈不顾一切地飞了进来,迅速飞到笼子旁,隔着笼子开始喂食小雏鸟。

随后,燕雀妈妈飞去寻找新的食物了,而我将小苍头燕雀从笼子中掏出,将它带到了院子里。

而当我再想看一眼小家伙时,它已经不在那里了:原来它妈妈已经将它叼走了。

贝科夫

少年自然科学研究组组员的一个梦

一位少年自然科学研究组的成员正在尽力为班里的报告做准备,报告题为《昆虫——森林和田地的害虫,如何与它战斗》。

他读到这样一段话:"为了消灭甲虫,在机械和化学制剂上已经花费了一亿三千七百多万卢布,已经捉到了一千三百零一万五千只甲虫。如果将它们全部装箱运走的话,则需要八百一十三节车厢……在同昆虫的战斗中,每公顷田地每天需要出动二十至二十五人次……"

这位小少年有些头晕。一长串以 0 结尾的数字在他眼前打转,使得他眼花缭乱。因此他只好去睡觉了。

整夜,他都受到噩梦的困扰。无数的甲虫、幼虫、毛虫出现在漆黑的森林里,它们迅速地爬满田地,缠绕在他身上,令他窒息。他用手捻它们,用杀虫剂喷它们,但它们死不了。它们都在爬啊爬啊,并且它们所经之处只剩下一片荒芜……这位少年研究员从噩梦中惊醒了。

早上醒来的时候,他发现,事情并没有那么糟糕。在自己的报告中,少年研究员建议在爱鸟节前制作一些椋鸟巢和山雀巢,再挖一些树洞。

鸣禽能够比人更好更快地捕捉昆虫,而且它们还是完全义务的。

金 线 虫

在河流、湖泊和池塘里,甚至在那普普通通的水洼里,有一种神秘的生物——金线虫。老人们常说,这是一种被称作是死而复生的马的鬃毛。在人们洗澡的时候,它好像能够钻进人们的皮肤,并在肉里乱窜,弄得人奇痒无比……

金线虫的确很像某种动物红棕色的、粗糙的毛发。可它更像用钳子剪下的一段电线。它很坚硬,以至于你把它放在一块石头上,然后用另一块石头砸它,它都能毫发无损。并且还能不停地伸缩,最后狡猾地缩成一团。

而实际上,金线虫是一种无害的无头蠕形动物。在雌金线虫体内装满了卵。它的卵在水中孵化出长着角状吸管和钩刺的极小的幼虫。这些幼虫附着在水生昆虫的幼虫身上,钻入并隐藏在那些幼虫的外皮里。如果它们的寄主没被水蜘蛛或者其他昆虫吞到肚子里,那它们将在这里度过一生。而它们如果进入了新寄主的体内,金线虫的幼虫就会变成无头的蠕形动物,游到水中,吓唬那些迷信的人们。

用枪灭蚊

国家达尔文自然禁猎区的办公地坐落于雷宾斯克海周围的一个半岛之上。这是一片新开发的特殊海域:不久前,这里还是一片森林。这片海水不深,在某些地方还露出了一些树杈。由于这是一片温暖的淡水区,上面滋生了许许多多的蚊子。

这些小吸血鬼们成群地钻入科学家的实验室、餐厅、卧室里面,让人们无法工作、吃饭和休息。

傍晚,突然从每个房间中都传出了猎枪的射击声。

怎么了? 噢,没什么奇怪的,只不过是在打蚊子。

当然,弹筒里装的并不是子弹或铅制霰弹,而是底火和少量的打猎时用的普通火药,然后在上面堵上填药塞。再将杀虫剂一直装满弹筒,最后再堵上一个填药塞,以防粉末洒出。

随着枪声,细小的杀虫粉末弥漫了整个房间,进入每个缝隙,让昆虫无处可藏。

绿色的朋友

曾几何时,我们的森林幅员辽阔,无边无际。

在很久以前,森林的主人们玩忽职守,并没有好好地保护和珍惜这片森林。他们过度地采伐树木,滥用土地。

因此,树木消失的地方变成了沙漠、沟壑。

如此一来,田地周围没有了森林的保护,而从遥远荒漠刮来的燥热风便会到处肆虐。田地被炽热的沙子覆盖起来,庄稼都死了,谁都无法保护它们。

而河岸边、池塘边和湖泊边的森林也消失了,水库开始干涸,沟壑向田地蔓延开去。

于是,人们向干旱、燥热风、沙漠化和沟壑宣战了。

我们最得力的助手便是大森林——我们这个绿色的朋友。

哪里的河流、池塘、湖泊被炽热的阳光烤干了,需要保护,我们就把森林派到那里。粗壮茂密的森林挺直了自己高大魁梧的身躯,用自己繁茂的树冠为它们遮阳。

哪里的广阔田地被遥远荒漠的燥热风毒害,被热沙掩埋,人们就在那里培育森林,挽救农田。高大魁梧的森林挺起胸膛,为田地筑起一座坚不可摧的屏障,抵御肆虐的燥热风。

哪里土壤疏松塌陷,哪里峡谷沟壑纵横,急速地啃食着我们的耕地,我们就在那里种植森林。这个绿色的朋友用自己强有力的根系牢牢地固定住土壤,顽强地扎根地下,阻挡住蔓延的峡谷沟壑,不让它们再啃食我们的耕地。

向干旱的进攻还在继续。

河鲈测钓器

有这样的说法:如果你从河湖中捉到了一些小河鲈,并把它们养在鱼缸或是大果酱罐中,那么你将能预测出今天是否能在这片河湖中钓到鱼。只需要在出发钓鱼之前喂喂这些小河鲈就可以了。

如果它们是猛扑向鱼食,那也就是说,今天在这片河湖中会钓到不少鱼:鲈鱼和其他鱼会很容易上钩。然而如果罐中的鱼并不理睬,那也就意味着,今天户外的鱼都没有胃口。也就说明,今天的气压不对,可能要变天或是有暴风雨。

鱼儿们能够灵敏地感知空气和水中的变化,根据它们的行为我们可以预知几小时之后的天气。

只是每个钓鱼爱好者都应该检测一下，这些活的晴雨表在家中和户外是否一样准呢。

天空中的大象

遥远的天边飘来一朵黑压压的乌云，好像是一只飞在空中的大象。有时，它的长鼻子会垂向地面。这时，从地上就会升起一缕灰尘，不断地螺旋着上升，一直升到空中，与大象的长鼻子连接到一起，形成了一根耸立于天地间的旋动的大柱子。大象把这根大柱子吸走了，然后疾驰到更远的地方去了。

天空中的大象飘到了一座小城镇的上空，悬在那里。突然，从它身体中大雨倾盆而下。这是一场真正的暴雨！把屋顶和雨伞敲得噼啪乱响。你猜是谁弄出的响动呢？原来是蝌蚪、青蛙还有小鱼。它们落在了街上的水洼里，还欢蹦乱跳的。

原来，天空中的大象在天地间龙卷风的帮助下，从森林的一片湖中喝足了水，水中还掺杂着蝌蚪、青蛙和小鱼。随后，它在空中驰骋了几千米后，在小城镇上抛下了得到的所有战利品，就又飘远了。

森林之战（续）

云杉的生长压制了白桦、山杨和其他青草家族。

现在，在这片被采伐的空地上这个侵略者已经没有对手了。我们的通讯员们收好帐篷，启程前往另一片被采伐的空地。那里是前年冬天国家木材的采伐地，不是去年被砍伐的。

在那里，通讯员们亲眼目睹了在战争的第二年，发生在侵略者云杉身上的变故。

云杉家族虽然强壮，但它们有两个弱点。

第一，它们在地下的根虽然庞大，但扎根不够深。秋天时，广阔的空地上常常狂风大作。许多幼小的云杉树苗就被暴风刮倒，甚至被连根拔起了。

第二个弱点是，当云杉树还是幼苗，没变得那么强壮之前，它是十分畏寒的。

严寒把小云杉树上的芽都冻死了,凛冽的寒风刮断了它弱小的枝条。于是,在春天来临之前,被侵占的土地上一棵云杉树苗也没有留下。

云杉并不是每年都结种子。云杉经常发生这种情况:刚开始云杉的生长速度很快,但是它的胜利并不牢靠,到最后,往往有很长一段时间,它会退出战场。

然而,春天时,当勇敢的青草家族刚刚破土而出,战争就又打响了。

现在,它们要和山杨和白桦作战了。

但是,小山杨和小白桦都长大了,它们很轻易地摆脱了又细又柔的小草。而青草家族对它们的重重包围,反而还帮了它们的忙。去年的枯草在地上形成了一层厚厚的地毯,它们腐烂后散发出热量。而刚长出的小青草为刚出土的小树苗披了一层柔软的薄纱,为它们阻挡清晨逼人的寒气。

低矮的青草在身材上远比不过快速生长的山杨和白桦。它落后了。然而它一旦长势上没了优势,它就完蛋了,彻底地被遮挡住了。

现在,每一棵小树都在青草的上方伸出了自己的枝条。山杨树和白桦树没有如云杉那样浓密的针叶树枝,不过它们的叶子很宽大。这些宽大的树叶也形成了大片的树荫。

如果小树是稀稀拉拉的,那么青草家族还可以对付。可是,整片林地上山杨和白桦浓密地生长着。它们并肩战斗,相互伸出枝条,紧紧地交织成一排排。

这样形成了一块黑压压的幕布。而幕布下失去了阳光的青草们逐渐枯萎了。

很快,我们的通讯员们看到,第二年的战争以山杨树和白桦树的共同胜利而告终。于是,通讯员们又搬到了第三块被采伐的空地。

想知道通讯员们在那里的见闻,那就期待我们下一期的《森林报》吧。

祝你钓钩不落空！

捕鱼与天气

夏天,强风和暴雨把鱼儿们赶到了平静的水域,如深水坑或芦苇丛和草丛里。如果赶上持续的阴雨天,所有的鱼儿便会游到僻静的地方,变得无精打采,没有胃口。

炎炎夏日,小鱼也会找一些凉快的地方,如在有些地方,泉水会从地下冒出来,周围的水也会变得凉爽。在酷热的日子里,只有在凉爽的清晨或是傍晚,暑气消退的时候,小鱼才会咬钩。

在夏季干旱的时候,河湖的水位就会下降,这样,小鱼便会游到深水坑里去。然而在这里,鱼儿们可吃的东西很少。因此,一旦找到一个合适的地方,就可以坐下来一试身手,特别是用鱼食诱饵的话,会钓到更多的鱼呢。

最好的鱼饵是在平底锅里煎过的麻油饼,把它放到研钵里捣碎、弄软,再添加上黑麦粉、黑麦粒、小麦粒、大麦粒、燕麦粒、米粒、豆子一起煮软,然后放到荞麦或燕麦粥里,它们便会散发出一股新鲜的麻油味儿。鲫鱼、鲤鱼、冬穴鱼和其他许多的鱼类都十分喜爱这个香味。为了让鱼儿们习惯在同一个地方吃食,需要每天都撒些鱼食。而那些凶猛的食肉性鱼类,像河鲈、狗鱼、梭鱼和赤梢鱼都会尾随而至。

阵雨和雷雨会使水变得清新,从而刺激鱼儿的食欲。而大雾过后的好天气同样会使人们钓到更多的鱼。

每个人都应该学会根据晴雨表(气压表)、鱼咬不咬钩、云量多少、日出时散去的夜雾和晨露的情况,提前判断出天气的变化。明亮的紫红色朝霞说明,空气中的湿度很大,可能会有雨。而金粉色的朝霞恰恰相反,它说明空气干燥,在近几个小时内不会降雨。

乘船钓鱼

　　除了用带鱼漂或不带鱼漂的普通鱼竿垂钓,或者绞竿钓鱼外,还可以一边划着小船一边钓鱼。只要准备一条长约五十米并足够结实的鱼线,带上钢丝或皮筋做成的鱼钩线和挂钩的金属片就可以了。把金属片系在鱼线上,扔在船后二十五至五十米的距

离,船上坐两个人:一个人划船,另一个人控制着鱼线,把金属片沉入水底或浮在水中。一些凶猛的鱼类,如河鲈、狗鱼、梭鱼等,发现浮在它们头上的金属片,便以为是小鱼,于是扑过去一口吞下,这时也就扯动了鱼线。察觉到鱼咬了钩,钓鱼的人开始牵引着鱼,慢慢地收回鱼线。坐着小船钓鱼常常会钓到大鱼呢。

　　在湖里乘船钓鱼,最有利的位置是在又高又陡的河岸边上,灌木丛中,堆满枯树枝的深水坑,或者是布满芦苇的两个河湾之间的水域。在小河里乘船钓鱼,要顺着陡岸行驶,或是沿着石滩和浅滩的上游或下游行进,那里的水域又深又静。乘船钓鱼的时候,要轻轻地划船,特别是在无风的天气里,因为即使是轻微的划桨声,鱼儿们也能在很远的地方听到。

捕　虾

　　五月、六月、七月和八月是捕虾的最好时节。

　　捕虾的人们一定要了解虾的生活习性。

　　小虾是从虾的卵中孵化出来的。虾卵的数量可达上百个。虾妈妈把卵储存在自己的腹足(河虾有十条腿,最前面的是一对虾钳)和尾部的空腹内。虾妈妈带着这些卵度过整个冬天,然后在夏初时,虾卵就会裂开,从里面钻出蚂蚁般大小的小虾。在以前,人们曾认为,只有最精明的人才知道虾在哪儿过冬。当然,现如今,大家都已经知道了,虾是在河岸或湖边的小洞中过冬的。

　　在小虾一岁的时候,它会蜕八次皮,而当它们成年后,便会每年蜕一次

皮。蜕皮后的虾,在新的虾壳还未长硬之前,赤裸裸的它们会一直躲在自己的洞中。而在蜕皮的虾正是许多鱼类垂涎的美味。

虾是夜行性动物,白天躲在洞中,一旦嗅到猎物的气味,它们也常常在白天出动。当你看到一连串的气泡从水底冒出,那就是虾在呼气呢。像水虫、小鱼等水里的各种小动物都是虾的食物,而它的最爱是小动物们的腐肉。在水下,虾大老远就能闻到腐肉的气味。

而人们正是利用它喜爱的佳肴——一小块腐肉、死鱼或死青蛙,趁着晚上虾出动、探着头在水底寻找食物的时候,来捕捉它(虾只有受到惊吓的时候,才会倒退着躲回洞中)。

虾饵要系在虾网上,为了不让虾一进网就拖走美食,虾网要紧紧地拴在两根直径为三十至四十厘米的木箍或金属箍上,然后把虾网用细绳系在竹竿的末端,从河岸把它放到水底。

在虾多的地方,很快就有许多虾钻进虾网,被困在里面。

还有一些更加复杂的捕虾方式,但是最简便且常常收获颇丰的方法是:在水浅的地方,边走边找,找到后直接用手捏住虾的背,把它从洞中直接拖出来。当然,也常常会被虾钳夹到手指,而这并不可怕,何况我们也不建议那些胆小鬼直接用手去捉虾。

如果你随身携带有小锅、盐和小茴香,那么就可以在岸边烧开一锅水,放进盐和小茴香,煮虾吃。

在夏季的夜晚,星空之下,坐在河湖的岸边,在篝火旁吃着美味的虾,多么美好啊!

农村新闻

巴甫洛娃

小草的抱怨

小草们开始抱怨。它们抱怨,被人们欺负。一些小草们刚刚含苞待放,而有些则已经盛开了花朵。伸出白色羽毛状的柱头伸出长穗,厚实的花粉低垂在纤细的花茎上。

然而,一辆割草机突然驶来,把所有小草齐根割断。现在,它们无法开花了,只能重新生长。

《森林报》的通讯员们调查了此事。原来,把割下来的小草晒干后,就成了做饲料用的干草。必须保证够牲畜们吃一冬天的干草。因此,工人们割下尚未开花的小草做干草,是完全正确的做法,这样就可以收获更多的干草了。

晒 伤 了

两只小猪崽儿在散步的时候,被太阳晒伤了后背。在晒伤的地方起了许多水泡,人们赶忙请来兽医给两个小家伙治疗。因此,在最热的时间段里,禁止小猪崽儿们出去散步,即使和猪妈妈一起也不行。

度假的女人们不见了

在河对岸的村子里,两名不久前来度假的女人神秘地失踪了。经过长时间的搜寻,人们在距村子大约三千米的干草垛上找到了她们。

原来,她们迷路了。早上,她们去游泳时,记得路旁是浅蓝色的亚麻地,下午,当她们打算回村时,却怎么也找不到那片浅蓝色的亚麻地了,所以她们就迷路了。

这两名度假的女人并不知道,亚麻是在清晨开花,而到了中午,花儿就凋落了,而浅蓝色的亚麻地就变成绿色的了。

准备出发喽

马林果、茶藨果、醋栗等浆果都成熟了。它们要准备动身进城喽。

醋栗不怕远途旅行,它说:"把我运走吧,我能坚持。越快出发越好,趁着我还没有完全熟透,还有着坚硬的外壳。"

茶藨果说:"只要把我码放整齐一些,我就能坚持被运进城。"

而此时,马林果早已打不起精神了,它说:"最好不要动我,就让我待在这里吧! 我对走远路怕得要死,生活中最讨厌的事就是颠簸。颠啊颠啊,都把我颠成稀泥了!"

一位少年自然科学研究组成员讲的故事

　　我们村子旁边是一片橡树林,很少有布谷鸟飞入林中。有时,布谷鸟叫一两声就飞走了。然而,今年夏天,我却常常听到布谷鸟咕咕的叫声。这时,正好有一群母牛被赶到林中吃草。中午时分,牧童急匆匆地跑来,喊道:"母牛们发疯了!"我们急忙跑进树林里,而那里已经乱作一团,景象十分吓人! 母牛们号叫着四处乱跑,用尾巴抽打着背部,晕头转向地朝树上乱撞。这样下去,不是把自己的头撞破,就是把我们都踩烂。

　　大家赶紧把牛群赶到了别的地方。可是,这究竟是怎么回事呢?

　　原来,都是毛毛虫惹的祸。毛茸茸的褐色大毛虫就像是小野兽。它们爬满了所有橡树,有些叶子已经被啃光了,只剩下光秃秃的树枝。而毛毛虫的绒毛脱落下来,随风飘在空中,飞进母牛的眼睛里,刺得它们疼死了,真是可怕!

　　还好,大批的布谷鸟飞来了,我还从来没见过这么多布谷鸟呢! 而且,除了布谷鸟,还有带黑条纹的美丽金黄鹂,和翅膀上有蓝色条纹的深红色松鸦。周围所有的鸟儿们都聚集到了我们的橡树林中。

　　看啊,橡树们都坚持住了! 不到一个星期,毛毛虫就被吃光了。鸟儿们真是太棒了! 否则,我们的橡树林就完蛋了,那就太恐怖了!

尤拉

猎　事

不是打野禽野兽

　　夏天,打猎活动并不是针对野禽和野兽的。甚至与其说是打猎,还不如说是打仗。夏季时,人们有许多的敌人。假如,您开辟了一个菜园,种上蔬菜,浇水施肥,可您能够守护好这个菜园吗?

只在菜园里插一个稻草人可不行。稻草人只能帮忙驱赶麻雀和一些其他鸟类,而且不是很有效。

菜园里来了这样一批敌人,别说是稻草人,就是人们拿着枪也吓不走它们。而且棍子打不死,猎枪射不到。

只有巧妙地对付它们,并且时刻保持警惕锐利的目光防备它们。它们的个头不大,要用别的办法才能捉住它们。

与跳蚤作战

要这样同跳蚤作战:在长枪上绑好小旗子,旗子两面都要涂上厚厚的胶水,但旗子下面边缘处留出七厘米左右的空白。

带着这种武器去菜园,在菜畦中来回走,将旗子保持在蔬菜的上方,并让空白处接触到蔬菜。

跳蚤向上一蹦就被胶水粘住了。但这时可不要以为你已经胜利了。一大群新的敌人会向菜园开展进攻。

所以需要早早起床,在小草上还挂有露珠时,用小筛子向蔬菜上撒一些炉灰、烟灰或熟石灰。当然,如果是大面积的播撒,就要动用飞机了。

这些不会对蔬菜造成危害,可是跳蚤就会远离菜园了。

会蹦的敌人

蔬菜上出现一种背上有两道白的黑色小甲虫。它们像跳蚤一样,可以跳到叶子上。人们敲起了警钟:菜园的处境危险。

这个可怕的敌人是跳甲虫。两三天,它就能将方圆几公顷的菜园都吃光。它专找一些嫩菜叶,在上面啃出一个个小洞,把这些嫩叶变成网状,而整个菜园就这样毁了。而蔓菁、芜菁、大头菜和圆白菜最怕这种跳甲虫。

会飞的敌人

还有比跳蚤更可怕的敌人——飞蛾。一不留神,它们就在蔬菜上产下自己的卵。而从卵中爬出的毛虫会啃食菜茎和菜叶。

最危险的飞蛾品种有:白天出动的有菜粉蛾(体形较大,白色翅膀上有黑斑点),萝卜粉蛾(与菜粉蛾相似,只是个头小些);夜间活动的有甘蓝螟蛾(个头小,翅膀垂着,前部是赭石的黄色),甘蓝夜蛾(毛茸茸的,褐灰色)和菜蛾(个头很小的灰色飞蛾,与衣蛾相似)。

只能徒手与它们斗争。搜集它们的卵,然后用手碾碎。也可以像对付跳蚤那样,在菜叶上撒一些灰。

还有直接攻击人的可怕敌人。

它们就是蚊子。

在死水上漂着一些很小的长着绒毛的软体虫子和一些依稀可见的蛹,有一个极不相称的大脑袋,头上还有小角。

这些是蚊子的幼虫和卵。在沼泽地里也有它们的卵:一些卵粘在一起,像小舟一样浮在水上;另一些粘在了沼泽地里的野草上。

两种蚊子

有两种蚊子。一种叮人后,人们只会起一个大包,这是普通的蚊子,没有危险。而人们被另一种蚊子叮过后,就会患上一种沼泽性的寒热症,学名叫疟疾。得了这种病的人,一会儿热得发高烧,一会儿冷得打哆嗦。一两天后,病情好像减轻了,可又会突然加重。

这是疟蚊。就是如图右边那只。

看上去,两种蚊子很相似。只是在雌疟蚊的毒针旁还有触须。雌疟蚊

的毒针中带有有毒的细菌。当它叮人后,这些细菌就会进入人的血液,随后破坏人的血液循环。

这样,人就病了。

科学家们透过精密的显微镜

分析了疟蚊的血液，得出了以上结论。我们普通的肉眼肯定什么都看不到。

新鲜事儿

我们这里发生了一件特新鲜的事儿。

牧童从牧场跑来，大喊道：

"小母牛被野兽咬死啦！"

庄稼汉们都发出一声惊叹，几个女挤奶员竟然大哭起来。

那是一头品种优良的小母牛，还曾在展览会上得过奖牌呢。

所有人都放下工作，跑到牧场去看看情况。

在牧场里，牲畜们都在吃草。在远处的一个角落里，森林的旁边，躺着那只被咬死的小母牛。它的乳房被咬掉了，脖颈处被咬断了，其余部分还保持完整。

猎人谢尔盖叫道："是熊！它总是这样：咬死后就扔在那里。等腐烂后，再来享受美食。"

"对，就是这样，"猎人安德烈附和道，"没什么可解释的了。"

谢尔盖继续说道："大家都散开吧。我们在树上建一个窥望台，今天或明天夜里，想必那只熊就会来了吧。"

这时，大家才想起我们这儿的第三位猎人——瑟索伊奇。他个头不高，在人群中很难发现他。

"你要和我们一起守着吗？"谢尔盖和安德烈问道。

瑟索伊奇沉默着。他走到了另一边，仔细地查看着地面。

"不对，"他说，"熊不会来这里的。"

谢尔盖和安德烈耸耸肩，说道：

"随便你吧。"

人群散去了，瑟索伊奇也离开了。

谢尔盖和安德烈砍下一些树枝，在最近的一棵松树上搭建了一个窥望台。

这时他们看到，瑟索伊奇扛着枪，带着他的猎犬佐尔卡又回来了。

他又来到小母牛周围，认真地查看四周地面和附近的树木。

然后，他走进了森林。

这天夜里，谢尔盖和安德烈埋伏在窥望台里。

整夜待在那里，也没见到野兽。

第二天，还是没有。

第三天，依然没有。

猎人们忍耐不住了，相互交流起来：

"看来，瑟索伊奇了解了一些我们没有发觉的事情。要不他怎会肯定，熊不会来呢？"

"我们要不要去问问他？"

"问谁？熊？"

"什么熊啊？是问瑟索伊奇。"

"也只好这样了，我们就问问他吧。"

他们找到了瑟索伊奇，这时他刚从森林里出来。

瑟索伊奇放下了一个大袋子，自顾自地擦着枪。

"唉，"谢尔盖和安德烈开口说道，"你是对的，熊没有来。请问，这是为什么呢？"

瑟索伊奇问道："你们听说过，熊把母牛的乳房咬掉，却把肉扔下不吃吗？"

两个猎人互相看了看，啊，原来症结在这儿。确实，熊不会这么干。

"地上的脚印看到了吗？"瑟索伊奇继续问道。

"当然看到了，脚印很宽大，大约有四分之一俄尺呢。"

"爪印大吗？"

猎人们被问傻了。

"没有发现爪子的痕迹啊。"

"这就对了。要是熊的话，你会马上看到爪印的。现在想一想，哪种野兽走路时会把爪子收起来？"

"是狼！"谢尔盖脱口而出。

瑟索伊奇冷笑一声：

"还是个跟踪追捕的猎人呢。"

安德烈说道："得了吧你，狼的脚印与狗类似，只是比狗的细长一些。而猞猁走路时会把爪子收起来，它的脚印是圆的。"

"这就对啦，"瑟索伊奇说，"就是猞猁把小母牛咬死的。"

"你在开玩笑吗？"

"你们不相信？去看看口袋里的东西吧。"

谢尔盖和安德烈急忙走到口袋旁，打开袋子，里面有一大张带斑点的棕黄色的猞猁皮。

原来，就是它咬死了我们的小母牛。而瑟索伊奇是如何在森林里追捕它，如何将它打死，恐怕只有他自己和他的猎犬佐尔卡知道了。可是他们都闭口不谈，对谁也不说。

猞猁攻击母牛是十分罕见的。然而，今天，在我们这里这件怪事确实发生了。

无线电呼叫

呼叫！呼叫！

这里是《森林报》编辑部。

今天是六月二十二日——夏至，是一年中白昼最长的一天，我们来举行一次无线电通报会吧。

我们呼叫冻原、沙漠、森林、草原、海洋和高山。

正当盛夏时节，一年中白天最长、黑夜最短的时光，说一说你们那里正在发生什么吧。

回应！回应！

北冰洋群岛的回应

你们说的黑夜是什么呢？我们已经忘记了什么是黑夜和黑暗了。

我们这儿的白天最长，一天二十四小时都是白天。太阳时而在天空升起，时而从天空落下，可是却从不落山。这样的情况几乎要持续三个月。

我们这里的光线不会暗淡，因此小草们生长得出奇地快，不是一天天地长，而是每小时都在长，枝叶繁茂，花团锦簇。沼泽地里长满了青苔。就连光秃秃的石头上也布满了五颜六色的植物。

冻原苏醒了。

的确，我们这儿没有美丽的蝴蝶和蜻蜓，没有伶俐的蜥蜴，也没有青蛙和小蛇，没有那些一到冬天就躲进地洞，呼呼大睡的动物们。我们这里的大地是永久冻土，甚至在盛夏时节，也只有最表面的一层薄冰会化开。

一群大蚊子在冻原上空飞舞，这里可没有这些小吸血鬼们的天敌——敏捷的蝙蝠。因为即使蝙蝠们夏天飞来了，也无法在这儿生存。要知道它们只在傍晚和夜间捕捉蚊子，可在我们这儿整个夏天都没有黄昏，没有黑夜。

我们这个小岛上的野兽种类并不多，只有兔尾鼠（一种短尾巴，个头同大老鼠差不多的啮齿动物）、雪兔、北极狐和极地驯鹿。有时还有体形庞大的北极熊从大海中游到我们这里，在冻原上摇摇摆摆地寻找自己的猎物。

然而，我们这里的小鸟种类却数不胜数！虽然在背阴的地方还有积雪，可是鸟儿们已经成群结队地飞来了。这里有角百灵、北鹨鸟、鹡鸰、雪鹀——它们可都是"歌唱家"呀。还有许多的鸥鸟、潜鸟、鹬、野鸭、大雁、管鼻鹱、海鸟、大鼻子的花魁鸟和一些其他令人惊奇的鸟类，甚至一些您可能都没听说过的小鸟儿。

鸣叫声、喧闹声、歌声交织在一起。整个冻原,甚至是光秃秃的峭壁上都已经被鸟巢占满了。在有的峭壁上,成千上万的鸟巢密密麻麻的,就连仅能放下一个鸟蛋的小深坑都被占领了。这里如此喧哗,简直是一个真正的鸟市! 假如有猛禽试图接近它们,小鸟马上会群起而攻之,叫声震耳欲聋,鸟嘴不停地啄着敌人,它们决不会让自己的孩子们受到伤害。

现在,冻原上面欢歌笑语。

您肯定会问:"既然你们那里没有黑夜,那野兽和小鸟们什么时候睡觉休息呢?"

它们几乎就不睡觉,因为没有时间睡觉。小憩上几分钟,就又要投入工作了:有的要给孩子喂食,有的要筑巢,有的要孵蛋。大家都忙得热火朝天,要知道我们这里的夏天十分短暂。到冬季再睡觉也来得及,能睡够一整年呢。

中亚沙漠的回应

我们这里正好相反,大家都在睡觉呢。

在这里,炽热的骄阳烤死了植物,我们已经不记得最后一场雨是什么时候了。而令人惊奇的是,并非所有的植物都枯死了。

带刺的骆驼草,已经有半米高了。在滚烫的土地上,它巧妙地扎根在地下五六米深的地方,并且吸收那里的水分。

另一些灌木和青草则长满纤细的绿色绒毛来取代叶子,这样它们就可以减少水分的流失。而我们这里还生长着一种矮矮的沙漠之树——梭梭树。它完全不长叶子,只有一些细细的绿枝条。

狂风肆虐着。沙漠上空升起一团干燥的沙尘,遮云蔽日。突然,传来骇人的喧闹声和尖叫声,好像是上千条蛇发出的咝咝声。

这可不是蛇的叫声,而是狂风中梭梭树的细枝条抽打空气发出的咝咝声。

蛇正在睡觉呢。黄鼠和跳鼠最怕的草原红沙蛇也深深地钻进沙子里酣睡。

小野兽们也在睡觉。细腿的黄鼠为了躲避骄阳,用土块堵住洞口,整天在里面睡大觉,只有清晨才会出来觅食。现在,它要跑多远的路才能找到一棵尚未枯死的植物啊!还有一种小黄鼠则完全躲在地下,睡觉,睡过夏天、秋天和冬天,一直到第二年的春天。它每年只有三个月的活动时间,其余的日子都在睡觉。

蜘蛛、蝎子、蜈蚣和蚂蚁为了避开灼热的阳光,全都躲了起来。有的躲在石头下面,有的钻进地下,有的待在阴凉处,只有到了夜间才出来活动。你再也见不到行动敏捷的蜥蜴和爬行缓慢的乌龟了。

小野兽们都搬到了沙漠边缘,靠近水的地方。鸟儿们也早就养大了雏鸟,一起飞走了。而只有飞得很快的沙鸥留在了这里。它们会飞到几千米外的小河边,自己喝饱了水,并装满一嗉囊的水飞快地飞回窝里,再喂饱自己的宝宝。可是,当沙鸥宝宝学会了飞行,它们也会离开这个可怕的地方了。

只有人类才不惧怕沙漠。人们利用强大的科学技术,在可能的地方铺设灌溉渠,把水从远处的山下引到这里,使得荒漠变成了绿洲和原野,还在这里建起了花园和葡萄园。

在人迹罕至的沙漠中,狂风是那里的主宰者,也是人类的大敌。它从沙丘上掀起干燥的沙浪,将其赶到村庄里,掩埋了房屋。只有人类不怕狂风,人们联合起水和植物,筑起了一道坚固的防风屏障。在灌溉渠经过的地方,一棵棵树木组成了一道绿墙,小草们把无数的小根扎进沙子里,让沙丘不会再移动。

是的,沙漠和冻冰的夏季完全不一样。烈日下的所有生物都在睡觉。夜晚无比漆黑,也只有在这漆黑的晚上才会见到饱受烈日折磨的胆小生物。

乌苏里原始森林的回应

我们这里的森林别具一格,它既不像西伯利亚的原始森林,也不同于热带雨林。这里生长着松树、落叶松、云杉,还生长着缠绕着刺藤和野葡萄的阔叶林。

我们这儿的野兽种类繁多,有北方驯鹿和印度羚羊,普通棕熊和西藏黑熊,黑兔、猞猁和豹子,老虎、棕狼和灰狼。

而这里的鸟类有朴素的灰榛鸡和华丽的野雉鸡,苏联灰雁和中国白雁,普通野鸭和住在树上五光十色的鸳鸯,还有白鹮。

白天,原始森林里昏暗闷热,茂密的树冠形成的绿色幕布使得一丝阳光也透不进来。

我们这里的夜晚一片漆黑,而白天也十分昏暗。

鸟儿们都产下了鸟蛋,或孵出了雏鸟,野兽宝宝们也都长大了,现在正在学习捕食的本领。

库班草原的回应

在一望无际的平坦田野上,拖拉机和马拉的收割机一行行地排开,正在收割丰收的庄稼。

雕、老鹰、秃鹰和隼在收割完庄稼的田野上空自由地翱翔。

现在,它们可以敏捷地捉住那些盗取粮食的小偷——老鼠、田鼠、黄鼠和仓鼠。从远处望去,可以清楚地看到,它们正从地洞中伸出头张望。想想都可怕,在庄稼还未收割前,这些可恶的家伙们偷吃了多少麦穗啊!

如今,这些鼠类正在捡拾散落在田地中的谷粒,以充实自己地下过冬的粮仓。野兽们也不甘落在野禽之后:狐狸在收割过的庄稼地里捕鼠;白色的草原鼬鼠对我们更加有益,它会毫不留情地消灭一切啮齿动物。

阿尔泰山的回应

深深的山谷里十分闷热。在炙热的夏日艳阳的照射下,晨露很快就蒸发了。傍晚,浓雾弥漫在草地上空。水蒸气上升,把山坡浸得湿透;水蒸气再遇冷后,就凝结成团团白云浮在山顶。清晨,你就会看到山顶上云雾缭绕。

而白天,艳阳高照,水蒸气又变成了水滴,大雨便从乌云中倾盆而出。

山顶的积雪也在融化。只有在那最高的山顶上,才有终年不化的积雪和一大片永不融化的冰川。因为在海拔高的山顶,十分寒冷,即使是中午的烈日也无法将积雪融化。

山下,雨水和融化的雪水汇合成涓涓细流,又合流成潺潺溪水,沿着山坡奔流,从悬崖上如瀑布般地倾泻下来,一直流进大河里。这种情况已经是一年中第二次发生了。正如春汛的时候,由于充沛的水量,河水暴涨,冲毁了堤坝,沿着山谷泛滥开来。

山上的物种应有尽有:山脚下的山坡上有原始森林;高一些,则是独具特色的肥沃的高山草地;再高一些,就像在遥远的寒冷冻原,只生长着青苔和地衣;而在最高的山顶上,就如同北极一样,只有常年不化的积雪和冰川,四季如冬。

在那极高的地方,根本没有野兽和飞禽栖息,只有雄壮的雕和秃鹰偶尔在这里盘旋,在云端用锐利的目光搜寻着猎物。然而,在稍低的山坡上,就像是一栋多层的别墅,里面住着许多各种各样的居民,它们都在各自的高度、各自的楼层安了家。

在顶层,是光秃秃的山岩,成群的公野山羊爬到这里居住。下面一层住着母山羊和小羊羔,还有和火鸡差不多大小的山鹑。而在高原草地上,成群的直角山绵羊——盘羊正在吃草,还有一只雪豹尾随着它们;这里还是草原旱獭和许多鸣禽的移民地呢。再低一层的原始森林里则居住着花尾榛鸡、松鸡、驯鹿、熊等小动物。

以前,庄稼只播种在山谷里。可现在,我们能在越来越高的山坡上耕种田地了。当然,那里不是用马犁地,而是用高山上的长毛牛——牦牛犁地。为了获得好收成,我们辛勤地劳作。我们一定做到的!

海洋的回应

我们的国家三面临海:西边是大西洋,北边是北冰洋,东边是太平洋。

乘船穿过芬兰湾和波罗的海,就进入了大西洋。在这里,我们经常碰到其他国家的船只:英国的、丹麦的、瑞典的、挪威的,有货轮,有客轮,还有捕鱼的帆船。在这里可以捕到鲱鱼和大西洋鳕鱼。

我们从大西洋出发,来到北冰洋。沿着欧亚海岸线行进,就是伟大的北方航线。这里是我们的领海,是我们勇敢的俄罗斯航海者们开辟的航线。以前,由于常年冰封加上有生命危险,这里被认为是无法通行的。而现在,船长们驾驶着一队队的船只,在破冰船的带领下,沿着这条航线航行。

在这人烟稀少的地区,我们见到了许多神奇的景象。最初经过的是温暖的墨西哥湾暖流。这里,有许多漂浮的冰山,在阳光下明亮耀眼。在这里,我们捕到了鲨鱼和海星。接着,这股暖流转向了北方,向北极流去。于是,我们开始看到大片的冰原,静静地浮在水面上,一会儿裂开,一会儿又合并在一起。我们的飞机在空中进行勘察,以便随时通知船只,哪些冰块间可以通行。

在北冰洋的岛屿上,我们看到了成千上万只正在脱毛的虚弱无力的大雁。它们翅膀上的羽毛都脱落了,所以飞不起来了。只要走着,就可以轻易把它们赶到用网围起来的地方。我们也见到了长着獠牙的巨大海象们爬到冰面上休息。还有各种奇特的海豹:有一种冠海豹,个头同大海兔差不多,它能突然在头顶上鼓起一个皮囊,就像戴着个头盔。我们还见到了可怕的逆戟鲸,它们的牙齿锋利,行动敏捷,以鲸鱼和幼鲸为食。

不过,关于鲸鱼,我们将在下期报道。那时,我们将进入到太平洋,那里的鲸鱼更多。敬请期待。

我们同祖国四面八方的夏季无线电通讯就到这里结束了。

下一次将在九月二十二日举行喔。

打 靶 场

＊＊＊第四次竞赛＊＊＊

1. 按照日历,夏季从哪一天开始? 这一天有什么特点?

2. 哪种鱼会筑巢?

3. 哪种野兽在草丛和灌木丛中做窝?

4. 哪些鸟类不会筑巢,而直接在土坑或者沙堆中下蛋?

5. 这些鸟类的蛋是什么颜色的?

6. 蝌蚪先长出前腿还是后腿呢?

7. 普通刺鱼的身上有多少根刺呢? 它们是如何分布的?

8. 从外形上看,金腰燕(短尾)和家燕(剪刀状尾巴)的巢有什么区别呢?

9. 为什么禁止用手去掏鸟巢中的蛋呢?

10. 雄萤火虫有翅膀吗? 夜晚时,请在森林中用一个玻璃杯罩住一只雌萤火虫,它的光亮会吸引雄萤火虫过来喔。

11. 哪种鸟类的窝里有用鱼刺做成的垫子?

12. 为什么苍头燕雀、金翅雀和柳莺在树枝间搭的窝,不易被人们发现呢?

13. 是不是所有的鸟类在夏天只孵一次雏鸟?

14. 我们这儿有没有捕食动物的植物呢?

15. 谁在水下用空气给自己做窝呢?

16. 谁家的孩子还没有出生,就交给别人去抚养了?

17. (谜语)一只老鹰,远方翱翔,张开翅膀,遮住太阳。

18. (谜语)丛林倒下去,山峰站起来。

19. (谜语)什么东西挂满树梢,少了它,我们的肚子就咕咕叫。

20. (谜语)一屈一蹦,咕咚一声跳下水。

21. (谜语)赶也赶不走,拉也拉不动,时间一到,自己就走。

22. (谜语)只见拔草,不编草鞋。

23. (谜语)没有身体却活着,没有舌头能说话,没有人见过它,所有人能听见它。

24. (谜语)不是裁缝,却和针形影不离。

布　告

"火眼金睛"称号大赛第三次测验

谁住在这儿?

在花园里有两个树洞,树洞里都传来了小鸟的叫声。请仔细观察,怎样才能知道树洞中是哪种鸟儿的窝呢？

图1　图2

谁住在这些洞穴里呢？

图3

树枝间，用枯树枝和苔藓搭建的小房子，是谁的呢？

图4　　　　　　　　　　图5

在这看不见的地底，住着什么动物呢？

图6　　　　　　　　　　图7

这两个洞穴很相似,是同一个主人所挖,却住着不同的房客。它们是谁呢?

爱护我们的朋友

我们这儿的孩子们经常掏鸟窝。他们没有任何需求,纯粹是调皮捣蛋。可是,他们不会想到,这么做会给自己和大自然带来多大的损害。据科学家们的统计,每一只鸟,即便是最小的鸟,在整个夏天也能给我们的农业和林业带来巨大的收益。在每个鸟窝里都有四到二十四只鸟蛋或者雏鸟。算算看吧,毁坏一个鸟窝,将给国家带来多大的损失啊。

孩子们!行动起来吧!

让我们组成一支鸟巢保护队吧,不再让任何人去捣毁鸟窝了。不要让小猫跑到灌木丛或森林里去,把它们从那里赶出来。因为猫会捉鸟,还会捣毁鸟窝。请告诉所有的人,为什么要爱护鸟类,它们是如何出色地保护着我们的森林、田地和花园,它们是如何消灭了大量的不易捕捉的害虫,使我们的庄稼免受侵害。

NO.5 雏鸟诞生月（夏季第二月）

7月21日至8月20日　太阳进入狮子宫

一年：有十二个章节的太阳组诗（7月）

七月——盛夏之际，它不知疲倦地打理着一切事情。它吩咐黑麦穗向大地鞠躬问候。给燕子换上了新衣，只剩下荞麦连衣服都没穿好呢。

绿色植物们在阳光下茁壮地成长。一眼望去，成熟的黑麦和小麦宛若金色的海洋，我们将它们贮藏起来，以备整年食用。我们还为牲畜们储藏干草：看，森林中的草地已经割完，干草已经堆成了一座座的小山。

小鸟们开始沉默了：它们已经顾不上唱歌了。所有鸟巢中都有新出生的雏鸟。它们刚出生时身上还是光溜溜的，什么也看不清，很长一段时间都需要父母的照顾。还好，地上、水里、森林中，甚至是空气里——到处都有小家伙们的食物，足够它们吃的了！

而森林中，现在到处都是新鲜、成熟的果实：草莓、欧洲越橘、水越橘、穗醋栗；在北方还有金黄色的云莓；而在南方的花园里生长着甜樱桃、麝香草莓和樱桃。

草地将金黄色的外衣换成了一身洋甘菊色的新衣：白色的花瓣反射着灼热的阳光。这时，生活的创造者——太阳神可不能招惹：它的爱抚会将你灼伤的。

森林中的小动物们

宝宝的数量

在罗蒙诺索夫城外的一片大森林里住着一只年轻的母驼鹿。它今年已经产下了一只小驼鹿。

而这片森林里的白尾雕的巢穴中,也已经有了两只雕宝宝。

在黄雀、苍头燕雀和黄鹂的巢中各有五只雏鸟。

歪脖鸟有八个孩子。

长尾山雀有十个幼崽。

而灰山鹑有二十个孩子。

在棘鱼的窝里,每个鱼子都孵化成了一条小棘鱼,一共有上百条。

而鳊鱼有数十万个孩子。

鳕鱼宝宝更是数不胜数——大概,有百万条小鳕鱼吧。

弃 儿

鳊鱼和鳕鱼完全不照顾自己的孩子,它们产下卵后就会离开。天知道,它们的孩子们是怎样孵化、怎样生活、怎样觅食的。如果你也有数十万个孩子,你能怎么办? 不可能照顾到每个孩子吧。

而青蛙总共有一千个孩子,它当然也无暇顾及它们。

这些无人照看的孩子们肯定会生活得十分艰难。在水下有许多贪吃的大家伙,它们都爱吃美味的鱼子和青蛙卵,还有小鱼和小蝌蚪。

当它们未长成大鱼和青蛙之前,会有多少小鱼和蝌蚪丧命水中,它们又会遇到多少危险啊……光是想想就让人不寒而栗了!

鸟的工作日

天刚蒙蒙亮，鸟儿们就开始了一天的辛劳。

椋鸟一天工作十七个小时，家燕一天工作十八个小时，雨燕每天要干十九个小时，而红尾鸲每天则工作二十个小时以上。

这些我都调查过。

它们不可以偷懒的。

因为为了养活自己的孩子们：雨燕每天至少要往返喂食三十到三十五次，椋鸟大概要往返二百次，家燕——三百次，而红尾鸲则要往返喂食四百五十次以上！

整个夏天，被这些雏鸟吃掉的森林害虫简直不计其数！

鸟儿们孜孜不倦地劳作着！

《森林报》通讯员　斯拉德科夫

呵护备至的家长们

母驼鹿和所有的鸟妈妈们都可称作是真正的呵护备至的家长。

母驼鹿早已准备把一生献给自己唯一的孩子。即使是熊要攻击小驼鹿，它也会立刻前腿、后腿一起乱蹬，对熊一顿乱踢，这样熊就再也不敢靠近小驼鹿了。

在田地里，从我们通讯员脚边突然蹦出一只小山鹑，它跳出后又飞快地蹿入草丛中藏了起来。

通讯员们捉住了它，它发出了尖厉的叫声。山鹑妈妈不知从哪儿跑了出来，看到儿子被人捉住了，开始焦急地走来走去，发出咯咯的叫声，拖着翅膀在地上匍匐。

通讯员们以为山鹑妈妈受伤了，于是放下小山鹑，开始准备捉住它。

母山鹑一瘸一拐地在地上走,马上就能捉住它了;可刚一伸手,它就跳到了一边。就这样,通讯员们一直追着母山鹑。然而,突然它拍打着翅膀,飞离了地面,若无其事地飞走了。

通讯员们又返回去捉小山鹑,可它连个影儿都没了。原来,山鹑妈妈为了救自己的孩子,故意装作受了伤,好把人们从孩子身边引开。山鹑妈妈一共只有二十个孩子,所以它对每个孩子都是如此细心呵护。

岛上的"殖民"地

在小岛的沙底浅滩处有一栋别墅,小海鸥居住在那里。

它们每夜睡在小沙坑里,一个沙坑中睡三只。而整片浅滩上布满了沙坑,多么庞大的一片海鸥的殖民地啊。

白天,小海鸥们跟着大海鸥学习飞行、游泳和捕捉小鱼。

大海鸥们一面教着它们,一面机警地保护着自己的孩子。

一旦有敌人靠近,大海鸥们就会成群地向敌人扑去,并发出尖叫声,这架势任谁都会害怕。

就连海上强壮的白尾雕都要慌忙地远离它们。

沙锥和鸺鹠孵出了什么样的雏鸟

这就是刚刚孵化出来的小鸺鹠。在它的喙上有一个白色的小疙瘩,那是它的"啄壳齿"。当它要破壳而出时,就用"啄壳齿"打破蛋壳。

当小鸺鹠长大后,会变成凶残的猛兽——啮齿动物的天敌。

可现在的它,还是个可爱的小雏鸟,浑身毛茸茸的,眼睛眯着。

它还很娇弱,完全不能自理,没有父母它寸步难行。如果父母不喂它吃东西,它就会饿死。

然而,雏鸟中也有强壮的孩子:刚刚破壳而出,就马上跳起来;并且自己觅食,也不怕水,遇到敌人时自己还懂得藏起来。

而这里是两只小沙锥。它们才出生一天,可已经跑出了巢穴,自己找寻蚯蚓吃呢。

沙锥的蛋之所以那么大,就是为了小沙锥可以在里面长壮一点。

而我们捉到的小山鹬,也是很强壮的。刚刚出生,就能撒腿跑了。

还有一种野鸭——沙秋鸭,它的孩子也是这样。

它刚降临在这个世界上,就能一瘸一拐地走到小溪旁,扑通一声跳下水,游了起来。并且它连潜水都会了,还伸伸懒腰,浮在水面上——俨然一副大野鸭的样子。

旋木雀的女儿可是十分金贵。在家里待了整整两周,现在才飞出来,停在树桩上。

它撅起小嘴,显然对妈妈长时间没有来喂食感到不满。

已经快三周时间了,可小旋木雀还是衣来伸手,饭来张口,非要妈妈把毛虫和其他美食塞进它的嘴里。

雌雄颠倒

来自各地的信件中都提到了一种稀奇的鸟类。就在这个月,人们在莫斯科周边、阿尔泰地区、卡玛河流域、波罗的海附近、雅库特和哈萨克斯坦地区都见到了这种鸟。

这是一种十分可爱漂亮的小鸟,样子很像城里卖给年轻垂钓者的那些艳丽的鱼漂。它很相信人,即使你离它只有五步的距离了,它也能在你面前的岸边游来游去,完全不害怕。

现在,当其他所有的鸟儿们都待在巢里或是喂养雏鸟时,这些小鸟们则聚集在一起,周游全国。

奇怪的是,这些鲜艳的、漂亮的

小鸟都是雌鸟。其他鸟类都是雄鸟比雌鸟艳丽,而它恰恰相反:雄鸟是灰啦吧唧的,可雌鸟却五彩缤纷。

还有更令人惊奇的是,这些雌鸟完全不理会自己的孩子。在遥远的北方,冻原地带上,它们把蛋下在坑里后就飞走了,却留下雄鸟在那里孵化、养活和保护雏鸟。

真是完全相反了!

这种鸟叫作鳍鹬。

这种鸟到处可见:今儿个在这儿,明天却又飞到那里了。

林中轶事

可怕的雏鸟

在娇小柔弱的鹈鸰的巢里,孵化出六只光秃秃的小雏鸟。其中五只都很正常,而第六只是个丑八怪:一身粗糙的皮,青筋暴露,大脑袋,闭着的眼睛向外凸起,而它一张嘴,你不禁会吓得逃走,好可怕的一张血盆大口啊!

第一天,它安静地待在窝里。只是在鹈鸰飞来喂食的时候,它才费劲地抬起又大又重的脑袋,虚弱地叫着,张开大嘴,仿佛在说:"快喂我吧!"

第二天清晨,凉意尚未退去,当鹈鸰夫妇刚飞出去觅食,它就开始活动起来。它低下头,把头顶在窝的底部,叉开腿脚,钻到一只鹈鸰兄弟的身下,开始往后退着走。它向后翘起光秃秃的弯翅膀,把小兄弟围起来,然后像蟹钳一样夹紧,放到背上,不断向后退,一直退到窝边。

弱小的鹈鸰兄弟,还未睁开眼睛,在它的背上胡乱挣扎着。而这个丑家伙,支撑起头和脚,把小鹈鸰越抬越高,越来越接近窝的边缘。

鹈鸰的巢筑在河岸边的峭壁上。

光秃秃的小鹈鸰啪的一声落在了卵石上,摔死了。

而恶毒的丑八怪也差点摔出窝,在窝的边缘上摇摇晃晃,可最后它的大脑袋救了它,让它跌回了窝里。

整个可怕的过程持续了两三分钟。

之后,丑八怪像泄了气的皮球,一动不动地在窝里躺了一刻钟。

鹡鸰夫妇飞回来了。它用布满青筋的脖子支起自己沉重的大脑袋,像什么都没发生过一样,张开嘴,尖叫着:"我饿啦!"

吃饱睡足的丑八怪又开始忙活第二个小兄弟了。

但这次它没能轻松地应付:这只小鹡鸰剧烈地挣扎着,还总是从它的背上掉下来。不过,这个丑八怪可没有放弃。

就这样过了五天,当它睁开眼睛时,整个窝里只剩下它自己了:其余五个鹡鸰兄弟都被它扔出窝,摔死了。

出生后第十二天,它终于羽翼丰满了。这时,才真相大白,原来鹡鸰夫妇喂养了一只杜鹃的弃婴。

可是,它的叫声那么可怜,像极了鹡鸰死去的孩子们。它抖动着翅膀,如此惹人怜爱地要吃东西,娇小柔弱的鹡鸰夫妇怎么忍心拒绝,它们更加不舍得让它饿死。

于是,鹡鸰夫妇自己过着半饥半饱的生活,因为它们每天要从日出忙到日落,给小杜鹃找来肥大的毛虫,然后把头伸进它的血盆大口中,把食物塞进这个贪吃鬼的喉咙里。

快到秋天时,鹡鸰终于把它喂大了。可这只杜鹃头也不回地飞走了,再也没有出现过。

浆 果

许多不同品种的浆果都成熟了。园子里,人们正在采摘马林果,红色和黑色的茶藨果和醋栗。

森林里也有马林果。它是一种丛生植物。当你从它们中间穿过时,免不了折断它脆弱的茎条。而在脚下发出噼里啪啦的声响。可是,对于马林果来说,这并不是损失。这些果实累累的茎条只能活到入冬之前。而这许多从地下根茎里长出的嫩枝条就是马林果的下一代。它们毛茸茸的,长满了刺。到第二年夏天,就该轮到它们开花结果了。

在灌木丛里,在土丘上,在采伐地的树桩附近,越橘快要成熟了,它的一侧已经变红了。

越橘果挂在树梢头。其中有几棵越橘树的枝条上果实累累,沉甸甸的越橘果把枝条都压弯了,垂到了苔藓上。

如果挖出一小丛挂满果实的越橘,移植到自己家中,悉心照料,果实会不会更大呢? 然而,目前,还不能人工栽培越橘。可这是个有趣的浆果。它的果实可以保存整个冬天,如果想要喝果汁,那么浇上开水或把它捣碎即可。

它为什么不会腐烂呢? 因为它们本身已经进行了防腐处理。越橘里含有苯甲酸,这是一种防腐剂。

巴甫洛娃

小熊洗澡

一位我们熟识的猎人正沿着森林的小河边走着,突然他听到了一声树枝折断的脆响。他吓了一跳,赶忙爬到树上。

只见一只棕色的大母熊从森林向河岸走来,它身后还跟着两只活蹦乱跳的小熊和一只一岁左右的幼熊——这是小熊们的哥哥兼保姆。

母熊坐了下来。

熊哥哥咬着一只小熊的后脖颈,将它放到小河里。

小熊一边尖叫着,一边挣扎着。可熊哥哥直到把它放在河水里好好洗干净之后,才放开它。

另一只小熊也怕洗凉水澡,急忙逃回了森林。

熊哥哥追上它,给了它一巴掌,随后仍旧把它叼回岸边,放到水里,给它洗澡。

洗着洗着,熊哥哥一个不小心,把小熊掉到了河里。小熊大叫了起来!

刹那间,熊妈妈一跃而起,把小儿子拖回岸边,还揍了大儿子一顿。可怜的熊哥哥号啕大哭起来。

回到岸上,两只小熊又觉得洗澡是件挺好的事儿:天气如此炎热,厚厚的毛皮捂得它们更加燥热。而清凉的河水可以好好地为它们降温。

洗过澡后,熊妈妈带着孩子们回到了森林中。此时,猎人才爬下树,回家去了。

被猫养大的兔子

春天时,我家的猫产下了几只小猫崽,不过它们都被送走了。正巧,这一天,我们在森林中捉到了一只小兔子。

我们把它带回了家,放在猫窝里。这时,猫妈妈的奶水充足,它心甘情愿地哺育起小兔子。

这样,小兔子在猫妈妈的奶水喂养中长大了。它们十分亲昵,常常睡在一起。

最有趣的是,猫妈妈居然教会了小兔子与狗打架。大狗刚一跑进我家的院子,猫妈妈就会扑向它,一通乱挠。而小兔子紧随其后,用前腿使劲地打它,打得狗毛乱飞。因此,附近的所有狗都惧怕我家的猫妈妈和它的养子——兔子。

歪脖鸟的小伎俩

我家的猫发现了一个树洞,心想,那里一定有个鸟巢。它垂涎于小雏鸟,于是就爬上了树,把头探进树洞中张望:只见几条小蝰蛇盘在洞底,发出咝咝声。猫吓坏了,慌忙跳下树,一溜烟儿地跑了。

然而,洞里的根本就不是小蝰蛇,而是歪脖鸟的雏鸟。这是它们防备敌人的小把戏:它们转动脑袋,使脖子也跟着旋转——这样它们的脖子就像盘起的蛇。而且,它们还会发出蝰蛇一样的咝咝声。有毒的蝰蛇大家都害怕。这样一来,小歪脖鸟就可以装成蝰蛇的样子吓唬敌人了。

水下搏斗

和陆生的幼崽一样,生活在水下的孩子们也喜欢打架。

两只小青蛙跳进池塘,在那里看见了一只怪模怪样、身体细长、伸着四条小短腿的大脑袋北螈。

"哈,多么可笑的丑八怪啊!"小青蛙们想,"该打它一顿。"

一只小青蛙上前咬住了它的尾巴,而另一只咬住了它的右前腿。

两只小青蛙用力向下一扯,北螈的右前腿和尾巴就被拉了下来,而北螈逃走了。

几天后,两只小青蛙在水下又碰到了这只北螈。现在,它真变成丑八怪了:它在断尾处长出了小腿,而在被扯掉的前腿处长出了尾巴。

北螈比蜥蜴要厉害,无论尾巴还是腿,断了都能再长出一条新的。只是有时会出一点小差错:在身体某部位的断处,会长出与其不相符的其他器官。

愚 弄

一只大鵟鵟发现了一只母黑琴鸡和一窝黄色的、毛茸茸的小琴鸡。

大鵟鵟心想:"我的午餐有着落啦。"

它已经瞄准了目标,正准备俯冲下来。就在这时,琴鸡妈妈发现了它。

只听琴鸡妈妈大叫了一声,立刻,所有的小琴鸡都消失了。

大鵟鵟看了又看,果然一只都没有,就像都钻到地下去了! 它只好飞走去找另外的午餐了。

琴鸡妈妈看它飞走了,又叫了一声,马上一只只黄灿灿、毛茸茸的小琴鸡从它的周围蹦了出来。

原来,它们哪儿都没去,只是立刻紧贴地面躺下。而在空中很难将它们与地上的落叶、杂草区分出来。

食虫花

　　小蚊子在森林的沼泽地上空飞舞着,它飞累了,想喝口水。它看见一朵小花:绿色的细茎,上面有一些白色的小铃铛,下面有一些紫红色的小圆叶子生长在细茎周围。小叶子上长着绒毛,有晶莹剔透的露珠挂在绒毛上。

　　小蚊子飞到叶子上,伸出吸管去吸露水。可露珠居然有黏性,它将小蚊子的吸管粘住了。

　　突然,所有的绒毛一齐动起来,像触须一样伸出,抓住了小蚊子。之后,小圆叶子闭合起来,而小蚊子不见了。

　　当叶子再打开时,只有小蚊子的空壳掉到地上,小花将它的血都吸干了。

　　这是一种可怕的食虫草,叫作茅膏菜。它专捕食一些小昆虫。

潜　鸭

　　我准备到湖里游泳时,正巧碰到一只潜鸭在教它的孩子们躲避人类。大潜鸭像小船一样浮在水面上,小潜鸭们潜到水下。小潜鸭们潜了下去,大潜鸭就游到它们潜下去的水面处四处张望。最后,它们在芦苇附近浮出了水面,游到芦苇丛里去了。我也开始游起泳来。

小鸊鹈

　　一次,我在河岸上走着,看见水里有一群既像野鸭又不太像野鸭的小鸟。野鸭的嘴是扁的,而它们的嘴是尖的,这些是什么鸟呢?

　　我赶忙脱掉衣服,跳进河里,游向它们。它们避开了我,朝对岸游了过去。我紧追不舍。眼看就要捉住它们了,可它们又开始往回游。我在后面紧追,它们则想方设法摆脱我。我被它们牵引着在河里游来游去,直到我筋疲力尽。我好不容易游回了岸边，最终还是没捉到它们。

之后，我又见过它们好多次，不过没再下水去捉它们。原来，它们不是野鸭，而是䴙䴘的雏鸟——小䴙䴘。

《森林报》通讯员　库洛奇金

不是风，不是鸟，而是水

今天我想跟你们聊聊正值花期的一种植物，叫景天。我十分喜爱这种小植物。尤其是它那厚实的、鼓鼓的、灰绿色的小叶子，它们密密麻麻地生长着，把茎遮了个严实。景天的花朵也很漂亮，是一个个鲜艳的五角星。

可现在这些花已经快凋谢了，不过却结出了扁扁的、五角星状的果实。它们紧紧地闭合着。然而，这并不表示果实还未成熟。因为在阳光明媚的天气里，景天的果实总是闭合的。

现在，我要让它们打开。只需从水洼中取来一些水即可。只要一滴就足够了。将这滴水对准五角星的正中滴下去。这样，我的目的就达到了。果实的外壳慢慢展开了，而种子就露了出来。和许多植物的种子不一样，景天的种子不怕水，并且喜欢水。要是再多两滴水，种子就会漂起来。它们被水冲走，被带到别的地方播种。

帮助景天传播种子的不是风，不是鸟，也不是小动物们，而是水。我曾见过景天生长在悬崖的缝隙中。那应该是雨水沿着峭壁流到那里，把景天的种子也带到了那里。

神奇的果实

牻牛儿苗是一种杂草。它的果实特有意思。它生长在菜园里，是一种表面粗糙、不怎么好看的植物，开着普普通通的深红色小花。

现在，一部分牻牛儿苗的花已经凋谢了，从每个花萼里都竖起一种"鹳嘴"一样的东西。每个"鹳嘴"其实是五个尾部长在一起的果实。可以很容易地将它们分开。这就是有名的犄牛儿苗的果实。它是尖头状的,表面毛毛糙糙的,还有个尾巴。尾巴底部弯曲成镰刀状,而尾巴下面螺丝一样卷曲着。这个螺丝受潮就会旋转起来,最后变直。

我双手捧起一颗果实,对它哈了一口气。它果然旋转起来了,弄得我手痒得厉害。最后,它真的变直了,不再是个螺丝。可它在手掌中待了一会儿,又卷曲成螺丝状了。

犄牛儿苗为什么要玩这种把戏呢? 原来,当果实落下时,它就插进地里,而镰刀状的尾巴尖就钩住小草。在潮湿的天气里,尾巴下面的螺丝就飞快旋转起来,最后果实的尖头就会扎进土壤中。

这些步骤不可还原:它们的芒刺竖直向上生长,巩固住上面的土壤,不让果实出来。

看,犄牛儿苗真是一种机灵的植物:它自己就可以为自己播种。

以前,犄牛儿苗的果实被当作湿度计,测量空气中的湿度。由此可见,它的尾巴尖对潮湿多么敏感。

把果实固定不动,而它的小尾巴就当作指针,根据小尾巴的摆动来指出空气的湿度。

巴甫洛娃

以下摘自少年自然科学研究组组员的日记

夏末的铃兰

8月5日

我们花园里的小溪旁生长着一片铃兰。在所有的花中,我最爱这种五月开花的铃兰。在拉丁语中,伟大的科学家林耐称它为"深谷百合"。我爱它那洁白如玉的铃铛花,我爱它那嫩绿清凉的细长叶,我爱它那沁人心脾的花芳香,整朵花显得那么纯洁而富有生气。春天的时候,我一大早就会蹚过小溪去看铃兰花,并且每天都采一束带回家,养在水里。屋子里一整天都会充满着芳香。我们这里的铃兰在六月开花。

现在,已经是夏末了,我心爱的铃兰花却带给了我一个新的惊喜。

我偶然在它那又大又尖的叶子下面发现了一些发红的东西。于是,我跪下来,拨开叶子,看到那里有些橘红的、椭圆的、坚硬的小果实。它们和铃兰花一样美丽,仿佛让我用它们给我的好朋友们做耳环。

《森林报》通讯员　维利卡

蔚蓝的和碧绿的

8月20日

今天,我起得很早,往窗外一瞧,不由得发出一声惊叹:啊,好一片蔚蓝的小草! 完全是蔚蓝色! 小草被晶莹闪耀的晨露压低了头。

这些晨露洒在碧绿的小草上,将小草变成了这种蔚蓝色。

从灌木丛到板棚,有几条绿色的小路穿过蓝色的草地。有一窝山鹑趁着人们还在熟睡时到村子里来偷粮食吃了。在板棚里有一袋袋的粮食。瞧,那些胸脯上有咖啡色马蹄形图案的蓝色山鹑正在打谷场上。它们用嘴咚咚地不停啄着粮食,要在人们醒来之前多吃一点。

在更远处,森林的边缘,还未收割的燕麦也呈现出一片蔚蓝色。一位带枪的猎人在那里走来走去。我知道,他在追踪那窝黑琴鸡。它们常常跟着琴鸡妈妈到田地里饱餐一顿。它们跑过的燕麦地是绿色的:因为琴鸡跑过时就会把露水碰掉。猎人一直没有开枪,可见,琴鸡妈妈已经把一窝小琴鸡带回森林里去了。

《森林报》通讯员　维利卡

请爱护森林!

如果一道闪电劈在了干燥的森林中,那将会造成灾难。如果有人将尚未熄灭的火柴随手扔在森林里,或是没把篝火彻底踩灭,那也将有一场灾难。

小火苗就像小蛇一样,从篝火中爬出,隐藏在苔藓和一大堆枯树枝、枯树叶下。又突然从那里跳出,扑向灌木丛,然后又朝着另一堆枯树枝跑去……

一定要争分夺秒!这可是林火啊!趁着小火苗还微弱的时候,一个人就可以对付它。赶快折下一些新鲜的树枝,用它们拍打火苗,抑制住火势,使出全身力气来灭火,千万不要让火势蔓延到其他地方!赶快叫来朋友们帮忙灭火吧。

如果手边正好有铲子,或者一根结实的棍子也行,赶紧挖一些土,用泥土和一些草皮将火扑灭。

如果火舌已经从地面蹿起,火势已经在一棵棵树木中蔓延,那这就是真正的森林火灾了。快点拉响警报叫人来救火吧!

森林之战(续)

我们的通讯员们来到了第三块被采伐的空地,十年前那里是一块国家木材采伐地。现在,这片土地还在山杨和白桦的统治下。

统治者不允许任何人进入自己的领地。每年春天,青草家族都奋力破土而出,但要不了多久,它们就会在阔叶形成的大幕布下变成荒芜。每隔两三年,云杉树会结出种子,并将它们播种到这片空地上。但是,它们最终也没有破土而出,因为白桦和山杨妨碍了它们的生长。

幼小的树苗们飞速地生长着。在被采伐的空地上,它们已经长成了茂密的树林,它们开始感到拥挤。这不,它们互相之间开始了争斗。

每棵树苗都想在地下和地上占据尽可能大的地盘。小树苗逐渐长大,它们的枝叶舒展开来,开始排挤自己的邻居。于是,这片空地变得拥挤不堪。

强壮的小树苗的个头要比孱弱的树苗高许多。它们扎根更牢,枝叶更长。强壮的树苗渐渐长高,把枝条伸到临近的小树上方,它的邻居们只得在它的枝条下生长,再也见不到阳光了。

在严实的树荫下,最后一批孱弱的树苗死掉了。不过,低矮的青草家族终于破土而出。可是对于高耸的树木来说,它们已经构不成任何威胁了:就让它们在自己的脚下生长吧,还能为自己保暖呢。

云杉树仍旧继续每隔两三年把种子空降到这片土地上。胜利者们已经不把这些小东西放在眼里了,甚至允许它们在底层生长。

小云杉树苗最后还是破土而出了。它们在阴暗潮湿的恶劣环境下成长着。还好,阳光能够满足它们的生长需求。它们长得又细又弱。

不过,在这里它们不会受到大风的侵扰,更不会被大风连根拔起。甚至在风暴来临的时候,白桦和山杨被风刮得哗啦乱响,东倒西歪,可是下面的小云杉却平静地生长着。

在这里,与在空旷的空地不同,小云杉可以很好地抵御春季清晨的寒气和冬季刺骨的严寒。秋天时,白桦和山杨的落叶在地上腐烂,可以带给它们温暖。而青草家族也可以为它们保暖。它们只需要耐心地忍受着这里长期昏暗的生活。

小云杉,不同于白桦树和山杨树,它并不十分喜光。所以,它们可以忍受昏暗,顽强生长。

我们的通讯员们很同情这些小云杉。后来,通讯员们又搬到了第四块空地上。

敬请期待他们下期的见闻吧。

农 事

到了庄稼收割的季节了。黑麦田和小麦田仿佛是一片无边无际的海洋。麦穗又高又密,个个颗粒饱满。很快,这些金黄的麦浪就会流进人们的粮仓啦。

亚麻也成熟了。人们正在用机器收割它们。机器可比人要快得多!人们跟在收割机的后面,将散落的亚麻扎成一捆一捆的,然后,每十捆堆成一个垛。不一会儿,整片田地里就像站满了一排排的卫兵。

野鸡和山鹑不得不带着它们的孩子们从秋播的黑麦田搬到春播作物的田里去。

开始收割黑麦了。饱满、结实的麦穗在收割机的钢牙下一束束地扑倒在地。人们同样把它们绑成捆,堆成垛。田地里的黑麦垛就像一排排的运动员在接受检阅。

菜园里的胡萝卜、甜菜和其他蔬菜也熟了。菜园主人将它们运到火车站,然后火车再将它们运往城市。所以,在这段时间里,城里的人们能够吃到美味新鲜的黄瓜、胡萝卜馅饼,喝到甜菜做的可口的红菜汤。

小孩子们跑到森林中去采摘蘑菇、马林果和越橘了。而且,哪里有榛树,哪里就有孩子们采集榛子的身影。他们将采集的榛果装满一个个大口袋。

可是,大人们现在完全顾不上采榛果,他们忙着收割庄稼,忙着打麻,忙着用速耕犁将所有的耕地耙好:马上又要播种秋播作物了。

森林的朋友们

卫国战争期间,我们这里的大片森林都被毁坏了。现在,各林区正在努力恢复森林。中学生们也加入到这项工作中。

为了种植新的松林,需要好几百公斤的松果。同学们在三年中收集了七吨半松果。他们还帮忙整理土壤,照料树苗,保护森林,防止火灾。

《森林报》通讯员　亚历山大·查廖夫

群情激愤

黄瓜地里,群情激愤。小黄瓜们愤怒地抱怨着:"为什么人们要三天两头地来我们这里采摘鲜嫩的黄瓜呢?让它们平平静静地长熟不是很好嘛。"

但是,人们只留下一小部分黄瓜做种子,其余的黄瓜还未成熟就被摘走了。嫩黄瓜水分充足,鲜嫩可口,一旦黄瓜成熟就不能食用了。

农村新闻

森林新闻

在森林中,第一个白蘑菇从地下钻了出来。又结实,又厚实!

白蘑菇的菌盖上面有个小坑,菌盖的边缘是湿漉漉的穗子。上面还粘了许多的松针。白蘑菇周围的土壤都鼓起来了。把这片土壤翻开后,你会找到许许多多、大大小小的白蘑菇呢。

鸟　岛

我们乘船航行在卡拉海的东部。四周的海水无边无际。

突然,桅杆上的水手喊道:"正前方有一座倒立的山。"

"他在做梦吧?"我边想边爬上了桅杆。

确实可以清清楚楚地看见,我们正朝着一座岩石陡峭的小岛驶去,这座小岛浮在半空中,倒立着。

悬崖峭壁径自地倒挂在空中,无所依靠。

我自言自语道:"哦,朋友,你的头脑没问题吧?"

这时,我突然想到:"这是折射原理!"于是不禁笑了起来。这是一种神奇的自然现象。

这里,地处极地,经常出现这种折射现象或海市蜃楼。你会突然看见远处的海岸或船只倒立在空中,其实,那是它们在空中的倒影,就像在照相机的取景器中看到的一样。

几小时之后,我们的船驶近了这个小岛。当然,它并非倒挂在空中,而是稳稳地伫立在海水中。

船长确定了方位,又看了看地图,然后告诉我们,这是位于诺尔德舍尔特群岛海湾入口处的比安基岛。这座岛的命名是为了纪念著名的俄罗斯科学家,同时也是我们《森林报》的创始人——瓦连京·利沃维奇·比安基。因此,我认为,你们一定想要了解一下,这个小岛是什么样子的,在岛上都有些什么。

这座岛是由山岩、圆滑巨石和板岩堆积而成的。岩石上没有灌木,也没有青草,只有朝南背风的岩石下面生长着一些黄白色和白色的小花。在这些岩石上面覆盖着地衣和一层薄薄的青苔。这里有一种青苔,很像我们那儿的松乳菇,柔软且多汁,我从未在其他地方见过这种青苔。而在坡势较缓的海岸上,堆积着一大堆被海水冲来的木头:有原木、树干、木板等,它们也许是从好几公里之外的地方漂来的。这些木头都干透了,甚至用手指轻轻一敲,就会发出清脆的声响。

现在,已经是七月末了,可这里的夏天才刚刚开始。不过,这并不影响在阳光下闪闪发光的冰块和小冰山安静地从小岛旁边漂过去。这里时常出现浓雾。大雾低低地笼罩在海面上,你只能看到那些经过的船只上的桅杆。不过,很少有船只经过这里。整座小岛荒无人烟,所以这里的野兽完全不怕人。只要你随身带着盐,就可以撒在它们的尾巴上,捉住它们。

　　比安基岛真的是鸟类的天堂。这里没有成千上万只鸟儿挤在岩石上做巢的热闹景象。不过,大多数鸟类都是自由自在地在岛上各处做窝。成千上万只野鸭、大雁、天鹅、潜鸟和各种各样的鹬在这里筑巢。在它们上方,光秃秃的峭壁上居住着海鸥、北极鸥和管鼻鹱。这里的海鸥多种多样:有周身白色长着黑翅膀的海鸥,有小个头、长着叉子状尾巴的粉色海鸥,还有一种巨大凶猛的北极鸥,它以鸟蛋、小鸟和小兽为食。小岛上还有大个子的雪白色极

地猫头鹰,有像云雀一样在空中歌唱、白翅膀、白胸脯的美丽雪鹀,还有在地上边跑边唱的极地百灵鸟,它长着黑胡子,头上还有两个黑色的小犄角。

　　这儿的野兽也真多呢!

　　我带着早餐,来到海岬的岸边,坐着休息,兔尾鼠在我周围四处乱窜。这是一种灰黑黄三色相间的、毛茸茸的小型啮齿动物。

　　小岛上还有许多的北极狐。我就在岩石间见到过一只。那时,它正悄悄地靠近一窝还不会飞的小海鸥。突然,大海鸥们发现了它,尖叫着一起扑向它。这个小偷赶紧夹着尾巴逃跑了。

　　这里的鸟儿们都很会保护自己和自己的雏鸟不受欺负。因此,这里的野兽们只能忍饥挨饿了。

　　我朝大海望去,那里也有许多的鸟类游来游去。

　　我吹了一声口哨。突然,从岸边的海水里冒出了几个皮毛光滑的圆脑袋,黑溜溜的眼珠好奇地直盯着我,好像在说:"这个奇怪的家伙为什么吹口哨呢?"

　　这是一种体形不大的环斑海豹。

　　在远一些的地方,有一只大个头的海豹。接着,又出现了一只体形更大的长着胡子的海象。可突然间,它们都钻进了水里,鸟儿们也叽叽喳喳地飞向了空中。原来,一只从岛旁游过的北极熊从水里冒出了头,它可是北极地区最强壮、最凶猛的动物。

我觉得饿了,伸手去拿午餐。我清楚地记得我把它放在了身后的石头上,可现在它不见了。石头下面也没有。

我不禁跳了起来。

这时,一只北极狐从石头底下蹿了出来。

小偷,你这个小偷! 就是它悄悄地跑过来,偷走了我的早餐。看,包早餐的纸还粘在它的牙齿上呢!

唉,瞧瞧,这里的小鸟都把这些品行正派的野兽饿成什么样子了!

远航领航员　基里尔·马尔丁诺夫

猎　事

当小鸟们还没长大,没有学会飞时,要怎样打鸟呢? 幼鸟是不能打的。法律严禁在这个时期打鸟兽。

夏季打猎开始了

从七月底开始,焦急的情绪就笼罩在猎人们中间,他们都迫不及待起来:幼崽们都已经长大了,可是禁猎令还没有解除。

猎人们终于等到了这一天:报纸上刊登出了公告,说从今年 8 月 6 日开始,可以在森林和沼泽地中打野禽了。

每个猎人都早已准备好充足的子弹,将猎枪检查了一遍又一遍。到了 8 月 5 日,下班后,所有城里的火车站里都挤满了扛着猎枪,带着猎犬的猎人们。

那里的猎犬可真是各式各样。短毛的班特尔猎犬有着像树枝一样直直的尾巴。它们毛色各异:有白色带小黄斑点的;有黄色带花斑的;有咖啡色带花斑的;有全身雪白,但眼睛、耳朵和全身带大黑斑点的;有深褐色的;还有全身乌黑发亮的。还有尾巴像羽毛的长毛塞特种猎狗。它们有的全身雪白,带着黑色的大斑点,闪烁着蓝色的光泽;有的全身红褐色;有的毛色接近于红色,体形硕大,笨重迟缓;有的全身黑色带有淡棕黄色的斑点。

　　它们可全都是狩猎的能手呢,被带到这里只有一个目的:为了夏天的狩猎。它们都受过训练,一旦嗅到野禽的气味,就马上一动不动地伺伏,直到主人走过来。还有一些其他的长毛短腿的小型犬:它们的耳朵就快要耷拉到地上了,而尾巴像被砍过似的,只有一小截。这是西班牙猎犬。它们不会伺伏,但是带着它们能够更好地在草丛和芦苇里打野鸭,在森林里打黑琴鸡。

　　从各个地方,无论是水中还是浓密的灌木和芦苇丛中,西班牙猎犬都能够将野禽赶出,然后把被打死或打伤的猎物叼到主人跟前。

　　大部分猎人都坐上了开往狩猎地的火车。人们都好奇地看着他们和他们的猎犬。车厢里都在说着打野禽的事,评论着猎犬,讨论着猎枪,交流着猎人的功绩。猎人们觉得自己像个英雄,骄傲地看着那些没扛枪也没带狗的"普通人"。

　　在六号晚上和七号早上,火车又载着这些乘客返程了。然而,许多猎人脸上并没有胜利的神情,他们惆怅地扛着空荡荡的背包。

　　那些"普通人"面带微笑地看着这些曾经崇拜的英雄。

　　"你们的战利品呢?"

　　"把它留在森林里了。"

　　"它飞到异乡送死去了。"

　　不过,在一个小站上车的猎人引来了人们钦佩的目光:他的背包鼓鼓的。这位猎人谁都不看,自顾自地找座位,人们赶紧给他让了座位。他骄傲地坐下了。可是,

坐在他旁边的乘客眼睛很尖,向着全车厢的人叫嚷起来。

"哎哎……您打的猎物居然有着绿爪子耶!"说着,他毫不客气地掀起了背包的一角。

而露出来的居然是云杉树枝的梢儿。

羞死人了!

打 靶 场

* * * 第五次竞赛 * * *

1. 小鸟在什么时候有牙齿?

2. 哪一种牛会吃得更饱些,有尾巴的还是没有尾巴的?

3. 如图,为什么这种蜘蛛被称为"割草工"?

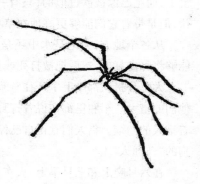

4. 一年中的哪个季节,猛兽和猛禽能吃得最饱?

5. 谁能出生两次,死亡一次?

6. 谁在长大之前,要出生三次呢?

7. 人们为什么用"像从鹅背上流下的水"来形容某件事对人毫无影响呢?

8. 为什么狗会在感到热的时候伸出舌头,而马不会这样呢?

9. 谁家的雏鸟不认得自己的妈妈呢?

10. 谁家的雏鸟在树洞里发出像蛇一样的咝咝声?

11. 怎样根据白嘴鸦的嘴来区分它们是成鸟还是幼鸟呢?

12. 哪一种鱼会在小鱼还没长大前一直照顾它们呢?

13. 蜜蜂蜇了人以后,它自己会怎么样呢?

14. 刚出生的小蝙蝠以什么为食?

15. 中午时分,向日葵朝什么方向呢?

16. (谜语)公公满山跑,婆婆满地追;公公大声喊,婆婆闪光亮。

158

17. 早晨的田地是浅蓝色的,为什么到了中午变成绿色的呢?
18. (谜语)一个老汉,头戴红帽,有人路过,点头弯腰。
19. (谜语)身穿红衬衫,坐在小棍儿上,肚皮亮晶晶,塞满小石子。
20. (谜语)灌木丛中唑唑响,一不留神咬了脚。
21. (谜语)夜里地上睡觉,早晨不见踪影。
22. 森林里,谁不用斧子就能建造一栋没有棱角的小木屋呢?
23. (谜语)眼睛长在角上,房子建在背上。
24. (谜语)花朵好似天使,身上尖尖硬刺。

布 告

"火眼金睛"称号大赛第四次测验

谜语:猜猜谁是爸爸,谁是妈妈,谁是孩子?

卷尾琴鸡

因为琴鸡爸爸的尾巴是卷着的,所以它们被称为卷尾琴鸡。但是,你可不能只凭尾巴判别哦:琴鸡妈妈的尾巴完全是另外一种样子,而且小琴鸡还没有长出尾巴呢。

野 鸭

野鸭妈妈的嘴是扁扁的。小鸭子和野鸭爸爸的嘴也是这样的。在它们的脚趾间长着蹼。可要仔细看好,是什么样的脚蹼。千万别和鹛鹛的蹼弄混了。

159

苍头燕雀妈妈

像其他鸣禽一样，小苍头燕雀刚出生时也是小小的，光秃秃的，软弱无力的。而苍头燕雀的爸爸和妈妈的身材、体形和尾巴都很相似，只是羽毛不同。所以，根据脚就可以认出谁是小苍头燕雀啦。

红脚隼妈妈

猛禽的嘴像钩子，脚上长有利爪。而小隼也是这样的。

鸊鷉爸爸

图中是鸊鷉爸爸。鸊鷉妈妈和它长得很像。根据脚蹼和嘴，很容易就能辨认出小鸊鷉。鸊鷉的脚蹼和鸭子的可不一样喔。

这是五种不同的雏鸟和它们父母的图片，顺序完全被打乱了。请你拿出一张纸，在上面按照这样的顺序重新把它们画出来：爸爸在雏鸟的左边，妈妈在雏鸟的右边。

图1   图2   图3   图4

图5   图6   图7

图8   图9   图10

请帮助流浪儿!

在这个雏鸟诞生的月份里,我们经常会碰到从窝里掉出的雏鸟或者找不到妈妈的小鸟。它躺在地上,或者无助地把头伸到灌木丛和土墩下面,想要避开你这个长着两条腿的庞然大物。然而,它们的小腿儿还虚弱无力,也不会飞,甚至不知道自己该去哪里。你当然能捉住它。把它捧在手里,仔细地观察,并猜测:

"小家伙,你是谁呀? 是哪个属的? 你妈妈在哪儿呢?"

而它只会吱吱地叫,叫声既响亮又悲凉,好像在召唤自己的妈妈。你一定想帮助它找到爸爸妈妈。可问题是,它的爸爸妈妈是哪种鸟儿呢?

这时的你,与其张大嘴巴问"怎么办?",不如闭上嘴,睁大眼睛,猜出它们是哪种鸟儿。不过,这的确不容易:因为雏鸟并不完全长得像它的爸爸妈妈。而且,还有一些鸟类的爸爸妈妈彼此长得也不十分相像。不过,你的眼睛是雪亮的。仔细观察,看看小雏鸟的脚和嘴长得什么样子。然后,再去找那些有着相似的脚和嘴的成年的雄鸟和雌鸟。鸟爸爸和鸟妈妈的羽毛可能不一样,而且小雏鸟可能还没有完全长出羽毛:它们或是长着绒毛,或是光秃秃的。但是,通过嘴和脚,你一下子就能辨认出来谁是它的爸爸妈妈。这样,你就能送这些流浪儿回家啦。

NO.6 成群结队月（夏季第三月）

8月21日至9月20日　太阳进入处女宫

一年:有十二个章节的太阳组诗(8月)

八月——闪光之月。夜里,一道道疾速的闪光无声地照亮森林。

夏季的草地最后一次换装了:现在草地上五颜六色的,草地上花朵的颜色越来越深——蓝的、浅紫。太阳神的力量减弱了,草地该要收集并保存好这些日渐衰弱的阳光了。

大批蔬菜和水果都快熟了。最后一批浆果也快成熟了,如越橘;沼泽地中的红梅苔子,树上的花楸果也都快熟了。

那些不喜欢灼人的阳光,躲在阴凉处的蘑菇也长出来了,像一个个的小老头。

可是,树木们则不再长高、而是开始往横了长了,越来越粗壮了。

新的森林规矩

森林里的孩子们都长大了,从窝里爬了出来。

春天,鸟儿们成双成对地居住在自己的地盘上,而现在,它们带着孩子们在森林里不停地迁居。

森林里的住户们经常相互做客拜访。

就连猛兽和猛禽都不死守在自己的地盘了。猎物到处都是,足够大家吃的。

貂、黄鼬和白鼬在森林中闲逛着，无论它们走到哪里，都能贪点小便宜。因为总有一些笨笨的雏鸟，缺乏经验的小兔子或是粗心大意的小老鼠。

鸣禽们成群结队地穿梭于灌木和树木之间。

每个鸟群都有自己的规矩。

规矩是这样的：

我为人人，人人为我

谁第一个发现了敌人，就要尖叫或者吹口哨警告其他的伙伴，以便鸟群能够及时四散飞走。如果一只鸟不幸遇难了，那么鸟群就会尖叫着冲向敌人，向敌人示威。

有上百双眼睛、上百双耳朵在防备着敌人，还有上百张嘴随时准备着击退敌人。越多的雏鸟加入到鸟群越好。

对于雏鸟来说，它们要遵守鸟群中的规矩：要模仿成鸟的一举一动。成鸟安静地啄食谷粒，雏鸟就要跟着啄。成鸟抬起头，一动不动，你也要停下来。成鸟要是逃跑，那你也要快跑啦。

嘎！嘎！

大家听指挥：到达目的地了！

鹤一只接一只地落地了。在田野的一块空地上，小鹤们正在学习舞蹈，练习体操：翻滚、旋转，跟着节奏做出各种花样。还有难度最大的训练，那就是将石子抛到空中，再用嘴接住它。

这是鹤在为远行做准备……

练 习 场

鹤和琴鸡都为孩子们准备了专门的练习场。

琴鸡的练习场在森林里。小琴鸡们聚集在一起，认真地看琴鸡爸爸怎样做动作。

琴鸡爸爸喃喃地叫，小琴鸡们也喃喃地叫。琴鸡爸爸啾啾地啼叫，小琴鸡们也细声细气地跟着啾啾地啼叫。

只不过，琴鸡爸爸现在叫的声音和春天时不一样。春天时，它好像嘟囔着："我要把皮衫卖掉，买长衫。"而现在却嘟囔着："我要把长衫卖掉，买皮衫。"

小鹤们排着队整齐地飞到练习场。它们要学习飞行中如何排成"人"字形。这可是一门必修课，因为只有这样才能在远途飞行中保存体力。

在"人"字形的队伍中，领头的是一只最强壮的成年鹤。作为先锋，它要努力地冲破气流，带队向前飞行。

当它累了，它就飞到队伍的最后，再由另一只体力充沛的鹤做先锋。

在领头鹤的身后，一只只小鹤头尾相连，有节奏地挥动着翅膀飞行。谁的体力好，谁就靠前一些；谁的体力差，谁就靠后一些。"人"字形队伍冲破一个个气浪，就像船头破浪前行一样。

蜘蛛飞行员

没有翅膀，如何飞翔呢？

那就得开动脑筋啦！这不，几只小蜘蛛就变成了热气球驾驶员。

小蜘蛛从腹部吐出一根细细的丝，把它的一头系在灌木丛上，然后让它在风中飘来飘去，却不会折断。因为蜘蛛丝像蚕丝一样结实。

小蜘蛛站在地上，蜘蛛丝在地面和灌木丛之间的空中飞扬。小蜘蛛继续站着向外抽丝。细丝将它自己缠绕起来，已经像蚕茧一样了，而小蜘蛛丝还是不停地抽丝。

蜘蛛丝抽得越长,它在风中晃动得越厉害。

小蜘蛛用脚紧紧地抓住地面。

一、二、三!小蜘蛛迎风走了过去。它把系在灌木丛的一端咬断了。一阵风猛然刮过,小蜘蛛便离开了地面。要赶紧把蜘蛛丝解开!

小气球飞了起来,飞得高高的,飞过了草地和灌木丛。

飞行员俯瞰下去,琢磨着在哪儿降落呢?

下面是森林,小河。再飞远点,再远点吧!

咦,那儿有个小院子,一群苍蝇还在粪堆上盘旋呢。停!降落!

飞行员把蜘蛛丝缠在自己身下,用爪子把细丝缠成一个小球。小气球越来越低……准备就绪,着陆!

蜘蛛丝的一端挂在了小草上,安全着陆!

可以在这里平静地生活了。

在干燥晴朗的秋日里,经常出现许多小蜘蛛带着蜘蛛丝飞行的场面。在村子里,人们常说:“当秋天的丝丝白发闪着银光,就意味着晴和的初秋来临了。”

林中轶事

山羊把森林都吃光了

一只山羊真的把一整片森林都吃光了,真事儿,绝没跟您开玩笑。

这只山羊是一位护林员买的,然后护林员把它带到森林里,拴在了草地的木桩上。可是在夜里,这只山羊挣脱了绳子,逃走了。

周围全是森林,它能躲到哪儿去呢?不过还好,附近没有狼群出没。

找了它整整三天,还是没能找到。到了第四天,这只山羊自己出现了,还咩咩叫着向人们打招呼。

然而,这天傍晚,跑来了一位相邻的护林员。原来,这只山羊把他看护的那片林地全吃光了,那可是一整片森林啊。

当树木还是幼苗时,完全没有自我保护的能力,任何牲畜都能够欺负它们,将它们连根拔起,然后嚼碎吃下。

这只山羊最喜欢小松树苗。它们的样子很漂亮,像小棕榈树,在细细的红枝条上,有扇子状的柔软的绿针叶。这对于山羊来说,确实是美味。

如果遇到长成的松树,山羊恐怕就不敢靠近它了:因为松树尖尖的针叶会将它扎伤的。

抓 强 盗

黄色的柳莺成群结队地在森林中游荡,在树木和灌木之间穿梭。它们把每棵树、每株灌木都从上到下地仔细搜寻了一遍,把所有蠕虫、甲虫、蛾子从树叶下、树皮上、树缝中找出来吃掉。

一只柳莺吱吱地尖叫起来,其他所有的柳莺立刻警惕起来,它们看到:下面的树根间隐藏着一只凶猛的白鼬,它时而露出深色的脊背,时而隐匿于枯枝下。它细长的身体像蛇一样蜿蜒爬行,凶狠的眼睛像火星一样在黑暗中闪烁。

四面八方的柳莺们都啾啾地叫起来,整个鸟群都急忙飞离了这棵树。

白天还好。只要一只鸟发现了敌人,整个鸟群都能获救。可是,在夜里,所有的小鸟都蜷缩着躺在树枝下睡觉。敌人却没有休息。猫头鹰挥动着柔软的翅膀,悄无声息地靠近它们,看准目标,猛地扑了上去!睡意正浓的小家伙们吓得四处逃窜,可还是有两三只丧命于强盗的铁爪下。当黑夜来临时,情况就会这样糟!

鸟群穿过一棵棵树木、一片片灌木丛,飞向了更远的森林深处。这些轻巧的小鸟穿过层层树叶,钻入了最隐蔽的角落。

在密林中央,有一个粗壮的树墩子,上面长着一颗难看的蘑菇。

一只柳莺飞了过去,想看看这里有没有蜗牛。

突然,蘑菇上的一双灰色眼皮慢慢抬起,下面有两只圆圆的大眼睛在闪光。

柳莺一下子就认出了这张像猫一样的圆脸,上面还有一张凶恶的、弯钩形的嘴。

吓得它急忙闪到一边。整个鸟群也慌张地啾啾叫起来。但是谁都没飞走。所有小鸟都聚集到这个可怕的木桩周围。

"是猫头鹰！猫头鹰！快救救我，救救我！"

猫头鹰也气得嘴啪啪作响："你们敢来找我？不让我睡个好觉！"

然而，柳莺的警报信号也将小鸟们从四面八方聚集到这里。

娇小的黄脑袋的戴菊莺从高高的云杉上俯冲下来。机灵的山雀从灌木丛中跳出来，勇敢地冲锋陷阵。它们绕着猫头鹰飞舞，在猫头鹰眼前打转，嘲讽地朝它叫道：

"来啊，来抓我们啊！在这光天化日之下，你倒是试试看啊！你这个卑鄙的夜强盗！"

猫头鹰只能把嘴弄得啪啪直响，眨着眼睛。是啊，在白天，它能怎么办呢？

而小鸟们仍在不断地飞来。柳莺和山雀的啾啾声和喧闹声引来了一群密林中勇敢强壮的、带着蓝色翅膀的松鸦。

猫头鹰吓坏了，挥动着翅膀逃走了！趁一息尚存，走为上计。否则，会被松鸦啄死的。

松鸦在后面穷追不舍，直到将猫头鹰赶出了森林。

今天夜里，柳莺们能睡个安稳觉了。经过这次打击，猫头鹰可不会马上就回到老地方的。

草　莓

在林边有一颗颗红艳艳的草莓。鸟儿们找到这种红色的小浆果就叼走了，然后把草莓的种子传播到更远的地方。但也有一部分种子留在了妈妈的身边成长。

看，在这丛草莓旁边，已经有细小的匍匐茎出现了，这是草莓的藤蔓。藤蔓梢上是一株幼小的新植株：它已经长出了一丛复叶和胚芽。瞧，还有一株。在同一条藤蔓上，已经长出了三丛复叶。第一棵小植株已经长得很强壮了，可最后一棵还没有发育完全。在母株的四周爬满了藤蔓。要在青草稀少的地方，才能找到带着去年小植株的母株。就像这棵：一棵母株在中央，小植株环绕在它周围，总共绕了三圈。每圈上有五棵新植株。

就这样，一圈一圈地环绕，草莓渐渐地扩大它的地盘。

巴甫洛娃

被吓坏了的熊

傍晚，猎人很晚才从森林里返回村庄。路过燕麦地时，他看见在燕麦丛中有一只黑乎乎的东西走来走去，是什么呢？

难道有牲畜跑到这里来了？

猎人仔细一看，天啊！是一只熊在燕麦田里！它趴在那里，用两只前掌搂着一捧麦穗，然后把前掌蜷到身下，吸着燕麦穗。它懒洋洋地伸开四肢趴着，心满意足地发出哼哼声。看来，燕麦汁很合它的口味。

猎人身上没有子弹，只有一小颗霰弹（他今天是去打鸟的）。但他是个勇敢的小伙子。

他暗暗地想："唉，豁出去了！先朝空中放一枪。总不能让这只熊把燕麦地破坏了啊。如果不打伤它，它是不会挪地方的。"

猎人瞄准，然后只听"砰"的一声巨响在熊的耳边响起！

大熊措不及防地蹦起！然后，它就像小鸟一样，迅速越过森林旁的一堆堆树枝。

越过后，它一头栽倒了，又马上爬起来，一溜烟儿地跑进了森林。

猎人嘲笑着这只胆小的熊，随后就回家了。

到了第二天早晨，猎人想："去看看那只熊破坏了多少燕麦地吧。"他来到那块地方一看：原来，大熊吓得拉了肚子，它拉的东西啊一直延伸进了森林。

暴风雪

昨天,我们这里的湖面上"暴风雪"大作。轻盈的白色絮状物在空中飞舞,在即将落到水面时,又盘旋着升起,从高处飘落。天空晴朗,阳光明媚。在炽热的阳光下,热空气悄悄地流动,没有一丝风。但是,湖面上却有"暴风雪"肆虐。

然后,今天早上,整个湖面和岸边都覆盖了一层干燥的"雪花"。

这些雪花很奇怪:在炎热的太阳下,它不融化;在明亮的光线下,它也不反光。它暖暖的,还很易碎。

当我们走到岸边,才看清,这根本就不是雪花,而是成千上万的带翅膀的小昆虫——蜉蝣。

昨天,它们从湖中飞出来。它们在昏暗的湖底生活了整整三年。那时,它们还是未成形的小幼虫,在湖底的淤泥中爬来爬去。

它们以腐烂的、难闻的水藻为食,从来没见过阳光。

就这样三年过去了——整整一千个日日夜夜。

然后,就在昨天,幼虫爬到了岸上,蜕掉令人作呕的外壳,展开轻盈的翅膀,露出三条细长的线状尾巴,飞向空中。

蜉蝣只有一天的生命能在空中尽情地飞舞。因此,它们又叫作"一日虫"。

它们一整天都在阳光下跳舞,在空气中盘旋,就像轻飘飘的雪花一样。雌蜉蝣落在水面上,把卵产在水中。

当太阳落山,黑夜降临后,在岸边以及水面上就会布满蜉蝣的尸体。

它的卵也将在水中孵化出幼虫。之后,又在湖底的淤泥中经过一千个昼夜,最后长成欢快的蜉蝣,展开翅膀,在水面上翩翩起舞。

可食用的蘑菇

雨后又长出了一些蘑菇。

最好的蘑菇是长在松林中的白蘑。

白蘑是一种美味的牛肝菌。它长得很粗壮、厚实，有着深栗色的伞盖，还散发出一种特殊的香味。

沿着低矮草丛里的林间小路，有时会发现直接长在车辙里的油蕈。当它们还未长大时，很漂亮，就像一个小线团。可是，它表面黏糊糊的，总会有一些东西粘在上面。有时是干树叶，有时是小草。

在这片松林的草地上，生长着松乳菇。打老远就可以看到这一片红棕色的松林松乳菇。这片松林中有许多的松乳菇。大的松乳菇跟茶碟差不多大，伞盖被虫子啃得千疮百孔，菌褶绿油油的。而中等大小、比五戈比硬币稍大一点的蘑菇最好。这种蘑菇肥硕，伞盖中央向里凹陷，而边缘稍稍卷起。

在云杉丛中也有许许多多的蘑菇。云杉树下有白蘑，也有松乳菇，但它们和松林中的不同。白蘑的伞盖是淡黄色的，菌柄要细高一些。而松乳菇的颜色则与松林中的完全不同。从高处看，伞盖不是红棕色，而是蓝绿色，上面还有一圈圈的花边，像是树桩上的年轮。

在白桦树和山杨树下面，生长着它们独有的蘑菇，分别被称为白桦蘑和山杨蘑。只是，白桦蘑在远离白桦树的地方也能生长，而山杨蘑则必须要紧挨着山杨树生长。山杨蘑很漂亮，身材匀称，整齐划一。

巴甫洛娃

毒 蘑 菇

雨后也会长出不少毒蘑菇。可食用的蘑菇中主要是白蘑，而毒蘑菇中最常见的是一种暗白色的蘑菇。要小心这种蘑菇！它是毒蘑菇中毒性最强的。如果吃了一小块这种毒蘑菇，那比被蛇咬一口还要严重，它足以致命。中了这种蘑菇的毒，很少有人能治愈。

幸运的是，辨认这种毒蘑菇并不难。它与所有食用菇的最大区别在于：它的菌柄好像是插在细颈的大花瓶里了。有人说，这种白毒菇容易与香菇混淆（它们的伞盖都是白色的）。但是，香菇的菌柄就是菌柄状，从来没人觉得香菇的菌柄像插入花瓶似的。

这种白毒菇与毒蝇蕈最相似。人们有时甚至称它为白毒蝇蕈。要是用铅笔将它们白描出来，那么你根本分不出是毒蝇蕈还是白毒菇。而且，和毒蝇蕈一样，白毒菇的伞盖上也有白色的碎片，菌柄上也有像小衣领似的凸起。

还有两种危险的毒蘑菇，人们也可能把它们误认作是可食用的白蘑。它们分别是：胆汁毒蘑和魔鬼毒蘑。

和食用白蘑不同，它俩的最大特点是：伞盖的下部不是白色或淡黄色，而是粉色甚至大红色。而且，要是掰开白蘑的伞盖，里面还是白的；可要是掰开胆汁毒蘑或魔鬼毒蘑的伞盖，里面最初先微微泛红，过一会儿就变黑了。

巴甫洛娃

毛色奇特的野鸭

一群野鸭嘎嘎地叫着落在了湖中央。

我在岸边悄悄地观察着它们。我惊奇地发现，在这一群穿着灰色夏装的公鸭和母鸭中，有一只身披着浅色羽毛的野鸭，格外引人注意。它在鸭群的正中间。

我拿着望远镜，好好地打量了一下这只野鸭。它从头到脚都是淡黄色的羽毛。当清晨明媚的阳光，穿过乌云，照耀在它身上时，这只野鸭突然发出明亮耀眼的白光，令它在一群深灰色的同伴中异常突出。可它长得和同伴们一模一样。

在我五十年的狩猎生涯中，还是第一次亲眼见到这种患有白化病的野鸭。人们通常把这种鸟兽称为"毛色奇特的动物"。这种动物的体内缺少色素——也就是说,它们的血液中缺少红细胞。它们生来就是白色或是很浅的颜色,并且一生如此。它们不具备可以融入周围环境,令自己不被发现的保护色。

我忽然有一种强烈的愿望,想要猎获这只罕见的鸭子,也不知它是如何奇迹般地逃脱了猛禽的利爪。然而,现在当然没有机会:鸭群之所以在湖中央休息,就是为了避免人们偷偷地走近它们,开枪射击。于是,我焦急地等待着机会,等着这只毛色奇特的野鸭出现在岸边的时机。

而这个机会来得要比我的预想快多了。

有一天,我正沿着湖边狭窄的水湾走。突然,从草丛中钻出来几只野鸭,而它们中间恰巧就有那只白野鸭。我迅速地朝它开了一枪。可是,就在枪响的一瞬间,一只灰色的野鸭冲了出来,挡在了白野鸭前面。灰野鸭被我的霰弹击中,倒下了。而白野鸭和其余的同伴一起飞快地逃走了。

这是偶然吗?毫无疑问,是的。可是,今年夏天,我在湖中央或是水湾里又见到过几次这只白野鸭,而且每次它周围都有几只灰野鸭陪伴,好像是它的护卫队一般。当然,每次我的霰弹都会偶然击中普通的灰野鸭,而那只毛色奇特的白野鸭在它们的掩护下总能全身而退。

至少,最终我没能猎获到白野鸭。

这件事发生在皮洛斯湖上,它在诺夫哥罗德州和特维尔州的交界处。

比安基

绿色的朋友

该种植什么了

你们知道哪些树种更适合造林吗?

为此,我们特意挑选了十六种乔木和十四种灌木,这些品种在我国的各地区均可种植。

最主要的乔木和灌木品种有:橡树、杨树、白蜡树、白桦树、榆树、槭树、松树、落叶松、苹果树、梨树、柳树、花楸树、洋槐、蔷薇和醋栗。

172

小朋友们都应该了解这些知识,并且牢牢记住,应该采集哪些树种,以备开辟林地使用。

《森林报》通讯员　彼得·拉夫罗夫

谢尔盖·拉里昂诺夫

机械造林

需要种植的树木和灌木太多了,只靠人工栽种根本就应付不过来。

于是,人们研究制造出各种精巧复杂的植树机械,它们能够播撒树种,栽种树苗,甚至可以种植成材的大树。有种植大片林带的机器,有挖掘池塘的机器,有平整土壤的机器,甚至还有照料树苗的机器。

新的湖泊

在北方,许多的河流、湖泊和池塘夏天也不会太炎热。而在我们克里米疆区,池塘非常少,湖泊根本就没有。在这里,只有一条小河经过,而且到了夏天,水还会变浅变干涸,我们只要稍稍挽起裤腿,就能光着脚蹚过去。

我们这儿的花园和菜园饱受干旱的困扰。

只是现在,花园和菜园再也不会闹旱灾了。我们地区的居民们新挖了一个大水库——储水量达五百万立方米的人工湖。这个大湖足够灌溉五百公顷的菜园,还可以用来养鱼和繁育水禽呢。

克里米疆区的中学生　普罗琴科·卡巴特琴科

森林之战(续)

以下是我们的通讯员们在第四块被采伐的空地上的见闻,那里三十年前曾是一片森林。

当孱弱的白桦树和山杨树死于自己强壮的姐妹之手时,树林的底层只有小云杉树还存活着。

当小云杉们悄悄地在阴暗处生长时,强壮的大白桦和大山杨并没有停止在上空的战斗。历史不断地重演：谁长得高于邻近的树木，谁就是胜利者，并且无情地将失败者杀死。

失败者渐渐地枯萎，并最终倒下了。此时，大幕布上出现了一个大洞，阳光透过这个洞，洒进了树林的底层，直直地照在了小云杉树上。

小云杉树害怕如此强烈的阳光，所以它病了。

过了一段时间，它们渐渐地习惯了这些光线。

它们一点一点地康复了，换掉了自己的针叶。从这时起，小云杉树开始迅速地生长，令它的对手根本来不及补好幕布上的破洞。

这些幸运的云杉树最先在身材上与高大的白桦和山杨并驾齐驱。其他强壮带刺的云杉也紧随其后，纷纷把自己长矛似的树梢伸进了树林的上层。

这时，漫不经心的胜利者——白桦树和山杨树才发现，它们允许了多么可怕的敌人居住在树林的底层。

我们的通讯员们亲眼见证了一场敌对双方可怕的肉搏战。

一阵阵强劲的秋风袭来。它使得森林中拥挤在一起的各个家族都兴奋起来。阔叶类的树木扑向云杉，它们用自己的枝条抽打着敌人。

就连平日里总是颤抖低语的、胆小的山杨，现在也糊里糊涂地挥舞着树枝，努力地和黑乎乎的云杉扭打在一起，想要折断云杉的枝条。

但是，山杨是个不可靠的战士。它的枝条不但不柔韧，而且十分脆弱。强健的云杉树并不害怕它们。

不过，白桦树完全是另一回事。它是一种结实的、健壮的、柔韧的树木。即使在微风中，它们有弹性的枝条也能随风飞舞。要是白桦开始舞动枝条，那周围的树木可要小心啦，它的怀抱是十分危险的。

白桦和云杉展开了肉搏战。白桦用自己柔韧的枝条抽打着云杉的枝条，抽掉了云杉的针叶。

被白桦抓住的枝条上，云杉的针叶就会枯萎；被白桦枝缠绕的树干上，云杉的树梢也会枯萎。

云杉能击退山杨树，可是，它打不过白桦树。云杉本身是一种很坚硬的树木。

虽然它不易折断，但也很难弯曲。这样的话，它笔直的树枝无法抽打敌人。

在这块土地上，我们的通讯员们无法亲眼目睹这场森林之战的结果。因为要想知道这场战争的最终结果，需要在这里居住好多年才行。因此，他们又出发去寻找一处森林之战已经结束的地方。

想知道通讯员们在哪儿能找到这样的地方吗？期待我们下期的《森林报》吧。

园 艺 周

在我国的各个乡村和城市，每年举行一次园艺周。在中部和北部地区，在每年十月初举行，而在南部地区，在每年十一月初举行。

在国家苗圃场已经培育出了许多苹果树苗和梨树树苗，还有大量的浆果树苗和观赏植物树苗。而且，现在在没有花园的地方，正在开始着手开辟新花园。

我们帮忙重建森林

我们学校加入了建造新林地的工作中。我们正在采集树枝，然后把这些种子交到我们的护林站。而在学校附近，我们开辟了一个小苗圃，并在里面栽种上橡树、槭树、山楂树、白桦树和榆树。这些树种都是我们自己采集的。

中学生 斯米尔诺娃 阿尔卡季耶娃

农 事

庄稼收割已经临近尾声。现在，正是地里干得热火朝天的时候。

黑麦收割完了，开始收割小麦；小麦收完了，又要收割大麦；割完大麦，又轮到了燕麦；燕麦之后还有荞麦。

拖拉机在田地里突突地跑着：已经播种好了秋播作物，现在正在翻耕土地，为来年夏天的春播作物准备好土地。

夏天的浆果已经没有了。不过，花园里的苹果、梨、李子都熟了。森林中冒出了许多小蘑菇。在长满青苔的沼泽地上,红莓苔子也露出了红扑扑的小脸蛋。村里的小男孩们正在用小棍敲打一串串沉甸甸的、红艳艳的花楸果。

小山鹑们藏在了马铃薯地里。那里谁也不会惊扰它们。

但是,人们已经向马铃薯地进发了,到了挖马铃薯的时候了。马铃薯挖掘机呼呼地开了过来。孩子们在地里点起了篝火,搭起了炉灶;他们要在这里烤马铃薯吃。他们的小脸儿都弄得脏兮兮、黑乎乎的,看上去还挺吓人的。

灰山鹑们纷纷从马铃薯地里逃了出来,飞走了。它们的雏鸟终于长大了。现在总算可以打山鹑了。

要找个地儿觅食、栖身,可是,上哪儿去呢? 所有的庄稼都收割了。还好,这里秋播的黑麦已经长高了不少。这样,就有了觅食之地,也有了一个可以躲避猎人锐利目光的栖息之所。

"明眼人"的通告

八月二十六日,我去运送干草。运送途中,我看到一只大猫头鹰蹲在一堆枯树枝上,两眼锐利地盯着枯枝堆。我对此感到十分稀奇,于是停下马车,想弄清楚为什么猫头鹰蹲在我附近而不飞走呢? 我跳下马车,悄悄地走近它,然后捡起一根小木棍扔向了它。猫头鹰吓得飞走了。它刚一飞走,从枯树枝堆中就飞出了几十只小鸟。原来,它们藏在这里躲避自己的天敌——猫头鹰呢。

《森林报》通讯员 鲍里索夫

农村新闻

巴甫洛娃

虚惊一场

现在森林中的鸟兽们十分惶恐不安:林边来了一批人,他们在地上铺满了干树枝。也许,这是什么新式的捕兽器呢。唉,森林里的小动物们的末日到来了!

不过,这只是虚惊一场:人们可是带着善意来这里的。他们铺在地上的是亚麻。把亚麻铺上薄薄的一层,好似一条平整的大道。

在这里,亚麻被雨水和露水浸湿了。这样,从被浸湿的亚麻茎中抽出纤维就很容易了。

狡猾的战术

在只剩下髭一样的干麦秸的田地里隐藏着田地的敌人——杂草。杂草的种子紧贴在地上,细长的根深深地扎进泥土。它们在等待着春天的到来。一到春天,人们便翻耕土地,种上马铃薯。此时,杂草们也长高了,开始抑制马铃薯的生长。

人们决定欺骗一下杂草,人们把松土用的"武器"——中耕机开到田地里。中耕机把杂草的种子埋入地里,把杂草的根割成一段一段的。

这时天气暖和,泥土松软。杂草以为是春天来了,它们便开始生长。种子发芽了,一段段的根茎也发芽了。田地一片绿油油的。

这下人们高兴了。敌人上当啦!杂草长出来以后,在深秋的时候,我们再把土地翻耕一遍,将杂草翻个底儿朝天。

冬天时,杂草就会被冻死。这样,它们就不能阻碍马铃薯的生长啦!

瞧这一家子!

我们村里的母猪在杜什卡又产下了二十六只小猪崽儿。今年二月份,我们才祝贺过它产下了十二只猪崽儿呢。瞧这一家子!孩子太多了!

空手而回

一群蜻蜓飞到养蜂场来捉蜜蜂吃。不过,它们扫兴而归:因为养蜂场里一只蜜蜂也没有。要知道,可没人告诉蜻蜓,从七月中旬开始,蜜蜂们就已经搬到森林中盛开的帚石楠花丛中居住了。

蜜蜂们在那里酿造浓稠的黄色帚石楠花蜜。等帚石楠花凋谢后,它们再飞回家。

猎　事

带着猎犬打野禽

来自我们的特约通讯员

在一个八月明媚的清晨,我和瑟索伊奇一起出发去打猎。我的猎犬们兴奋地围着我又叫又跳。它们是两只西班牙猎犬——吉姆和鲍伊。瑟索伊奇的那只漂亮的大塞特种猎犬——拉达高兴地把两只前爪搭在了自己身材矮小的主人的肩上,用舌头舔了一下主人的脸。

"去,你这个捣蛋鬼!"瑟索伊奇一边假装生气地责备,一边用袖子擦了擦嘴,"跑哪儿去了……"

只见此时,猎犬们已经沿着刚割过的草地飞奔而去了。漂亮的拉达,迈着灵活矫健的步伐,一下子钻进了草丛,黑白相间的身影在绿油油的灌木丛中时隐时现。而我那两条短腿的猎犬却抱怨地汪汪叫着,它们努力地追赶拉达,可就是追不上。

让它们舒展舒展筋骨吧。

我和瑟索伊奇走到了灌木丛旁。我用哨声把吉姆和鲍伊叫回了身旁,它们不慌不忙地在我们周围的每一丛灌木、每一个土墩里嗅着。在前方,拉达来回穿梭着,一会儿从右边奔出,一会儿又从左边出现。突然,它站住了。

就像是撞上了一片看不见的铁丝网。它站在那里,保持着停止狂奔时的姿势,一动不动。只是头稍稍地向左转了一下,灵活地弓着脊背,抬着左前腿,像羽毛一样蓬松的尾巴伸得直直的。

并不是什么铁丝网,而是一股野禽的气味令它收住了狂奔的脚步。

"您先打吧。"瑟索伊奇礼让着。

我婉拒了他的好意,并召唤回我的猎犬,命令它们趴在我脚边,免得它们捣乱,一不小心再将拉达发现的野禽赶跑就糟了。

瑟索伊奇从容地走到拉达身旁,停了下来。他从肩上卸下枪,扳起枪机。但是,他并不急于命令拉达前进。我想,他应该和我一样,十分欣赏猎犬伺伏时的美好画面,陶醉于猎犬极力克制着激动和紧张时的优雅姿态。

"上!"瑟索伊奇终于发出了命令。

拉达却纹丝未动。

我明白了:这里有一窝黑琴鸡。现在,瑟索伊奇重复了一遍命令,拉达向前走了一步。这时,随着一阵噼里啪啦的响动,从灌木丛中钻出几只红褐色的大鸟。

"上! 拉达!"瑟索伊奇一面重复着命令,一面举起枪。

拉达迅速地跑向前,绕了半个圈,又在另一个灌木丛旁停下,伺伏。

怎么了?

瑟索伊奇又来到了它身边,命令着:

"拉达,冲啊!"

拉达奔向了灌木丛。

这时,一只不大的红褐色小鸟悄无声息地从灌木丛另一侧飞了出来。它笨拙地、沮丧地挥动着翅膀,它两条长长的后腿耷拉在后面,像被打断了一样。

瑟索伊奇放下了枪,气呼呼地叫回了拉达。

原来,那是一只长脚秧鸡。

这是一种草绿色的小鸟。春天时,猎人们还挺喜欢它们从草丛里发出的刺耳尖叫声;但在狩猎的季节里,猎人们对它们简直是痛恨之极。猎犬刚一伺伏,秧鸡就悄悄地从草丛中溜走了,使得伺伏无法继续。

我很快和瑟索伊奇分开了,我们约定在森林的小湖边碰头。我沿着一条狭窄而翠绿的溪谷前行着,周围是丛林密布的小山丘。

咖啡色的吉姆和它的小儿子——黑白棕三色的鲍伊在我前面奔跑着。我需要盯紧它俩,时刻做好射击的准备。因为西班牙猎犬从不伺伏,它们每刻都可能惊起野禽。它们总是钻进灌木丛,然后消失在高高的草丛里,最后又出现。它们那半截的短尾巴,像螺旋桨一样,一刻不停快速摆动。

这种西班牙猎犬确实不能有长尾巴,否则,长尾巴扫到草丛或灌木时,得弄出多大的动静啊! 况且,灌木也会把它们的长尾巴刮伤的。所以,在小西班牙猎犬才满三周的时候,就要把它们的尾巴砍掉一截,这样,日后就不会再长了。只留下人们可以一把攥住的一小段尾巴,以便它们不小心陷入沼泽时,人们可以抓住这一小段尾巴把它们拽出来。

我目不转睛地盯着这两条猎犬,自己也不明白,这时我怎么还顾得上欣赏周围的风景,发现许多美丽、新奇的事物。

我看见,太阳已经升到了树木的上空,金色的阳光在树叶和草丛间跳动、蜿蜒;我看见,在草丛里,在灌木中,到处都有极细的银色蛛丝闪闪发光;我还看见,松树奇妙地弯下腰,形成了一把巨大的椅子,仿佛童话中的神才能坐在这把椅子上。但是,神没有出现,椅子上只有一反摊水,周围飞舞着几只蝴蝶。

猎犬们在喝水,而我也渴得要命。正巧,在脚边羽衣草的宽大绿叶上,大滴的露珠闪烁着,就像是一颗价值不菲的钻石。

我小心翼翼地俯下身,轻轻地摘下这片叶子,可不能让露珠洒出来。那颗露珠是世界上最纯净的,它集聚了清晨阳光的关怀与喜悦。

毛茸茸、湿漉漉的叶子刚一触碰嘴唇,清凉的露珠就顺势滑落到我干燥的舌头上。

吉姆突然狂吠起来:"汪汪! 汪汪!"我立刻忘记了让我消渴的小草,任它飘落在地。

吉姆一边汪汪地叫着,一边顺着溪谷沿岸奔跑。它的短尾巴摇摆得更加频繁了。

我急忙赶到溪边,想要跑到猎犬的前面。

可是,已经来不及了。随着挥动翅膀发出的轻微的沙沙声,一只刚才

未发现的小鸟从枝叶繁茂的赤杨树后面飞了出来。

它径直飞到赤杨树的上空，原来是一只大野鸭。我慌忙举起枪，没瞄准就开了一枪，子弹穿过树叶打中了它。野鸭掉进了小溪里。

这一切发生得太快了，让我觉得，仿佛我没开枪，而是用信念把它打死的。

此时，吉姆已经游了过去，把战利品拖到了岸边。它顾不上抖掉身上的水，只是死死地咬住这只野鸭，把它交到我手中。野鸭的长脖子耷拉到了地上。

"谢谢你，老朋友，谢谢亲爱的！"我低下头，轻抚着它。

它这才抖落起毛，大滴水珠飞溅到了我的脸上。

"噢，你这个粗鲁的家伙！继续前进！"

吉姆一溜烟儿地跑了。

我用两根手指拎起了这只野鸭。哎哟，嘴没折断，承受住了它全身的重量。这也表示，它是一只成年的野鸭，不是今年刚孵化的。

我赶忙把野鸭挂在了子弹包的皮带上，因为猎犬们又在前方叫了起来。我一面重新装子弹，一面疾奔向它们。

在这里，狭窄的溪谷扩宽了。一片沼泽地延伸到小山丘的斜坡下，那里有许多土墩和苔草。

吉姆和鲍伊钻进了草丛。它们在那里发现了什么？

整个世界一下子汇集在这片不大的沼泽地里，猎人心里只有一个愿望，那就是：赶快看看，猎犬们在草丛中嗅到了什么，会有什么鸟从里面飞出来，可不能射偏了啊。

我的两条短腿猎犬消失在高高的苔草中，它们的长耳朵像翅膀一样，在草丛上方舞动，一会儿在这儿，一会儿在那儿。猎犬们在做"侦察跳跃"，它们高高跃起以便观察附近有没有野禽。

从草丛中传来"扑哧"的一声，听上去像在沼泽地中拔靴子的声音，随即从土墩中飞出一只长嘴沙锥。它飞得很低，快速地曲折前进。

瞄准！射击！……可惜，没有打到。

这只沙锥绕了大半圈，然后把两条腿伸直，落在了一个临近我的土墩下面。它站在那里一动不动，把又直又长的嘴像剑一样插在地上。

它就这样待在我旁边，我反而不好意思朝它开枪了。

这时,吉姆和鲍伊已经跑到了我身边。它们再一次让沙锥飞了起来。这次我从左边的枪管开枪,可又没打中。

太糟糕了!在我三十年的打猎生涯里,不知打过几百只沙锥了,可还是在野禽起飞时就紧张得急忙开枪。

哎,有什么方法呢。现在,要去寻找琴鸡了。否则瑟索伊奇会嘲笑地问我:"你打到什么啦?"因为虽然在城里人看来,沙锥是一种既漂亮又美味的鸟儿,可在农村,就那么个小东西,人们根本不把它当成是鸟类。

在山的另一侧,瑟索伊奇已经是第三次开枪了。也许,他至少都猎到五公斤的野禽了。

我蹚过小溪,爬到小山丘上。从这里远眺,可以看见在西边有一大片采伐基地,后面是一片燕麦田。在那里闪现着拉达的身影,噢,那肯定是瑟索伊奇呀。

瞧,拉达站住了。

瑟索伊奇走了过去,然后开枪。"砰、砰"连发两枪。

之后,他走过去拾起了战利品。

我不能再在这儿张望了。

看,我的猎犬们已经蹿进密林了。我打猎有这样一个习惯:只要我的猎犬跑进密林,那我就沿着林间小路前行。

因为这条林间小路很宽。当小鸟从上面飞过时,完全来得及射击。只要能把它们撵到这儿来就行。

鲍伊叫了起来。吉姆也跟着叫起来。我赶忙向前走去。

我已经超过了猎犬们。它们在那里发现了什么呢?一定是琴鸡,它钻进灌木丛,在那里带着猎犬们绕圈。我了解它们的伎俩。

扑棱扑棱……果然钻出一只琴鸡,黑乎乎的,像被烧焦了一样。它径直地沿着林间小路快速飞行着。

我追着它,连发两枪。

琴鸡拐到了几棵大树后面,消失了。

难道我又没射中?不可能啊,好像打到了呀……

我用哨声召唤回两条猎犬,然后一同前往琴鸡消失的地方。我在那里搜寻着,猎犬也在寻找着。可是,哪儿都没找到。

唉,太让人沮丧了!真是倒霉的一天!能向谁发泄呢?猎枪是好的,子弹是我亲手装的。

再试试看吧,也许,到湖边运气能好些。

我又回到了林间小路,沿着它大概走五百米就能到达湖边。心情完全糟透了。而且,两只猎犬也不知跑到哪儿去了,怎么都叫不回来。算了,不管它们了,我就一个人走吧。

鲍伊突然不知从哪儿蹿了出来。

"你跑哪儿去了?你难道以为你是猎人,而我只是负责开枪的助手?那好啊,你拿着枪,自己射击吧!什么?你做不到!咦,为什么四脚朝天地躺下?想请求我的原谅吗?那你得听话。唉,你们这些西班牙猎犬都是些笨家伙。要是我也有条会伺伏的猎犬,事情就不是这样了。"

要是我带着拉达,我也能百发百中。野禽就像是被绳子拴住了,你想想,这样还有什么难打呢?

在前方,大树的后面就是湖泊了,湖面上波光粼粼。我心里重新燃起了希望。

湖岸边有一丛芦苇。鲍伊咕咚一声钻进了水里,一边游,一边把高高的芦苇弄得来回晃动。

它叫了一声,随即从芦苇中飞起一只嘎嘎叫的野鸭。

我的子弹在湖中央击中了它。它的长脖子立刻耷拉下来,扑通一声掉进水里。它肚皮朝上浮在水中,两只红脚掌在空中乱划着。

鲍伊向野鸭游了过去。它正张开嘴,打算咬住野鸭,可是,野鸭突然沉入水底,不见了。

鲍伊十分困惑:鸭子到哪儿去了? 它在那里来回打转,可野鸭还是没有出现。

突然,鲍伊一头扎进水里。怎么了? 它抓到什么了? 游到水底能干吗?

不一会儿,那只野鸭又出现在水面上,还慢慢地向湖岸游过来。它游得很怪:侧着身子,头却在水下。

原来是鲍伊在咬鸭子! 它在野鸭身后,看不见它的头。干得太好了! 它潜在水中,把野鸭叼了上来。

"它可真能干。"传来了瑟索伊奇的声音,他不知道什么时候从后面走了过来。

鲍伊游到一个土墩的旁边,爬了上去,放下野鸭,抖落起身上的水。

"鲍伊,你真不害羞! 现在马上叼起野鸭,送到我这里来。"

它仿佛没听到,对我的命令不理不睬!

这时,吉姆突然出现了。它游到土墩旁,生气地呵斥了儿子一顿,把野鸭叼到了我这里。

然后,它抖了抖身上的水,又迅速地钻进灌木丛。啊,真是个惊喜! 它居然叼出了一只死琴鸡。

　　原来,这个老朋友在刚才那段时间里,一直在森林中搜寻着那只琴鸡的踪迹,并且叼着它跟在我后面跑了五百米。

　　在瑟索伊奇面前,我真为它感到自豪!

　　真是一条忠诚的老猎犬! 你尽心尽力地帮助了我十一年。可是,这也许是你跟随我打猎的最后一个夏天了,因为狗的生命不长。我还能找到像你这样的朋友吗?

　　在篝火旁喝茶时,我思考着这些事情。身材矮小的瑟索伊奇娴熟地把战利品挂在白桦树枝上,有两只幼小的黑琴鸡和两只笨重的小松鸡。

　　三条猎犬围坐在我旁边,用渴求的目光注视着我的一举一动,好像在说:"我们能得到一小块儿吗?"

　　当然,要分些给它们,三条猎犬都干得好极了! 它们都是好样的。

　　中午时分。天高高的,蓝蓝的。时而可以听到头上山杨树叶发出的沙沙声。

　　好美啊!

　　瑟索伊奇坐了下来,悠闲地卷着烟卷。他陷入了沉思。

　　太好了,看来,现在可以听到他打猎生涯中的趣事了。

　　现在正是打野禽的时节。要想打到谨慎的小鸟,猎人可要费些心思了。可是,如果不事先弄清楚野禽的生活习性,那么花费再多的心思也是枉然。

打 野 鸭

　　猎人们很早就注意到了,当雏鸭刚会飞的时候,一窝的小野鸭们总是成群结队地从一个地方飞到另一个地方,一昼夜往返两次。白天时,它们钻进密集的芦苇丛,在那里睡觉、休息。当太阳刚一落山,它们立刻挥动翅膀从芦苇丛中飞出来。

　　猎人早已守候在那里了。他知道,野鸭们一定会飞到田地里去,所以就在那儿等着。猎人隐藏在岸边的灌木丛中,面对着太阳落下的水面。

　　太阳落下的地方,天空映出一片晚霞。晚霞上映衬出鸭群的黑色身

影。它们径直地朝着猎人飞来。猎人很容易瞄准它们。他从灌木丛中出其不意地开一枪，就能打到好几只野鸭。

他不断地射击，直到天完全黑下来。

夜里，野鸭们在庄稼地里觅食。

清晨，它们要飞回芦苇丛去。

这时，猎人就躲在它们返程的路上。现在，他背向水面，面朝东。

一群群小野鸭们再一次径直地飞向猎人的枪口。

助 手

一窝小黑琴鸡正在林中草地上觅食。它们始终待在林边地带，万一发生什么危险，它们好蹿进森林里逃跑啊。

它们啃食着美味的浆果。

其中一只小琴鸡听到草丛里有沙沙的脚步声。它抬起了头，只见草丛上方出现一张可怕的野兽嘴脸，肥厚下垂的嘴唇颤抖着，贪婪的目光紧紧盯着地上的小琴鸡。

小琴鸡缩成了一个有弹性的小球。与野兽四目相对，等待着即将发生的事情。只要野兽稍稍一动，它立即挥动有力的翅膀飞向另一侧，让野兽到空中去抓它吧！

时间过得真慢。这张野兽的嘴脸一直俯身盯着小琴鸡。小家伙不敢飞,那只野兽也不敢动。

突然,有一个命令的声音:

"上,拉达!"

野兽立即扑向前。小琴鸡也扑棱着翅膀飞起来,如离弦之箭一般朝着森林逃去。

轰隆一声巨响,火光四溅,从森林中弥散出一股烟雾。小黑琴鸡头朝下栽到地上。

猎人拾起了它,又命令猎犬继续搜寻猎物:

"安静!拉达,再去寻找,去……"

在山杨树林中

高高的云杉树林里漆黑一片。

四周一片死寂。

太阳刚刚落山。猎人在沉默的笔直树木间慢慢地前行。

前方突然喧闹起来,好像是一阵风吹动了树叶。前面那里是一片山杨树林。猎人停住了。

又是一片寂静。

接着,又闹腾起来。这次,好像是大雨点拍打树叶的声音。

啪,啪。嘀嗒,嘀嗒,嘀嗒……

猎人悄悄地前进,马上就要到达山杨树林了。

啪,嘀嗒,嘀嗒,嘀嗒……突然,又静下来了。

浓密的树叶中什么也看不清。

猎人又停住了,不再向前。

看看谁更有耐心吧。是那个躲在山杨树上的,还是这个带着枪藏在树下的?

长时间的沉默。万籁俱寂。

然后,又有动静了:

"嘀嗒,嘀嗒,啪嗒……"

啊哈,这可是你自己暴露的!

一个黑乎乎的家伙坐在树枝上,正在用嘴把山杨树叶的叶柄一根根地折断,发出啪嗒的响声。

猎人仔细地瞄准。于是,这只不小心的小松鸡,像个重重的线团,从树上掉了下来。

这是一场公平的较量。野禽隐藏着,猎人也悄悄地出现。

这就要看看:

谁第一个发现对方?

谁更有耐心?

谁的目光更锐利?

一场不公平的较量

在茂密的云杉树林中,猎人沿着林间小路前行。

"扑棱,扑棱,扑棱。"

就在猎人脚边,钻出了一窝小榛鸡,总共有十来个呢。

猎人还没来得及举枪,它们已经分散地躲进浓密的云杉树枝间了。

最好还是别白费力气了,根本看不清它们飞到哪儿去了。就算是你睁圆双眼,你也看不见。

于是,猎人在离小路最近的一棵云杉树后面藏了起来。

猎人从兜里掏出了一个小哨子,擦了擦,然后坐在一个小树桩上,扳起扳机,把小哨子放在嘴边。

较量开始了。

小榛鸡们都躲了起来,藏得十分隐蔽。在妈妈发出"好了"的信号之前,它们不能出声,不能乱动。每一个都要乖乖地待在自己的树枝上。

"吱,吱吱,吱吱!"

这个声音就是"好了"的信号。

"吱吱,吱吱吱吱。"

这时妈妈坚定地说:

"可以了,宝贝。快飞到这儿来吧。"

于是,一只小榛鸡悄悄地从树上飞到了地上,顺着声音,去找妈妈。

"吱吱,吱吱吱。我在这儿呢,宝贝,快来呀!"

小榛鸡跑到了林间小路上。

"吱吱,吱吱。"

啊,妈妈在那棵云杉树的后面,在树桩上呢。

小榛鸡沿着小路飞奔起来,径直地向猎人跑来。

猎人开了一枪,紧接着又吹起了哨子。

哨声就像鸡妈妈的柔声细语:

"吱,吱吱,吱吱!"

又有一只被骗的小榛鸡奔向了猎人的枪口。

打 靶 场

* * * 第六次竞赛 * * *

1. 一条鱼有多重呢?

2. 埋伏在一旁的蜘蛛,怎样知道有猎物落网了呢?

3. 哪些野兽会飞?

4. 如果在白天发现了猫头鹰,小鸟们该怎么办呢?

5. (谜语)身背剪刀,像个裁缝,拿着鬃毛,像个鞋匠。

6. 蜘蛛什么时候会飞？怎么飞？

7. 哪种成年的昆虫没有嘴？

8. 为什么雨燕和家燕在晴朗的天气里飞得很高，而在潮湿的天气里飞得很低呢？

9. 为什么家鸡会在下雨前用嘴梳理羽毛呢？

10. 怎样通过观察蚂蚁窝而知道天快要下雨了呢？

11. 蜻蜓吃什么？

12. 哪种可怕的猛兽最爱吃马林果？

13. 夏天，哪里能更好地观察鸟的脚印？

14. 我们这儿最大的啄木鸟是什么颜色的？

15. 什么是"鬼喷烟"？

16. （谜语）身体在院中，脑袋在桌上，腿脚在田野。

17. （谜语）穿着它的皮，扔掉它的肉，吃掉它的头。

18. （谜语）一位庄稼汉，身穿金外衣，腰绑金腰带，躺着起不来，只能人来抬。

19. （谜语）你我虽然相隔遥远，我不开口也能交谈。

20. （谜语）没有人吓唬它，它却浑身颤抖。

21. 哪种小草连盲人也能认得？

22. 什么生在庄稼地，却不能食用？

23. （谜语）瞪着大眼坐一旁，一句人话不会讲；它在水里出生，却在陆地成长。

布　告

寻鸟启示

椋鸟们到哪儿去了？白天时，偶尔还能在田野和草地见到它们。但是，到了夜里，它们去哪里了呢？小椋鸟刚一学会飞，就丢下自己的巢飞走了，再也没有回来过。

《森林报》编辑部

代向读者们问好

我们来自北冰洋沿岸的群岛,我们带来了海狮、海象、格陵兰海豹、北极熊和鲸鱼们对读者们的问候。

我们还接受委托,要将读者们的问候带给非洲狮、鳄鱼、斑马、鸵鸟、长颈鹿和鲨鱼。

从北方飞来的候鸟——沙锥、野鸭和海鸥

"火眼金睛"称号大赛第五次测验

谁的影子?

图 1 至图 4 中,哪个是雨燕,哪个是家燕?

图1   图2   图3   图4

假如你坐在一处开阔的地方,田野里、山岗上或河边陡坡上。太阳高高地挂在天空中。猛禽在你的头顶上空飞过,而它们的影子会在你面前的土地上,沙子上或水中,或慢慢飘过,或飞快掠过。

如果你的眼睛够雪亮,够灵活,那么你根本不用抬头,根据掠过的飞禽在地上的影子或者轮廓,你就能辨认出是哪种猛禽。

图 5:这是一个快速飞过的、浅浅的影子。翅膀很窄,像把镰刀,尾巴长长的,尾巴尖是圆的。飞过的是只什么鸟呢?

图 6:这只鸟的剪影大小同图 5 差不多,只是更宽一些,翅膀厚厚的,尾巴是直的。这是什么鸟在飞呢?

图 5   图 6

图7：这只鸟的影子更大一些，翅膀也更宽厚一些，尾巴呈扇状，尾巴尖是圆的。这是什么鸟呢？

图8：这只鸟的影子也很大，翅膀弯曲得很厉害，尾巴的底端有个凹陷。这又是什么鸟呢？

图 7   图 8

图9：这只鸟的影子又大了一些，翅膀像被折了一个角，而翅尖好像被剪断了，尾巴像个直角形。这是谁呢？

图10：这是个十分庞大的剪影。翅膀很宽大，翅尖像是张开的五指，而头和尾巴十分短小。它是谁？

图 9   图 10

观察图1至图11，请说一说，这是什么树的叶子？这是哪种树的针叶？

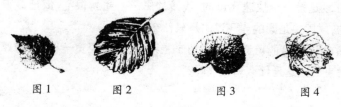

图 1   图 2   图 3   图 4

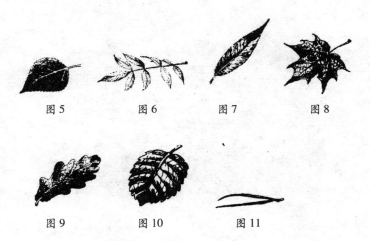

图 5   图 6   图 7   图 8

图 9   图 10   图 11

NO.7 告别故土月（秋季第一月）

9月21日至10月20日　太阳进入天秤宫

一年：有十二个章节的太阳组诗（9月）

九月——草木萧条，鸟兽哀鸣。天空开始变得阴郁，刮起了瑟瑟的凉风。秋天的第一个月到来了。

秋天有着和春天一样的变化进程，只不过是相反的，是从上而下进行的。树梢的叶子开始慢慢地变黄、变红、变成褐色，它们摄取的阳光不足，迅速地失去了自己的绿色并开始枯萎。叶柄与树枝接合的地方也有了衰落的迹象，甚至是在没有风的十分安静的日子里也会突然地从树上掉下发黄的白桦叶、发红的杨树叶，它们从空中轻盈地飘下，在地上无声地滑动。

清晨醒来，第一次看到草地上有了白霜，于是我们在日记中写道："秋天到了。"从这一天开始——确切地说是从这一夜开始，因为冰霜总是在夜里降临的。树叶即将从枝条上纷纷坠落，虽然还没有刮起横扫秋叶的劲风，森林也还没有脱下华丽的夏装。

雨燕已经消失了。家燕和其他一些在我们这里度夏的候鸟也聚集在一起，悄无声息地在夜晚踏上了飞往远方的征途。天空变得空寂。河水变冷了：不再是游泳的好去处了……

而一时间——就像是美丽夏日的回光返照——出现了晴朗干燥的好天气：温暖，明亮，而又宁静，空中飘荡着银光闪闪的细蛛丝，田野里闪耀着一派生机勃勃的绿色。

"夏婆婆又回来了！"农人笑呵呵地说，疼爱地看着那生机勃勃的秋播。

森林里的一切都在为进入漫漫寒冬做准备,所有的生命都把自己藏得好好的、裹得暖暖的,不用再担心什么了,只等春天的到来。

只有母兔无论如何不能平静下来,它们还不愿承认夏天已经过去这个事实,又生出了一批小野兔!这就是所谓的落叶兔,还长出了一些细把儿蘑菇。夏天结束了。

到了候鸟离乡的月份。

和春天一样,森林通讯员会给我们编辑部发来一封封电报,报告这些时日发生的奇闻轶事。在这个候鸟离乡月,鸟儿又开始大规模的迁徙——这一次是从北方迁到南方去。

就这样,秋天开始了。

来自森林的第四封电报

所有那些花花绿绿的鸣禽都消失了,我们没有看到它们上路的情景,因为它们是在夜里出发的。

许多鸟儿选择在夜间迁徙,因为那样更安全。隼、鹰和其他一些猛禽已经从森林中飞了出来,正在路上等着它们,可在黑暗中这些猛禽却无法攻击它们,而这些候鸟在夜里也能识得通往南方的路。

在漫长的海上飞行途中出现了一群群的水禽:野鸭、潜水鸭、鹅,还有鹬。这些候鸟还是在春天来时的停顿处小歇。

森林里的树叶正在慢慢变黄,兔妈妈却又生了六只小野兔,这是今年的最后一批小兔了,我们把它们称为"落叶兔"。

在河湾上不知是谁留下了许多小十字脚印,这些小十字和小斑点布满了整个河岸,我们在河岸旁搭了个棚子,想要看看,是谁在调皮。

告别之歌

白桦树上的叶子已经变得稀稀拉拉,在光滑的树干上有个被主人遗弃很久的椋鸟巢,孤零零地在那里摇晃。

突然飞来了两只椋鸟,雌鸟钻进窝里忙活起来,雄鸟落在树枝上,四下张望……突然它开始唱歌! 但歌声很低,像是在哀鸣。

歌唱完了。雌鸟也从鸟巢里飞了出来,飞快地去追赶鸟群。雄鸟跟在它后面。远行的时候到了,不是今天就是明天,就要出发啦。

它们告别了自己的小家,今年夏天它们还在这小家里生了几个孩子呢。

它们不会忘记自己的小家,而且来年春天还会回这里居住。

晶莹的清晨

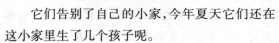

摘自少年自然界研究小组组员日记

九月十五日,天气晴暖。像往常一样,一大清早我就跑到了花园里。

外面是朗朗晴空,空气中还有一丝凉意。乔树、灌木和草丛之间都挂满了银闪闪的蛛丝,薄薄的蛛丝网上还缀着细小的露珠,每个蛛丝网中间都有一只小蜘蛛。

一只小蜘蛛把自己银闪闪的网结在了两棵小云杉的树枝之间,这网上缀满了冰凉的露珠,显得清脆、不堪一击,好像一碰就会碎掉似的。而那蜘蛛蜷缩成一个小球,一动不动地伏在网里,是苍蝇还没有飞来,它在睡觉,还是被冻僵了、冻死了?

我小心翼翼地用小手指碰了它一下。

它没有任何反应,像个小石子一样地掉在了地上。可是看到它在地上、在草丛下面,一骨碌爬起来跑了,转眼间就无影无踪了。

这小家伙可真会装！

我开始担心，它还会回到自己的蛛丝网上吗？它还能找得到吗？还是得重新织一个呢？织一个网要花费多少力气啊，它需要怎样地跑前跑后，还要打结，绕圈拉丝，需要怎样的技术啊！

小小的露珠在纤纤的草尖上抖动，就像长长睫毛上的泪滴，这露珠在闪烁，闪烁着喜悦的光辉。

路两旁还有最后几株野菊花，它们全都低垂着自己的白色花瓣裙——在等待，等待阳光的照射。

空气微凉而又明净，置身其中的万物都显得那么美丽、华贵：不论是五彩缤纷的树叶，还是笼罩在露水和蛛丝银光下的青草，或是那淌着清清水流的小河。我看到的与这美丽格格不入的丑类，是一株湿漉漉的、粘在一起的还破损了一半的蒲公英和一只灰蓬蓬的飞蛾。那飞蛾的脑袋伤痕累累，大概是被鸟儿啄的。而夏天的蒲公英头顶着成千的小伞是多么的蓬松！那飞蛾也曾是毛茸茸的，脑袋光滑而又干爽！

我不禁动了怜悯之心。我把飞蛾放在蒲公英上，久久地把它们托在手掌中，让已经在森林上空升起的太阳晒晒它们。这蒲公英和飞蛾都是冰冷精湿、半死不活的，经太阳一晒，蒲公英头顶上灰暗的、粘在一起的小伞变干了，变白了，轻盈地飘向空中；而那飞蛾由于体力恢复，翅膀也变干了，成了淡灰色。这两个可怜丑陋的小家伙也变漂亮了。

树林边传来了黑琴鸡的低鸣。

我走近灌木丛，想躲在后面偷偷地欣赏它在秋日里陶醉的啾啼，那声音就像是欢乐的演奏。

刚靠近灌木丛，就听得扑噜一声，那黑鸟就从我脚下飞了起来，吓得我打了个哆嗦。

原来它就在我旁边，我还以为很远呢。

这时，从远处又传来了喇叭声似的鹤鸣：一群鹤从森林上空飞过。

它们离我们而去了……

　　　　　　　　　　　　　　　《森林报》通讯员　维利卡

林中轶事

最后一批浆果

沼泽地上的一株酸果蔓成熟了,它长在含泥煤泥炭的草墩子上,浆果就奄拉在青苔上,果实从很远的地方就能看到,却看不到它们是长在什么上的,只有走近仔细看,才能发现在青苔垫子上伸展着条条像线一样的细茎,在这些茎的两边还长着闪亮亮的小硬叶。

这是一整丛酸果蔓!

巴甫洛娃

候鸟上路

每个白天,每个夜晚,都有大批候鸟出发上路,它们不慌不忙、慢腾腾地飞着,还时不时地长时间停留——完全不像春天来时那样急切,看得出来,它们不想离开故乡。

候鸟迁徙的顺序也跟春天正好相反:最先飞走的是那些花花绿绿的鸟儿,而最后动身的是春天最先飞来的燕雀、百灵、鸥鸟。许多鸟类是年轻的先出发,而燕雀是雌鸟先行,那些强壮的、生命力强的鸟儿往往要多滞留一段时间。

大多数鸟类飞往南方——飞往法国、意大利、西班牙、地中海和非洲,有些是飞往东方,经过乌拉尔、西伯利亚飞往印度,甚至是美国,飞行距离达数千公里。

林中壮士的决斗

傍晚时分,森林里响起了一阵低沉短促的吼声。从密林里走出一伙林中壮士——长着犄角的巨大公麋鹿。它们用低沉的、似乎是从腹腔里迸发出的吼声向对手宣战。

　　壮士们在林中的一片空地上相遇了,它们用蹄子刨着地,晃动着沉重的犄角,它们的眼睛里好像充了血,急速地奔向对手。它们脑袋顶在一起,犄角相撞,发出碰撞和劈裂的声响。它们用沉重巨大的身体撞击对方,还拼命扭对手的脖子。

　　它们分开一下,又重新扑打在一起,时而前身俯地,时而后退挺立,用犄角攻击对方。

　　犄角的撞击声响彻森林,难怪公麋鹿又叫犁角鹿,它们的犄角又宽又大,就像是犁头。

　　时常会有这样的情景,失败者从战场上仓皇逃走,有时会被对方的犄角重创,脖子被折断,鲜血直淌,有时是被胜利者有力的蹄子踏死。

　　强有力的吼声再次响彻森林,这是胜利的号角。

　　森林深处,一只没有犄角的母麋鹿在等待着它的归来。这取胜的公麋鹿就成了这片土地的主人。

　　它不允许任何一只公鹿侵入它的领地,甚至是小公麋鹿也不可以,一旦进入,它便会毫不留情地把它们驱赶出去。

　　它沉闷的吼声传向四周,传得很远很远。

只待秋风

乔木、灌木和杂草都在忙着安排自己的种子。

在械树的枝条上垂着成对成对的翅果,这些果实都已经打开了,它们在等待秋风把它们吹起并传播出去。

杂草也在等待秋风:蓟草的长茎上顶着干干的小篮子,从小篮子里伸出许多蓬松的淡灰色丝绒状花序;在沼泽地杂草上挺起的香蒲,茎顶上好像穿了件褐色小皮袄;山柳菊的顶上有毛茸茸的小球,只消一阵微风,它们就会随之飘散。

还有许多杂草的种子上长有或长或短的丝绒,这些丝绒有的很普通,有的像鸟的羽毛。

长在空旷的田野上、道路和沟渠两边的野花野草也在等待帮助,但这助手已不再是秋风,而是四条腿的动物和两条腿的人:牛蒡粗粝的种子装在它那干燥的、带钩刺的小篮子里;金盏花的黑果实是三角形的,这是为了扎进行人的袜子;拉拉藤那又小又圆的果实带着钩,专爱钩住行人的衣服,要清除它们真的得动用毛绒刷。

来自森林的第五封电报

我们已经侦察到,在海湾的泥岸上留下十字形脚印和小斑点的是什么动物。

是鹬。

布满淤泥的海湾是它们的客栈,它们在这里栖息、捕食,它们迈着大长腿在柔软的海湾上漫步,这就留下许多三趾叉开的脚印,而那些小斑点,是它们把长嘴伸进淤泥里捕捉虫子当早点时留下的。

我们捉了一只鹤，整整一个夏天它都住在我们房顶上。我们给它的腿上戴了一个很轻的金属（铝）环，上面带有"莫斯科，鸟类学研究会，A 组第 195 号"的字样，然后就把它放掉，让它带着铝环飞走了。如果有人在它过冬的地方将它捉住，我们就可以从报上得知，我们这儿的鹤是在哪里过冬的。

森林里的叶子已经完全变了色，并且开始脱落。

《森林报》特约通讯员

都市奇闻

惶恐不安的夜晚

几乎每个夜晚，城郊人都是惶恐不安的。

听到院子里有声响，人们从床上跳下来，把头探出窗外，是什么声音啊？发生了什么事？

下面的院子里家禽在扑扇翅膀，鹅咕咕地叫，鸭嘎嘎地喊，是黄鼠狼来侵扰它们了，还是有狐狸溜进了院子？

可是狐狸和黄鼠狼怎么进得了石头院墙和大铁门呢？

主人仔细检查了院子和禽舍，一切都正常，什么野兽都没有，那么坚固的大锁和门闩，没有什么能溜得进来的，可能家禽只不过是被噩梦惊醒了吧。这样人们就平静了下来，放心地上床睡觉去了。

可是过了一个钟头之后，又响起了鹅的咕咕声和鸭的嘎嘎声，又是一阵骚乱，一阵惶恐，怎么了？又发生了什么事？

打开窗户，侧耳细听，黑乎乎的天空中闪烁着点点星光，万籁俱静。

突然，好像是一道什么黑影划过天空，接着又是一道，还有一道，把闪烁的星光都遮住了，还有一阵不很清楚的、断断续续的哮鸣声。这哮鸣声在茫茫的夜空中回荡。

瞬时间，院子里的鸭呀、鹅呀都被惊醒了，这些似乎早已忘却了自由的家禽一阵骚乱，拼命地扇动着翅膀，它们踮着脚，伸着脖子，拼命地叫着，叫声是那么痛苦，那么悲哀。

茫茫夜空中，那些自由的、野性的同类回应着它们。一群接着一群的飞行者从砖瓦房上、铁屋顶上掠过。鸭子们扑扇着翅膀，大雁和黑雁在呼唤它们：

"咯！咯！咯！上路吧，上路吧！摆脱这饥饿和寒冷！快走吧，快走吧！"

候鸟响亮的叫声逐渐消失在远方，可那些早已失去飞行能力的家鸭、家鹅还久久地在院子深处折腾呢。

野蛮的袭击

在列宁格勒的伊萨基辅广场上，过往的行人亲眼目睹了一场光天化日之下进行的野蛮袭击事件。

一群鸽子从广场上飞起，就在这时，从伊萨基辅教堂的穹顶上冲出一只巨隼，它飞快地向鸽群中靠边的一只扑过去，顿时，空中旋转起一片羽毛。

受惊的鸽群逃窜到一栋高楼的檐下，而那只巨隼则用它的大爪子抓着被咬死的鸽子，费力地朝穹顶飞去。

很多的大隼在我们城市上空飞行，这些猛禽把自己的巢建在教堂穹顶上或钟楼上，从这些地方它们可以更方便地窥视袭击目标。

来自森林的第六封电报

朝寒已降，一些灌木丛的叶子像是被刀削了一样，乔木的叶子也像雨点一样纷纷飘落了。

蝴蝶、苍蝇和甲虫也各自躲藏了起来。

一些鸣禽也匆匆地飞出树林，它们已经饥肠辘辘了。

只有鸦鸟不担心没的吃，它们已成群结队地向熟透的花楸果飞去。

寒风在光秃秃的树林里呼啸，林中的树木都已进入梦乡，再也听不到鸟儿的啼鸣了。

顾此失彼

九月的一天，我和同学们到树林里去采蘑菇，一进林子就有四只榛鸡被我吓跑了，它们是灰色的，脖子有点短。

后来我又看到一条死蛇，它已经被风干了，挂在树桩上。树桩上有个洞，洞里发出咝咝的响声，我想这可能是个蛇洞，就马上逃离了这个可怕的地方。

之后，我走到了一块沼泽地旁，在那里我见到了从未见过的景象：从沼泽地里飞起了七只绵羊般的大鹤，鹤这种动物我以前还只是在课本的插图上见过。

同学们都采集了满满一篮子蘑菇，而我却一直在林子里跑来跑去：林子里到处莺歌燕舞的景象真是让我顾此失彼。

要回家的时候，我们看到一只野兔蹿过小路，它浑身都是灰色的，只有脖子和后腿的什么地方有一点白色。

回家途中又见到了那个有蛇洞的树桩，我小心翼翼地绕了过去。我们还看到一群大雁：它们从村子上空飞过，咯咯地大声叫着。

《森林报》通讯员　别兹美内伊

喜　鹊

　　春天的时候,村子里的小孩子们掏
了一个喜鹊窝,我从他们那儿买了一只
小喜鹊。才一天的时间我就把它驯得乖
乖的了,第二天它就敢从我手上啄吃的
和喝水了。我们管它叫"机灵鬼儿",它
很快就熟悉了这个名字,叫它的时候它
会咕咕地回应。

　　后来,这小家伙儿长出了翅膀。它
喜欢飞落在门框上,门对面是厨房,厨房的桌子上有个可推拉的抽屉,里面
放着一些吃的。有时候,我们才一拉出抽屉,它就飞快地冲到抽屉上,抢着
啄食里面的食品,我们驱赶它,它却叫着,就是不走。

　　有时候我要去打水,就叫它:

　　"机灵鬼儿,跟我一起打水去!"

　　它就飞落在我的肩膀上,和我一起去。

　　我们开始吃饭了——这小家伙儿是最忙的了:啄下白糖,叼口面包,再
不就是把爪子直接伸进热牛奶里。

　　但最有趣的,还是我去胡萝卜地除草的时候。

　　机灵鬼儿落在苗垄上看着我除草,然后它也开始从垄上拔出一根根的
绿茎,还像我一样把它们收拾成一堆儿:它这是在帮我干活儿呢!

　　只是有一点——它把所有的绿茎一起往外拔,有草,也有萝卜苗……
这个助手啊!

《森林报》通讯员　米赫耶娃

沙 黄 鼠

　　我们在收土豆的时候,突然听见牲畜圈的地下有什么东西在钻动。这
时跑过来一条狗,蹲在那个地方开始嗅,可那个东西还在钻动,狗开始用爪
子刨地,边刨边汪汪叫,那个小东西分明是在向它发威! 狗刨出了一个小

洞——能稍稍看到这个小动物的头了,之后,狗又把洞刨大,然后从里面拖出一只小怪兽。这小怪兽居然朝狗咬去,狗把这小怪兽从自己身上抛了出去并开始狂叫。这小怪兽有小猫那么大,长着黄、黑、白相间的皮毛,我们管它叫沙黄鼠(原仓鼠)。

《森林报》通讯员　玛利亚

秋　菇

现在树林里一派凄凉的景象,树都光秃秃的,还弥漫着树叶腐烂的味道。唯一能让人快乐的,就是那蜜环菌了。看着它们真是喜庆:它们一簇簇地聚在树墩上,趴在树干上,散布在地面上,似乎是特立独行的另类。

这蘑菇看着高兴,采着也美啊:一小会儿的工夫就可以采上一篮子,而且采的都是顶帽,成色好得很。

小小的蜜环菌好看极了,有的顶帽还没裂开,就像小帽儿似的,下面是条小白围巾,再过些日子小帽儿就变成大帽子了,小围巾也变成硬高领。

顶帽上布满了小鳞片,这些小鳞片是什么颜色的呢?很难准确地形容,但是这颜色看着很舒服,是很平静的淡褐色。小蘑菇帽下的褶子是白色的,那些老的就有点发黄了。

发现没有,当把老蘑菇的顶帽盖到小蘑菇上时,小蘑菇上就像抹了一层粉,你会想,小蘑菇是不是发霉了,但马上又想起:这就是孢子!从老蘑菇帽下面撒下来的孢子。

要吃蜜环菌就要确切了解它的所有特征。市场上常常有人把毒蘑菇当作蜜环菌来卖,有些毒蘑菇长得很像蜜环菌,而且也长在树墩子上,但这些毒蘑菇的顶帽下没有领环,上面没有鳞片,是鲜亮的黄色或粉红色,帽下的褶子是黄色或浅绿色,孢子是乌黑的。

各找各的藏身处

天儿冷了,真的冷了!

美丽的夏天过去了……

动物的血都快凝固了,行动变得迟缓,直发蔫,在强忍着困意。

长尾巴的北螈整个夏天都待在池塘里,一次也没出来过,现在却爬上了岸,到树林里去了,它找了一个发霉的树桩,钻到树皮下,蜷成了一个团儿。

青蛙和它正好相反,从岸上跳到池塘里去了,它潜到塘底,钻进了深深的淤泥里。蛇和蜥蜴躲到了树根下,藏进了暖和的苔藓里,鱼儿则成群地挤在河的水底深坑里。

蝴蝶、苍蝇、蚊子、甲虫都躲进了树皮的缝隙和墙的裂缝里。蚂蚁把所有的洞口都堵得严严实实,它们紧紧地挤成一堆儿藏在洞的最深处,一动不动地在那里过冬。

天儿冷了,真的冷了!

对于那些热血的动物和鸟类来说,寒冷还显得没那么可怕,只要有吃的,吃点儿东西,身体就能暖和些。但随着严寒的到来,食物会减少,它们也是免不了挨冻的。

蝴蝶、苍蝇、蚊子都藏了起来,蝙蝠也没得吃了,只好躲进树洞、石窟、岩缝和阁楼檐下,它们用后爪抓住什么东西倒挂在那儿,用翅膀把身体裹起来,像披了件斗篷,就这样进入了冬眠。

青蛙、蟾蜍、蜥蜴、蛇、蜗牛都藏了起来,刺猬也躲进树根下的卓窝里,獾也很少出洞了。

候鸟远行记

从天上看秋景

从天空俯瞰一下我们广袤无垠的祖国吧,看看这秋景。乘气球飞到高空,那里比森林要高得多,比白云还要高,离地面大约有三万米吧,但即使这样也不能把我们广阔的疆土尽收眼底。可如果天空晴朗,没有过多的乌云遮挡,视野也还是很宽阔的。

从那样的高度俯视,会感觉我们的土地在移动:其实是森林、草原、山峰、海洋上空有什么东西在移动……

是鸟儿,是数不清的成群结队的鸟儿在移动。

我们这些候鸟正在告别故乡,飞往过冬的地方。

当然,有一些鸟儿会留下来:麻雀、鸽子、寒鸦、红腹灰雀、黄雀、山雀、啄木鸟,还有其他一些小鸟。所有这些野禽都会留下来,只有鹌鹑要飞走。苍鹰、大猫头鹰不是候鸟,可这些猛禽冬天在我们这里也没什么事可干,所以大部分还是要飞到别处去过冬。鸟儿的迁徙从夏末就开始了,持续整整一秋,直到河水结冰。最先飞走的是那些春天最晚飞来的,而最后飞走的是那些春天最先飞来的:白嘴鸦、云雀、椋鸟、野鸭、海鸥……

各奔东西

你是不是认为,这些成群结队的鸟儿都是从北向南飞行的? 你错了!

不同的鸟儿出发的时间是不同的,大部分是在夜间飞行的,这样比较安全。而且绝不是所有的鸟都从北方飞到南方去过冬,有些鸟儿是由东往西飞,有些正好相反,是由西往东飞,还有些竟然是飞到北方去过冬!

我们的特约记者会给我们发来无线电报,或通过无线电台向我们报告,哪种鸟儿飞往哪儿,以及它们在途中的身体状况。

由西向东飞行的鸟儿

"喊——咦,喊——咦",红色金丝雀之间就是这样交流的。早在八月份,它们就从波罗的海海岸、列宁格勒州和诺夫哥罗德州起飞了。它们不慌不忙地飞行,反正路上到处都有充足的食物,有什么可着急的呢? 而且又不是回老家筑巢生孩子去。

我们曾看到它们飞越伏尔加河、乌拉尔山的情景,如今,又看到它们正在飞越西西伯利亚的巴拉巴草原。它们日复一日地向东飞行,向着那太阳升起的方向飞行,飞过一片又一片桦树林:整个巴拉巴草原上都是这样的桦树林。

它们在夜间努力地飞行,白天则停下来休息和进食。尽管它们结队而行,而且群中会有一只特别警惕,以防意外——可灾祸还是会发生,稍不留神,就会有一两只被老鹰叼去。西伯利亚的猛禽实在太多了:雀鹰、燕隼、灰背隼……它们飞得快极了! 在这些金丝雀飞过一片又一片的桦树林的过程中,不知有多少会被它们抓去! 夜里还是要好些的,猛禽少些。

金丝雀在西伯利亚将会转向:飞过阿尔泰山、蒙古沙漠到炎热的印度去。在这段艰难的旅途中,不知道还有多少金丝雀丧命。

Φ－197357 号脚环简史

我们这里的一位科学家在一只北极燕鸥雏鸟的腿上套了一只很轻的铝环,那是一只很纤瘦的小燕鸥。环的编号是 Φ－197357,地点为白海边上的坎达拉克沙自然保护区——北极圈外,时间是一九五五年七月五日。

同年七月末,那只小燕鸥刚刚带着铝环飞走,北极燕鸥就成群结队地踏上了迁徙的征途。它们先向西南飞,经过波罗的海后转向南飞——沿着

法国、葡萄牙和整个非洲的海岸飞行，绕过好望角，再往南飞一点，直到接近南极。

一九五六年五月十六日，这只脚上戴着编号为 Φ－197357 的小燕鸥被一位澳大利亚科学家捉住，地点是大西洋西岸的弗里曼特尔市附近，从那里到坎达拉克沙自然保护区的直线距离有两万四千公里。

现在，这只燕鸥的标本连同那只脚环被保存在澳大利亚珀斯市的动物博物馆里。

由东向西飞行的鸟儿

每年夏天，在奥涅加湖上都会有成群的野鸭和鸥鸟诞生，秋天一到，这成群结队的野鸭和鸥鸟就会向西迁徙，朝着那日落的方向飞行。现在，它们已经动身了，让我们乘飞机去追踪它们吧。

听到那尖锐的呼啸声了吗？那是水波激荡的声音，翅膀扑棱的声音，还有野鸭和鸥鸟嘶叫的声音。

这些野鸭和鸥鸟本来打算在林中的小湖上休息一下，可一只迁徙的游隼突然冲了过来，像是牧人的长鞭，带着尖啸声从鸭群背上掠过，用它那弯刀似的锋利后爪划过，像是被皮鞭抽了一样，一只鸭子长长的脖子垂了下来，还没等这只鸭子掉进湖里，那游隼又来了个急转弯，用它那有力的、钢铁般的尖嘴照这鸭子的后脑勺就是致命的一击，然后就带走享用去了。

这种游隼，是鸭群的索命鬼。它们和鸭群一起从奥涅加湖起飞，一起飞过芬兰湾、拉脱维亚……吃饱的时候，它就落在礁石上或树上，不动声色地看着鸥鸟在水面上飞行，看着野鸭朝水下扎猛子，看着它们集结起来或拉成一条线继续西行——向着那黄球似的太阳落到波罗的海灰色海面的方向飞行。但只要游隼肚子一饿，它就立刻赶上鸭群，从中抓出一只充饥。

它将这样尾随着鸭群沿波罗的海和北海海岸飞行，跟着它们飞到不列颠群岛——等到快要靠岸的时候，这恶棍可能才会最终离开它们。我们的野鸭和鸥鸟将留在那里过冬，而游隼呢，如果有兴致，将尾随其他鸭群往南飞——经过法国、意大利、地中海，抵达炎热的非洲。

向北，向北——飞到北方地区去！

绒鸭——正是那些为我们做冬衣提供轻便又暖和绒毛的动物，它们在白海边上的坎达拉克沙自然保护区平静地孵出自己的雏鸟。这里多少年来都在保护这种动物，学生和科学家们给它们的脚上套上轻便的标有编号的金属环，以便了解绒鸭从保护区飞到哪儿去过冬，有多少能安全返回老家，以及其他一些关于这种鸟的生活细节。

据了解，绒鸭几乎是从保护区径直往北飞——飞往北方地区，飞往北冰洋，那里居住着格林兰海豹和总是大声出气的白鲸。

白海很快就会覆盖上厚厚的冰层，到那时绒鸭就没得吃了。但北方常年不结冰，于是海豹和白鲸都可以从水里抓鱼吃。

绒鸭从礁石上啄食水生的软体动物——水下的贝壳之类，对于这些北方的鸟儿来说，最重要的就是填饱肚子。纵然是严寒、四周的汪洋和漫长的黑夜，它们都不害怕：它们有绒毛大衣，寒风也穿不透，那是世界上最暖和的大衣！再说那里还有极光呢——神奇的北方光芒，还有大大的月亮，明亮的星星，虽然太阳一连数月也不从洋面探头，可这又有什么关系呢？绒鸭还是过得舒舒服服，吃得饱饱的，自由自在地在那里度过漫长的极地冬夜。

森林之战（结束篇）

我们的通讯员找到了森林之战的旧战场。

那地方就是那个云杉国,我们的使者在旅途之初到的那个地方。

以下就是他们了解到的关于这场残酷战争的结局。

在这场和白桦树、山杨树短兵相接的战斗中,有大批的云杉牺牲了,但最后还是云杉取得了胜利。

云杉比敌人要年轻,山杨和白桦的寿命比它们短,衰老的山杨和白桦已经不能像它们的敌人那样快速地生长,云杉的个子高过了它们,枝繁叶茂的魔爪伸展在它们头顶上,于是这两种喜光的阔叶树枯萎了。

而云杉还在不停地长啊长,它们的树荫变得越来越浓,树下的地窖也变得越来越深,越来越暗,那里凶恶的苔藓、地衣、小蠹虫和船蛆都在等待分享失败者,失败者到它们那里会慢慢变成一片残骸。

许多年过去了。

从那片阴郁的老云杉被伐光之后,已经过去了一百年,争夺这片空地的战争也持续了一百多年,现在,在这片土地上又耸立起了同样一片阴郁的老云杉。

没有鸟儿在这里歌唱,没有野兽在这里居住,所有偶然长出的小花小草也会枯萎,很快丧命在这个阴郁的云杉国里。

冬天来了———一年一度的森林休战期到了,树木都睡着了,比洞里的熊睡得还要酣,睡得像死去了一般,它们的体液不再流动,它们不吃也不生长,只剩下一点沉寂的气息。

侧耳倾听,是万籁俱静的世界。

凝目望去,是尸骨遍地的战场。

我们的通讯员获悉,根据木材采运计划,今年这片老云杉林将被砍伐。

明年,这里又将是一片采伐基地,在这片空地上又将开始一场新的森林之战。

不过这次我们不允许云杉横行霸道了,我们将对这场无休止的残酷战争进行干预,我们会引进一些新的、在这里从未见过的树木,关照它们的成长，在必要的时候给树木修剪枝条，让明媚的阳光照射进来。

到那时，我们就能听到鸟儿的欢歌了。

农　事

田地里已经变得空荡荡的了，今年又得了个好收成，人们已经吃上了新粮做的馅饼和面包。

铺展在梯田上的亚麻，经受了一年的雨打、日晒、风吹，已经到了收割的时候，该把它们运到打谷场上去搓绳了。

孩子们开学已经一个月了，不能再帮大人干活了。村民们已经收完了马铃薯，正忙着把它们送到车站去，或放进干燥的砂土坑里贮存起来。

菜园子里也变得空荡荡的了，最后收的是那批长得很结实的卷心菜，现在田里已经换种上了秋播麦，这些绿油油的小麦苗会给庄稼人带来更丰足的收获。

田里还出现了灰色的野山鹑，它们已经不是一家一家地聚在麦田里，而是成群成群地——大概得有一百只，甚至更多。

打这些野山鹑的季节也快结束了。

征服沟壑

我们的田地里出现了一些沟壑，它们在不断地扩大，吞噬着田野。大人们看着着急，我们这些小学生也跟着担心。我们开了一次会，专门讨论如何更好地和这些沟壑作斗争，怎样阻止它们继续扩大。我们知道，要解决这个问题，需要在沟壑边上栽树，树根可以黏合土壤，巩固沟壑的边缘和斜坡。

这会是在春天开的，现在已经是秋天了，在我们专门的苗圃里已经长出了树苗——大概有一千株杨树苗，还有很多柳树苗和槐树苗，我们正在着手把它们栽到田里去。

再过几年，这些树苗就会将沟壑征服，到那时，这些沟壑可就永远地败在我们手上了。

学生　科里亚·阿加法诺夫

采种子去

九月，许多乔木和灌木的果实和种子都会成熟，在这段时间里，尽量多地采集一些种子显得尤为重要，这样，日后就可以把它们播种到苗圃里、河渠旁和池塘边去。

对于许多乔木和灌木来说，采种子的最佳时间是在种子完全成熟之前或刚刚成熟时。这个时期很短，千万不能错过，尤其是尖叶槭树、橡树和西伯利亚落叶松。

九月里可以采集种子的树木有：苹果树、野梨树、西伯利亚苹果树、红色接骨木、皂荚树、荚蒾树、板栗树——马栗和食栗、榛树、狭叶胡颓子树、沙棘、丁香、黑刺李、野蔷薇，还有克里木和高加索地区常见的栎树。

我们的主意

现在，全国人民都在进行着一项崇高而伟大的事业——植树造林。

春天，我们也过了植树节，这一天已经成了真正的全民植树造林的节日。我们在池塘边种下了树苗，以防止池水被太阳晒干，在高高的河岸上栽下小树，来巩固堤岸，把学校的操场也绿化了，所有这些树苗都成活了，经过了一个夏天又长高不少。

现在，我们又想出了一个主意。

一到冬天，我们这儿田野上的道路就会被雪、沙掩埋，每年冬天都不得不砍倒整整一片小云杉林，用它们的枝条来阻挡风雪，还得竖起路标来指示方向，以防在暴风雪中迷路，陷入雪堆。

我们决定，与其每年都砍掉那么多小云杉，倒不如一劳永逸地在路两旁栽上小云杉树，让它们慢慢长大，这样就能防止道路被暴风雪掩埋，而且还能当路标。

说干就干。

我们把树林边的小云杉挖了出来，用筐抬到路边种上。

我们按时给它们浇水，这样所有的小树都在新的地方茁壮成长起来。

《森林报》通讯员　万尼亚·扎米亚京

农村新闻

巴甫洛娃

选 母 鸡

昨天,养禽场进行了一场母鸡选拔。母鸡群被小心翼翼地赶到一角,然后被一一抓起,递给专家。

这不,一只长喙母鸡被抓在手里,它身材细高,鸡冠又小又浅,一副睡眼惺忪的样子,好像在说:"啊……累死了……你们干吗打扰我?"

专家把它放在一边,说:"这样的母鸡不是我们需要的。"

又一只母鸡被抓了起来,这家伙小短嘴,大眼睛,脸很宽,鲜亮亮的大红冠子倒向一边,眼睛炯炯有神。它一边使劲挣扎一边拼命大叫,好像在喊:"放开我!放开我!为什么要把我赶到这里,为什么要抓我!赶紧放开我,我还要去抓虫子吃呢!"

"这只不错,"专家说,"我们需要的正是这样的母鸡,就是要让这样的母鸡去产蛋、孵蛋。"

看来,这孵蛋也是有学问的,只有精力充沛、生命力旺盛的母鸡才能产出高质量的蛋。

换住处,改名字

这换住处,改名字说的是鲤。春天的时候,它们的母亲在一个小池塘里产下了它们,那时它们还是一堆鱼卵。这些鱼卵慢慢地长成了七十多万个小鱼苗。这池塘里没有其他鱼类,所以这些小鱼苗就是一家人。仅仅过了一个多星期,这小池塘里就显得拥挤了。于是到了夏天里,它们就换了住处,集体迁徙到一个大池塘。在大池塘里,小鱼苗们苗壮成长,秋天时,它们已经不再叫小鱼苗了,它们是真真正正的鲤了,是当年的鱼。

现在,这些鲤又准备换住处了,它们要迁到另一个池塘里去过冬。等冬天一过,它们还得改名字,那时它们就不再是当年的鱼了,而是一岁的鱼。

星 期 天

星期天,小学生们都跑到田地里帮大人们干活,大家收甜菜、甘蓝、芜菁、香芹,忙得不亦乐乎。孩子们说,今年这甘蓝的个头儿真比班里的"大头娃娃"——彼得罗夫的头还要大。但最让大家震惊的,还是那些胡萝卜的个头儿。

拉里诺夫拿起一个胡萝卜贴近自己的腿,呵,这胡萝卜真不比他的膝盖细!而胡萝卜的顶部竟有孩子们的手掌那么宽!

"古代的时候,估计就是用这些肉质直根类作物来作战的呢,"拉里诺夫说,"那时候没有手榴弹,就朝敌人掷甘蓝。等进行到肉搏战的时候就更激烈了,啪!啪!拿个大个儿的胡萝卜照敌人砸,砰!砰!"

"不可能,那时候是培养不出这么大的根类作物的!"彼得罗夫反驳道。

受骗的小偷

今天天气很凉爽,蜜蜂都外出采蜜了,强盗大黄蜂等的就是这一天。

一群黄蜂飞进了养蜂场,打算从蜂窝里偷些蜂蜜。可还没飞到蜂窝处,它们就闻到了蜜的甜香味,好家伙——一玻璃瓶蜜汁赫然摆放在养蜂场的显眼处。

大黄蜂本来打算去蜂窝偷蜜的,可现在这么一大瓶蜜汁就放在眼皮底下,从玻璃瓶里偷蜜怎么说也比从蜂窝里偷蜜文明得多、安全得多吧。

黄蜂一拥而上,冲进玻璃瓶,马上明白是掉入陷阱了,这群小偷一个个全溺进了蜜汁里,怎奈为时已晚。

猎　事

受骗的琴鸡

秋天快到了,大批琴鸡聚集在一起,里面有硬翅膀的黑色雄鸡,有淡棕红色的斑点雌鸡,还有幼小的雏鸡。

琴鸡群叽叽喳喳落在了浆果丛上。

它们在地上四散开来,有的在啄食坚硬的红越橘果,有的用爪子刨开草地,吞食小石子和沙粒。这些小石子和沙粒能够磨碎它们胃里坚硬的食物,促进消化。

突然,在干燥的落叶上响起一阵急促的脚步声。

琴鸡抬起头,警惕起来。

有什么东西正朝它们跑来！树林间闪现着一个北极犬的脑袋,上面竖着两个尖尖的耳朵。

琴鸡不情愿地飞上树枝,有的躲进草丛。

北极犬在灌木丛里跑来跑去,把所有的琴鸡都吓跑了。

之后这狗就蹲在一棵树下,紧紧盯着一只琴鸡,汪汪叫着。

琴鸡也紧紧地盯着狗,但很快它就在树上待烦了,它开始在树枝上走来走去,但眼睛一直紧紧盯着北极犬。

这狗真讨厌！它还蹲这儿不走了！真希望它一转念就跑开了,那样我就又能飞到树上去吃浆果了……

突然,一声枪响——被打死的琴鸡掉在地上:它只顾盯着猎狗看,没注意到猎人偷偷靠近它并给了它一枪！琴鸡群呼啦啦地飞到森林上空——远离了猎人,下面是一片片空地和小树林,该落到什么地方呢？那里是不是也隐藏着猎人呢？

在一片白桦林边的几棵光秃秃的树梢上,落着三只黑色的琴鸡。落在这里很安全:如果白桦林里有人,它们不可能这么平静地待在这里。

琴鸡群越飞越低——乱糟糟地分落在几棵树上。原来就待在那里的三只琴鸡连头也没有向它们扭一下,只是像几个木头桩子似的一动不动地蹲在那里。新来的琴鸡仔细地打量着它们——确实是琴鸡:黑色的羽毛,红红的眉毛,翅膀上有白斑,尾巴分叉,眼睛又黑又亮。

没有任何异常。

砰! 砰!

怎么回事? 哪来的枪声? 怎么会有两只新来的琴鸡从树枝上掉下来?

树梢上腾起一阵轻烟,很快消散了。但这里原有的那三只琴鸡依然安详地蹲在原地,蹲在那儿望着它们,一动不动,下面一个人也没有,为什么要飞走呢?

新来的琴鸡们转动着脑袋,环顾四周——放心了。

砰! 砰!

一只琴鸡软绵绵地掉在了地上,另一只赶紧飞离树梢,但只是往空中蹿了一下就掉了下来。受惊的群鸟落荒而逃,还没等那被打中要害的琴鸡掉在地上就已不见了踪影。只有那三只琴鸡仍那样一动不动地蹲坐在树梢上。

树下，从一个隐蔽的棚子里走出一个背枪的人，他拾起了猎物，然后把枪往树上一靠，爬上了那棵白桦树。

白桦树上那三只琴鸡黑溜溜的眼睛正凝视着森林上空，那黑黑的眼睛是小珠子做的，而那一动不动的琴鸡是破黑呢子布做的，只有嘴是真正的琴鸡的，那分叉的尾巴是用羽毛拼成的。

猎人取下这假鸟，爬下树，又去取另外的两只。

而远方，在森里上空，受惊的琴鸡群疑心重重地打量着每一棵乔木、每一株灌木：新的危险又在哪里等着它们呢？怎么逃避那狡猾的带枪人的诡计呢？什么时候也无法预知，他又将设下怎样的圈套……

好奇的雁

雁是很好奇的——这一点猎人都知道，他们还知道：没有什么鸟比雁更谨慎了。

这不，一大群雁落在距河岸足有一公里的沙滩上，那里人迹罕至，鸟兽皆无，它们把头藏进翅膀，缩起一条腿，平静地睡着。

它们有什么害怕的啊——有放哨的呢。群雁的四周各站着一只老雁，它们没有睡觉，连个瞌睡也不打一下——警惕地环顾着四周。我们来看看，它们是怎么应对突发事件的。

河岸的另一边出现一条小狗——放哨的雁立刻伸长了脖子，仔细地盯着小狗：它想做什么呢？

那小狗就沿着河岸跑——一会儿跑到这边，一会儿跑到那边，好像在沙地上叼食着什么，根本不理睬这些雁。

没有什么可疑的，可就是好奇：这狗为什么跑前跑后的呢，应该靠近些去看看……

一只放哨的雁晃晃悠悠地走到水里向那边游去，水波轻轻地激荡声惊醒了另外三四只雁，它们也看到了小狗，也开始向岸那边游去。

等到游近了，它们看到，从一块儿大石头后面不停地飞出面包球儿——面包球一会儿从这边飞出来，一会儿又从那边飞出来，全都掉在了沙地上，那狗正摇着尾巴一颠一颠地抢那些面包吃呢。

可为什么会飞出面包球儿呢？

石头后面有什么啊?

几只雁慢慢地靠近,靠近岸边,伸长脖子去看——仔细地查看……眨眼间它们那好奇的脑袋就栽进了水里,那从石头后面跳出来的猎人的枪法可是很准的。

六条腿的马

一群雁在田里自由自在地觅食。雁群在享受着美味,而放哨的几只则站在周边,警惕人和狗的进入。

远处的田里有几匹马在走动,雁才不怕它们呢!马这种动物,大家都知道,性情温和,是食草动物,从不侵犯鸟类。

其中有一匹马,一面拣着又短又硬的残穗吃,一面慢慢地靠近雁群。这也没什么,就算它靠得特别近了,再飞也来得及。

可这匹马真奇怪:估计是生得畸形,它长着六条腿……有四条腿很正常,可另外两条却穿着裤子。

放哨的雁咯咯地叫起来,发出警报,雁群抬起了头。

马正在慢慢地靠近。

一只放哨的雁一振翅膀,飞到空中去侦察。

在高处这雁看清楚了:那马后面藏着一个人,手里还端着枪。

"咯咯咯！咯咯咯！"这侦察员发出了逃跑的信号。

整个雁群立刻振翅飞了起来，无奈地离开了地面。

猎人很是懊恼，赶紧放了两枪，可雁群已经飞远了——子弹打不到了。

群雁脱离了危险。

应战的老驼鹿

这段时间，森林里每个夜晚都会响起一只驼鹿挑战的声音：

"有哪个不怕死，赶紧出来接受挑战吧！"

一只老驼鹿从它的青苔穴里走了出来，它宽大的犄角有十三个分叉，身长两米多，体重四百公斤左右。

是谁这么大胆，敢向它这个林中的头号大力士发起挑战？

老驼鹿愤怒地赶去应战，潮湿的青苔上留下它沉重的蹄印，拦路的小树也被它踩踏冲撞得七零八落。

对手的咆哮声再次响起。

老驼鹿用可怕的声音回应着，这吼声如此可怕，吓得一群琴鸡扑棱棱地从桦树上飞走了，而那胆小的兔子更是被吓得在地上直蹦高儿、拼命地往树林里蹿。

到底是谁这么大的胆子?!……

老驼鹿的眼里都充了血,它横冲直撞地朝对手的方向赶去。林子变得越来越稀疏,出现了一片空地……就是这里了!

老驼鹿从树后发起了冲锋——它要用宽大的犄角把对方撞倒,用沉重的身躯把它压垮,用锋利的蹄爪把它踏烂!

可直到听见枪声,老驼鹿才看到树后面那个端枪的人,还有它腰间的那个大号角。

老驼鹿慌忙奔回密林,它身上的伤口淌着鲜血,虚弱地直摇晃。

开禁了,打野兔去

猎人出动

十月十五日是一年一度的开禁日,十五号一到,就可以打野兔了。

如同往年,才刚八月初,就有一群猎人聚到了火车站,它们牵着猎犬,有的牵着两条甚至更多,不过这些猎犬可不是夏天时随他们"东征西战"的猎禽犬,这些猎犬腿很长,毛很粗糙,颜色多种多样,有暗红色的,有绛红色斑点的,有红黑色花斑的。

这些是善于捕野兽的猎犬,有公也有母,它们的任务是根据足迹找到野兽的藏匿地,并把它们赶出来,边赶边吠,以便猎人知道野兽的去向。

不过在城市里养这些大型猎犬是很难的,所以很多人干脆就不带猎犬了,我们这个队伍中有很多人是这样"只身前往"的。

我们要去找瑟索伊奇,然后在他的带领下去打野兔。

我们一共十二个人,占了将近三节车厢,所有的乘客都一脸好奇地看着我们中的一员,大家一边偷笑一边窃窃私语。

也难怪,这位同志确实值得一看,他体形庞大,足有一百五十公斤重。

这个人不是专业的猎手,但他可是射击的高手呢,在室内靶场练习的时候他比我们射得都准,医生嘱咐他要多走动,他觉得和我们去打猎有意思而且能达到多走动的目的,于是就欣然前往了。

围 猎

傍晚时分,我们到达了一个林边小站,瑟索伊奇就在那儿等着我们,我们在他家住了一宿,第二天天刚亮我们就出发了。除了猎手,还有瑟索伊奇叫来的二十个负责呐喊驱赶的人。

我们在林边停下来,我把准备好的写好数字的纸团儿扔进帽子里,十二个猎手每人抓起一个,以此来决定各个猎手的位置。

负责呐喊的人朝林子的另一边走去,瑟索伊奇留下来,按刚才抓的阄,把我们一一安置在宽阔的林间通道上。

我抓到的是6,那位胖兄抓的是7,瑟索伊奇先告诉我应该站在哪儿,然后就去给那位新手讲解一些打猎的注意事项:不要顺着猎手站的方向开枪,当驱赶人的喊声靠近时就不能再开枪了,不要打狍,那是法律禁止的,一定要等发出信号后再行动等等。

那位胖兄离我大概有六十步远,围猎兔子和围捕熊是不一样的,围猎兔子时猎手的间距可以稍大些,有时可达一百五十步远。瑟索伊奇对那位胖兄毫不客气,我听到他这样大喊:

“你爬到灌木丛里去干吗?那样开枪多不方便,灌木旁不是有片空地吗,站到那儿去!兔子是贴着地面跑的,把腿叉开些,兔子很可能把你的腿当成树墩子朝你跑去。”

安置好了所有的猎手,瑟索伊奇就跳进树林,去安排那些驱赶人的事情。

开始围猎还得一段时间呢,我四下看看,打发时间。

在我前面四十步远的地方是一片光秃秃的赤杨、山杨,还有些白桦。白桦的叶子稀稀落落,中间还穿插着几棵茂密的大云杉,再往深处看,是一片乱七八糟地排列着的笔直的树干,一会儿可能就会有一只琴鸡从里面跑出来,要是幸运的话,还可能飞出一只大松鸡呢!

时间过得真慢,像是蜗牛爬,我们那位胖兄现在在干吗呢?

他在不停地倒换双脚,可能是想把腿叉得更开些,看起来更像木墩些……

　　突然,林子的另一边响起了一声长长的、浑厚的号角声,瑟索伊奇开始带领驱赶人向我们这边前进。

　　胖兄马上端起了他那杆双筒枪,像举着根拐杖,一动不动地站在那里。

　　笨蛋! 这么早就把枪举起来了,一会儿胳膊不得疼吗?

　　还没听到驱赶人的叫喊声。

　　可枪声已经响了起来,右边、左边都是枪声,可我这里还什么动静也没有。

　　这时,那位胖兄用他那杆双筒枪连发两弹,砰! 砰! 正在打一只黑琴鸡! 可那琴鸡一下就飞高飞远了,没打中……

　　已经能听到驱赶人的喊声和用木棍敲打树干的声音了,两侧都是砰砰的枪声,可我这里还是没有兔子窜出来,也没有任何鸟类飞出来。

　　终于! 一个灰白色的小东西闪现在树干之间,是一只还没褪完毛的雪兔!

　　哈,这个是我的了! 呵,这鬼东西,它突然转了个弯,朝那胖兄跑去……还愣着干吗? 赶紧开枪啊!

砰!

没打中!……

雪兔逃脱了。

砰!

受了惊的兔子拼死朝那胖兄两腿之间的空档窜去,胖兄啪的一下夹紧了双腿。

难道要用腿来抓野兔吗?

雪兔溜走了,胖兄那庞大的身躯直挺挺地倒在了地上。

我哈哈大笑起来,笑得眼泪直流。这时模模糊糊地看见两只兔子朝我跑来,可我来不及开枪了,两只兔子都溜走了。

胖兄慢慢地站了起来,手里抓着几根绒毛。

我问:

"没摔伤吧?"

"没事,夹住了几根兔毛。"

这个笨蛋!

枪声停止了,那些负责叫喊驱赶的人都从林子里出来了,大家都朝那胖兄走去。

"大叔,你没事吧……"

"摔着屁股了,有些肿了。"

可怜的猎手! 这样的情况可真太罕见了!

瑟索伊奇也顾不得管他,赶紧催着我们去进行下一轮围猎,这次是去田地里。

大家沿着林边的道路继续前进了,我们那位胖兄则待在后面的大货车里,他受伤了,得休息一下。

大家一点也不体谅胖兄,嘲笑声不断朝他袭来。

突然,在拐弯处上空出现了一只硕大的黑鸟——是松鸡! 它沿着道路,在我们头顶上径直飞过。

大家都赶紧摘下猎枪,顿时,一阵疯狂的扫射声响彻森林,大家都想通过猛烈的射击来获取这只难得的猎物。

黑鸟飞啊飞,已经到达大货车上空了。

胖兄靠在车里，他也举着猎枪，像举着根树枝。

砰！

所有的人都看到了，那大黑鸟突然停止了飞行，在空中停了一下，然后像个木头疙瘩似的直直地跌了下来，掉在了路上。

"哇！"人群中不知是谁发出一声惊叹，"看，多棒的猎手！"

胖兄捡起雄松鸡，这松鸡个头儿真大，可比野兔沉多了，想必在场的每个猎手都愿意用今天捕获的所有猎物来换取这只大松鸡，

大家不再嘲笑那位胖兄了，没人再提起他用腿夹兔子的事了。

无线电呼叫

呼叫！呼叫！

这里是《森林报》编辑部。

今天是九月二十二日，秋分。今天，我们将继续进行无线电呼叫。

我们呼叫冻土带和原始森林，沙漠和高山，草原和大海。

请大家都来讲一讲各自那里的情况吧。

回应！回应！

来自乌拉尔原始森林的回应

我们现在每天都在送客、迎宾。迎接的是那些来自北方冻土带的鸣禽、野鸭、野鹅，它们只是在我们这里逗留一下，并不长住的。今天见它们成群结队地飞来，在这里小歇、觅食，明天再一看，就全都没了踪影：它们已经连夜启程继续南飞了。送走的是那些在这里过夏的鸟儿，它们已经踏上了迁徙的征途，向那遥远的、温暖的过冬处飞去。

白桦树、山杨树、花楸树的叶子都已发黄、发红，秋风一扫便纷纷飘落了。落叶松的针叶也干枯了，每晚都会有大个头儿的松鸡飞来，它们一个

个通体乌黑，往针叶枝上一落，把大嗉子填得满满的才肯罢休。榛鸡则纷纷落在云杉枝上对唱，啼叫声此起彼伏。大批的红腹山雀、松雀、朱顶雀、云雀也都飞来，它们也是从北边来的，但它们就不再继续南飞了，这里已经是过冬的不错选择了。

田地里已空空如也，赶上有微风的晴朗天气，能看到根根又细又长的蛛丝在飘荡，有些地方还能看到最后残留的几株蝴蝶花，卫矛丛里倒果实累累，一个个鲜红的小果实像极了中国的小灯笼，煞是好看。

土豆已经刨完了，菜园子里最后一种蔬菜——圆白菜也全收了，我们把地下室储存得满满的，这几天正忙着采松子呢。

小动物们也没闲着。拖着细长尾巴、背上长着清晰条纹的花鼠现在可是忙得不得了，它们成天拼命地往洞里拖松子，还不时地去菜园里偷些葵花子，把自己的储藏室塞得满满的。红褐色的小松鼠已换上了一身浅蓝色的皮袄，这段时间经常能看到它们在树枝上晒蘑菇。老鼠也不失时机地拖来各种各样的种子填满储藏室。森林里还有一种身上长满小斑点的乌鸦，叫星鸦，现在星鸦也忙着往树洞里叼松子呢，多多益善，以备不时之需。

熊已给自己选好了树洞，它们还剥下树皮往洞里一放，算是给自己置备了一层垫子吧。

大家都在奔忙劳累，为入冬做准备。

来自乌克兰草原的回应

在这片平坦辽阔的草原上可以看到大片大片生机勃勃的小球，它们整

229

日不知疲倦地奔跑、跳跃,时常会撞击到一起缠绕在一块儿,但它们并不感觉疼,因为它们个个都轻盈得很。其实这些根本不是什么小球,而是些干草球、枯茎团,它们不断地向前飞驰,越过所有的草墩子、石头块儿,最终消失在小山包后面。

确切地说,这些小球是被风吹掉的灌木的枯枝枯叶,它们在风的吹动下满草原乱跑,在这个过程中它们也正好播下自己的种子。

很快,我们这里就要刮起干热风了,这干热风对于庄稼来说可是致命的,它会使庄稼枯萎致死。不过别担心,我们已经采取了防范措施,我们在田地周围建起了森林防护带,还从伏尔加——顿河航道引出了一条灌溉用渠。

现在,我们这里可是打猎的绝佳时期。草原湖泊的芦苇丛里聚集着大批的野禽,枯草间隐现着一只只胖乎乎的鹌鹑,野兔更是数不胜数。我们这里的野兔都是那种淡褐色的灰兔,是没有雪兔的,还有狐狸和狼。只要你愿意,带条猎犬,拎把猎枪,这些猎物都是可以手到擒来的。

在小城市的农贸市场上,各种水果琳琅满目,西瓜、香瓜、苹果、梨、李子,五花八门,一应俱全。

来自沙漠地区的回应

我们这里是一派喜气洋洋的景象,各种生命精神焕发,就像春天一样。

难耐的酷热已经消退,下了几场雨,空气变得清新、舒爽,草又变绿了,

那些为了躲避盛夏的烈日而"久居不出"的动物们也一个接一个地露面了。

甲虫、蚂蚁、蜘蛛都从土里爬了出来,长着细爪的黄鼠、拖着长尾的跳鼠也纷纷出洞了,这跳鼠是跳跃着前进的,像极了袋鼠。红沙蛇从"夏眠"中苏醒过来了,猫头鹰、沙狐、沙猫也都露面了,鹅喉羚、高鼻羚羊都迈着轻快的步伐奔来了,各种鸟类也翩翩而至。

现在,这里全然不是沙漠,到处都是绿色,到处都是生命。

很快,数千公顷的森林防护带就将被建起来,森林可以保护田地免遭热风侵袭,还能巩固沙土。

来自亚马尔冻土带的回应

我们这里的欢腾景象已经结束,再也听不到鸟儿吵闹的啼叫了,鸣禽都成群结队地飞走了,野鹅、野鸭、鸥鸟、乌鸦也都飞走了,到处都是静悄悄的,只是偶尔能听到几声类似于骨头的敲打声,那是公鹿在互相撞击双角。

寒潮早在八月份就降临了,现在水面上已经覆盖上了冰层,打鱼的帆船和摩托艇早都离开了,大型轮船倒是还留在海洋里,但也得靠破冰船为它们开路才行。

白天越来越短了,黑夜则漫长而又寒冷。

来自世界屋脊——帕米尔高原的回应

帕米尔高原被称为世界屋脊,它的最高处海拔为七千米。

在我们国家可以同时经历夏、冬两个季节:山顶上是冬季,山谷里是夏季。

现在已经是秋天了,冬天不甘仅仅霸据山顶,开始从高处往下蔓延,各种生命也不得不随之慢慢下移。

第一个离开"夏日根据地"的是野山羊,高处已经没有草可以啃食了,那里的植物都被大雪掩盖了。

野绵羊也陆续撤离了昔日的牧场。

高处的草丛里已经看不到胖胖的土拨鼠,夏天的时候它们可是相当地活跃呢。它们在体内积攒了大量的脂肪,还储备了一定的过冬食物,钻到

地洞里藏着了,小家伙们还没忘记用野草攒个结实的塞子堵住洞口。

生活在稍低坡面上的鹿、狍开始纷纷下移,野猪也退居到野杏林里去了。

山谷里一时间出现了很多稀奇古怪的鸟儿,有长着角的云雀,有红尾鸲,还有神秘的蓝鸟——鸫鸟等等,这些鸟在夏季可是看不到的。

山谷里暖和而且食物充足,大批北方的鸟儿也纷至沓来,看样子是准备在这里过冬呢。

低处这几天总在下雨,从这连雨天里似乎也能感觉到冬季在向我们慢慢靠近,再过些日子下的就该是雪,而不是雨了。

大家这些日子都忙得不得了,得去田野收棉花,去果园摘水果,还得去山坡上采松子。

山口处已经覆盖上了厚厚的雪层,很难通行了。

来自大洋的回应

我们在北冰洋上艰难地行进着,穿过亚洲、美洲之间的海峡,现在已经到达了太平洋,途经白令海峡和鄂霍次克海的时候经常可以看到鲸。

在这个世界上居然还有如此令人惊叹的动物!你们能想象得出鲸有多大有多重,又是多么有力量吗?

有一次,我们看见一艘捕鲸船把一头巨大的长须鲸拖上了甲板,那鲸有二十一米长,是六头大象首尾相连的长度,它那张大嘴可以将一艘小艇连船带人一起吞下。

它的一颗心脏就有一百四十八公斤,相当于两个健壮男青年的重量,而它的总重量高达五十五吨!

如果把这头鲸放在翘板的一边,那么另一边需要站上几千人,才能使木板平衡,要是换了别的鲸,可能几千人都不够,因为这头鲸还不算是巨型鲸,像巨型鲸蓝鲸,长度可达三十三米,重量约为一百吨。

说到鲸的力量呢,那更是惊人呢。有的时候,被鱼镖打中的鲸会拖着捕鲸船在水里挣扎一天一宿,更可怕的是,有时鲸会一头扎进水里,那捕鲸船也随之淹没了。

在白令岛附近我们见到了海熊,在梅德内岛附近还看到了海獭,它们和自己的宝宝在快乐地嬉戏。海熊和海獭的皮毛非常珍贵,在过去曾被大量捕杀而濒临灭绝,幸好这些年国家出台了严格的法律,对海熊、海獭进行保护,才使得它们的数量有了很大提高。在堪察加海岸我们还见到了有海象那么大的北海狮。

可自从看过鲸以后我们就"见大不大"了,所有这些,海熊、海獭、海狮都显得相当渺小。

现在已经是秋天,鲸群已经离开这里前往温暖的热带水域了,它们将在那里产下幼崽,等到明年,鲸妈妈们将带着宝宝返回这里,到那时,鲸宝宝们都得有两只小船那么大了。

到此为止,本次无线电呼叫就结束了。

下一次,也是最后一次呼叫的时间为十二月二十二日。

打 靶 场

* * * 第七次竞赛 * * *

1. 按照日历,秋季从哪一天开始?

2. 秋天落叶的时候,哪种野兽还能产崽?

3. 哪种树木的叶子在秋天会变红?

4. 秋天时,是不是我们这儿的所有候鸟都会飞往南方?

5. 为什么老麋鹿被称为"犁角兽"?

6. 哪些鸟儿在春天时嘟囔着"我要卖掉皮袄,买件大褂",而秋天时又说"我要卖掉大褂,买件皮袄"?

7. 图中是两种不同鸟类留在稀泥中的脚印。其中一种生活在树上,另一种生活在地上。请根据脚印作出判断。

8. 如果乌鸦在森林某处的上空呱呱地叫着盘旋,这意味着什么?

9. 为什么好猎人从来不猎捕母琴鸡和母松鸡呢?

10. 如图,这是哪种野兽的前爪骨骼呢?

11. 秋天时,蝴蝶都藏到哪儿了?

12. 日落后,猎人应该面向何方来侦察野鸭呢?

13. 人们在什么时候会骂鸟儿:"飞到海外去找死啊"?

14. (谜语)今年埋到土里,明年长满地里。

15. (谜语)小马步行去海外,黑貂脊背白肚皮。

16. (谜语)挂着是绿色,飞时会发黄,落地变黑色。

17. (谜语)细长丝线掉下来,落入草丛不再起。

18. （谜语）长着尖牙,身披灰衣,专去田地瞎转悠,找寻牛犊和小孩儿。

19. （谜语）一个小贼,身穿灰袄,田里乱窜,盗取粮食。

20. （谜语）一个老汉,头戴棕帽,站在松林和高地。

21. （谜语）长着皮时,无人要;蜕掉皮后,人人争。

22. （谜语）自己虽不要,也不给乌鸦。

布　告

"火睛金睛"称号大赛第六次测验

谁到过这里?

林中道路的水洼旁,留下了一些小十字形的脚印和斑点。谁来这儿散步了?

这是森林里被啃光的两棵山杨树,但被啃的程度不同。分别是谁干的呢?

有个动物吃掉了一只刺猬。它是从腹部开始吃的,吃光了所有部位,只剩下一张皮。吃掉刺猬的是什么动物?

这个村子的池塘里没有养家鸭。但是,夜里,在人们熟睡时,有没有野鸭来过呢? 你是怎么作出判断的?

请搭个小棚子

请在河岸、湖边和海岸上搭建一些小棚子吧。在黎明和傍晚时,钻进小棚子,安静地坐一会儿。这样,你会看到鸟儿在迁徙途中许多有趣的景象:野鸭会从水里爬出来,蹲在离你很近的岸上,你甚至能看清它们的每根羽毛。滨鹬绕着圈儿在水面上飞行;长毛绵鸭潜入水中,在不远处游来游去;白鹭飞来了,就落在小棚子的旁边。这些你所见到的鸟类,即使是夏天在我们这儿也不曾见过。

NO.8 储备冬粮月（秋季第二月）

10 月 21 日至 11 月 20 日　太阳进入天蝎宫

一年:有十二个章节的太阳组诗(10 月)

十月,落叶纷纷,满地泥泞,天气初寒。

瑟瑟寒风刮去了森林里最后一批残叶。小雨绵绵。一只湿漉漉的乌鸦蹲在篱笆上无比落寞。因为它也快要踏上旅程了。那些在我们这里过夏的灰色乌鸦已经悄然向南飞去,而它们在北方的同类也正悄然向我们这里飞来。原来,乌鸦也是候鸟。生活在遥远的北方的乌鸦,跟我们这里的白嘴鸦一样,是最先飞来却最后飞走的候鸟。

秋天做完第一件事——给森林脱衣之后,就开始做第二件事:让河水降温。清晨,水面往往会结上一层冰碴。和空中一样,水中的生物也越来越少。夏天,水面上光彩夺目的花,早就把种子丢到水底,把伸出水面的长长花梗缩回水下。鱼儿来到水底的坑洼里,便在那儿过冬了,因为那里不会结冰。拖着尾巴的软绵绵的蝾螈,在水里过了一夏,现在也钻了出来,爬到岸边的树根下,找了个有青苔的地方做窝。死水已开始结冰。

一些陆生的冷血动物,血变得更冷了。昆虫、老鼠、蜘蛛、蜈蚣都各自找地方躲了起来。蛇爬到干燥的坑洼里,盘起来冬眠了。蛤蟆钻进烂泥,蜥蜴趴在树皮脱落的树墩下开始冬眠……野兽呢,有的穿上暖和的皮外套,有的往自己的洞穴里搬运冬粮,有的为自己安置洞穴,都在做过冬的准备呢……

在萧条的秋季,户外有七种天气:有时蒙蒙细雨,有时徐徐微风,有时风雨交加,有时天昏地暗,有时狂风怒吼,有时大雨倾盆,有时旋风扫地。

准备过冬的动植物

天气并不寒冷,但也不能疏忽大意,也许某天大地和河流就会突然结冰,那时到哪儿去找食物呢? 在哪儿藏身过冬呢?

森林中的生物都各自为过冬做着准备。

它们都怕受冻挨饿,长翅膀的都飞走了,而留下来的也都忙着储备自己过冬的粮食。

特别是短尾巴的小田鼠,它十分勤奋地搬运着食物。许多田鼠直接在干草垛中或粮食堆下挖掘自己过冬的洞穴,并且每天夜里都出来偷运粮食。

它们的每个洞穴都有五六条通道,每条通道都有各自的入口。此外它们还有一间地下卧室和几个粮仓。

冬天,田鼠们只有在最寒冷的时候才会冬眠。因此,它们储备了大量的粮食。在有些洞穴中,粮食已经储备了四五公斤之多。

这些小型啮齿动物们还会到农田里偷粮食。我们要小心它们。

幼小的过冬者

树木和多年生的野草已经做好了过冬的准备。而一年生的野草也已经播种好了明年要萌发的种子。但并不是所有的一年生野草都以这种形式准备过冬。它们中的一些种子当年就发芽了。在松过土的菜园里就长出了许多一年生杂草。光秃秃的黑土地上就会看到长出一簇簇锯齿状小叶的荠菜苗和长出与荨麻叶相似的、毛茸茸、紫色小叶的野芝麻苗,还有娇小芬芳的洋甘菊、三色堇、犁头菜的幼苗,当然也有惹人讨厌的繁缕。

这些幼苗都将在大雪的覆盖下生存到下一个春天。

巴甫洛娃

各自做好过冬的准备

椴树繁多枝杈上的一些棕红色的斑点在白雪的映衬下清晰可见。那并不是它变黄的叶子，而是坚果上带有小舌头的小翅。椴树的所有枝杈上都结满了这种带翅的坚果。

然而，并非只有这棵椴树如此打扮。瞧，那棵高耸的白蜡树，在它的枝杈上也点缀着许多干果。这些干果又细又长，豆荚一般，都密密麻麻地挂在树上。

但是，花楸树装点得最漂亮，直到现在它的树枝上仍结满了一串串鲜艳的浆果。这种浆果在小蘖丛中也可见到。

而在桃叶卫矛的枝头也点缀着令人诧异的丰硕的果实。那样子完全就是一朵朵带黄色雄蕊的玫瑰花。

还有多少乔木在临近冬季之时仍硕果累累啊！

看，白桦树的枝杈上还挂着一串串藏着带翅果实的荑荑花序。

而赤杨的黑色小球果也没有掉落。但幸好白桦和赤杨都已经为了迎接春天做足了准备。春天来临的时候，它们的荑荑花序就会挺直身子，张开鳞片，把一颗颗种子释放出来。

荑荑花序在榛树上也可见到。它们很粗大，颜色是暗红的，每根树枝上有两对。然而，榛树上早已没有果实了。它把一切都准备好了：一边同自己的果实告别，一边也做好了过冬的准备。

储藏蔬菜

夏天时，短耳的水老鼠住在小河边的别墅中。那是它的地下住宅。而房间的过道直通下面的河水。

而现在，水老鼠在离河较远、有许多草墩的草场上又为自己建造了一间舒适温暖的过冬新宅。新宅有好几条长一百多步的通道。

它的卧室在一个大草墩下面，里面铺满了软和温暖的草垫。

有几条特别通道把储藏室和卧室连接起来。

储藏室中的食物严格按照它们的种类码放着，那里有水老鼠从田里和菜园里偷运来的粮食和豌豆、葱头、大豆和马铃薯。

小松鼠的烘烤器

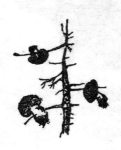

松鼠在树上做的圆形窝里，其中一个是储藏室。那里面储藏着它从森林采集来的坚果和球果。

除此之外，小松鼠还采集牛肝菌、桦菇之类的蘑菇，它将这些蘑菇穿在松树的断枝上烘干后储存起来。到了冬天，它便穿梭于这些树枝之间，吃这些烘干的蘑菇来维持体力。

寄生式储藏室

姬蜂为自己的幼虫找的储藏室实在令人惊奇。姬蜂有一双快速飞行的翅膀，在它朝上弯曲的触角下还有一双敏锐的眼睛。它那纤细的腰将胸部和腹部隔开，腹部底端是它那根像针一样的又直又长又细的尾针。

夏天的时候，姬蜂一旦找到一条肥大的蝴蝶幼虫，便会扑到它的身上，把它的尾针刺入幼虫的皮肤，钻出一个小孔，把自己的卵产进小孔里。

姬蜂飞走了，而幼虫也摆脱了惊吓，继续吃起树叶。到了秋天，幼虫就开始结茧化蛹了。

就在这时，姬蜂的卵在蝶蛹里长成了幼虫。它待在茧中享受着温暖和宁静，并且蝶蛹就是它的食物，足够它吃一整年的。

当夏天再次来临的时候，蝶蛹裂开了，不过从里面飞出的不是蝴蝶，而是身

子细长、黑黄红三色相间的姬蜂。姬蜂是我们的朋友,它能帮助人们消灭害虫。

自携式储藏室

许多野兽并不为自己建造过冬用的专门储藏室。因为它们自身就是很好的储藏室。

只要在整个秋天它们都大吃特吃,把自己养得胖胖的,拥有一层厚厚的脂肪便可以了。因为这一身的脂肪就是它们的储备食物。当它没有食物可吃的时候,皮下堆积的一层厚脂肪,就像养料透过肠壁一样,渗入到血液中去。之后血液便会把里面的养分输送到全身。

熊、獾、蝙蝠和其他大小野兽都是如此,这样它们可以酣睡过整个冬季。而且它们的脂肪还有保暖的作用,因为寒气无法浸透它。

贼 偷 贼

森林里的长耳鸮是狡猾的小偷,可这个贼竟然被另一个贼偷了。

长耳鸮的样子与雕鸮相似,只是个头要小些。它的嘴巴钩着,头上的

羽毛竖着,圆圆的眼睛。无论夜多么黑,它都可以看得清清楚楚,听到一切细微的动静。

只要老鼠在枯叶堆里发出窸窣的声响,长耳鸮就马上赶到。只听见"啪"的一声,老鼠就被抓到了半空中。而林边草地上有一只小兔子跑过,这只黑夜强盗就飞到它的头顶上了,又是"啪"的一声,这只小兔就到了它的利爪之下了。

长耳鸮把被它杀死的老鼠叼回自己的树洞里,就算自己不吃也不会给别人:要把它们留到自己饿的时候再吃。

白天,长耳鸮待在树洞中,看守着自己储备的

粮食。夜里，它就飞出去捕食。还不忘
时时回树洞里看看，储存的东西还全
不全。

忽然有一天它发现：自己的储备好
像少了一些。这位主人的洞察力很强，
虽然不会数数，但是它会用眼睛算账。

黑夜又降临了，长耳鸮感到了饥饿，便又飞出去捕食了。

当它回来时，树洞中竟然一只老鼠也没有了。只见树洞下有只老鼠大
小的灰色小兽在动弹。

它想抓住那只小兽，可小兽已从一个小缝隙钻出，逃走了，嘴里还叼着
一只小老鼠呢。

长耳鸮追了过去，眼看就要追上了，这时它认出了那个小偷，于是变得
胆小起来，也没有再追逐。原来那个小偷是伶鼬。

伶鼬专干抢劫的勾当，虽然个子不大，但勇猛敏捷，敢于向长耳鸮争
斗。它专咬长耳鸮的胸脯，咬住就不会松口。

林中轶事

又到夏天了吗？

天气忽冷忽热，时而一阵寒风刮来，十分寒冷。可是太阳一出来，就成
了风和日丽的好天气。这时人们就会觉得夏天又回来了。

黄色的蒲公英和迎春花从草丛下面探出头来。蝴蝶在空中飞舞，蚊虻
也聚集成柱状在空中盘旋。一只小巧机灵的鹡鸰摇摆着尾巴，唱起歌来，
歌声是那么激昂，那么嘹亮。

而从高高的云杉上传来了如露珠悄悄落入了水中般细弱悲伤的歌声，
这凄婉的歌声正是姗姗来迟的柳莺唱出的。这时你会忘记，冬天已经临
近了。

惊 扰

池塘结冰了。可是突然天气转暖,冰层又融化了。人们决定清理一下池塘底。他们从池塘底挖出了一堆淤泥后就离开了。

太阳仍旧散发着热量。泥堆升起了蒸气。突然泥堆动了起来:有些小泥团从泥堆里滚了出来。这是怎么回事?

从小泥团里露出了条小尾巴,小泥团在地上不断抖动着,扑通一声跳回池塘里去了! 接着,第二个,第三个小泥团也跳了下去。

而从另外一些小泥团里却伸出了小爪,跳着离开了池塘。真是怪事!

噢,原来这些不是小泥团,而是活生生的沾满淤泥的小鲫鱼和小青蛙。

它们是钻入池塘底过冬的。人们却把它们同淤泥一起从池塘底下挖了出来。太阳晒热了泥堆,小鲫鱼和小青蛙就醒来了。它们醒来后就跳了起来:小鲫鱼——跳回了池塘,而小青蛙则跳着去找一个更加安宁的地方,免得又被人们吵醒。

看啊,几十只小青蛙不约而同地朝着同一个方向跳去:道路后面的打谷场,因为打谷场附近有一个更大更深的池塘。它们已经一步步地跳到了那条路上。

然而,秋阳的温暖是靠不住的。

不一会儿太阳就被乌云遮住了。乌云下刮起了寒冷的北风。赤身露体的小家伙们冷极了。青蛙们用尽全身的力气又跳了几下,就栽倒了。腿脚麻木了,血液凝固了,一下子就冻僵了。

小青蛙再也跳不动了。

它们全都冻死了。

所有的青蛙死时,头都朝着一个方向:朝着道路后边的大池塘,那里装满可以救命的暖和的淤泥。

好可怕啊……

树上的叶子掉光了,森林变得稀疏起来。

灌木丛下躲着一只小白兔,它紧紧地贴在地面上,只有眼睛四下张望着。它十分的害怕。周围有窸窸窣窣的声音……是老鹰在树枝上扇动着翅膀，还是狐狸踩着落叶向它走来？这只小兔身上的斑点已经褪尽，周身变成了白色，就盼望着能够下一场雪。可现在，它的周围是那么明亮，森林里色彩斑斓，地面上铺满了黄色、红色的棕叶的落叶。

而且，万一来个猎人呢？

跳起来逃跑吗？往哪儿跑呢？一跑，脚下的枯叶就会沙沙作响，就像踩铁片所发出的声音。而这个声音连自己也会吓晕！

小白兔躲在灌木丛下，紧贴在一个桦树墩下的青苔里，一动也不敢动，两眼惊慌地四下望着。

好可怕啊……

红胸脯的小鸟

夏天里的一日，我走在森林里，忽然听到草丛里有动静，我先是打了个寒战，可后来仔细一看，原来是一只小鸟被杂草绊住了。它个头不大，全身都是灰色，只有胸脯是红色的。我把它带回了家。这只小鸟让我开心极了。

回到家中，我喂了它一点面包渣，它吃了以后就快活起来。我给它做了个笼子，还给它捉了一些虫子。它在我家生活了整个秋天。

但是，有一次我出去玩，没有锁好笼子，我家的小猫就把这只小鸟吃掉了。

我十分喜爱这只小鸟。因此我大哭了一场。可是已经于事无补了！

《森林报》通讯员　奥斯坦宁

星鸦之谜

在我们这片森林里，有一种乌鸦，它比普通的灰乌鸦个头小，而且身上有斑点。我们把它叫作星鸦，而在西伯利亚，人们叫它星鸟。

它们把松子叼回树洞或树根下的窝里，作为过冬的食物储备。

而到了冬天,星鸦居无定所,从这个森林飞到那个森林。并且它们开始吃那些储备的松子了了。

它们吃的是自己的储备吗?不是。每一只星鸦吃的都不是自己的,而是自己同类的储备。当它飞到一个陌生的树林,马上就开始寻找同类们储备的松子。它查看所有的树洞,总是能找到松子。

藏在树洞里的松子显而易见。可是,冬天整片大地都被大雪覆盖,别的星鸦藏到树根和灌木丛下的松子如何找到的呢?这只星鸦飞近一丛灌木,刨开灌木丛下的雪,准确地找到同类们藏起来的松子。它是如何知晓,在这千百棵树木和一片片灌木丛中,松子就是埋在这丛灌木下的呢?难道有什么记号?

这需要我们做一些精巧的实验来查明,星鸦是如何在一片白茫茫的雪下找到别的星鸦储藏的食物的。

捉到松鼠了

松鼠的习性就是:夏天时总要忙着为冬天储备食物。我曾亲自观察过,当看到一只松鼠从云杉上摘下一个球果,拖到树洞里后,我便在这棵树上做了个记号。之后,过了一段时间,我们把树砍倒,掏出松鼠,则发现树洞里积攒了很多球果。我们把松鼠带回家,养在笼子里。一次,一个小男孩把手指伸进笼子,结果手指被松鼠咬穿了,这小家伙真够厉害的!我们给它拿来了许多云杉松果,小家伙总是乐此不疲地嗑着它们。可它最喜欢的是胡桃。

《森林报》通讯员　斯米尔诺夫

我的小鸭们

妈妈在我家母火鸡的身子下放了三颗鸭蛋。

到了第四个星期,它孵出了几只小鸡和三只小鸭。小家伙们还很稚嫩,我们精心喂养着它们。过了些日子,母鸡带着小家伙们第一次出了门。

我们家附近有一条水渠。小鸭们摇摇摆摆地走到水渠边,跳进去游了起来。母鸡赶忙跑了过来,十分焦急,乱叫着要它们上来。但当它看到小鸭们悠然自在地游着,完全没有理睬它,也就放心地带着小鸡们走开了。

小鸭们游了一会儿,就被冻得不得了。它们从水里爬出,叫嚷着,颤抖着,可是没有地方取暖。

我把它们捧了起来,用手帕盖住,带回屋子里;它们马上安静了下来。我就这样精心呵护着它们。

清晨,三只小鸭又出门了,它们直接跳进了水渠。游得冷了,便马上往家跑。它们的翅膀还没有长好,飞不上台阶,就叫唤起来。家里的人把它们捉了上去,它们三个一进屋就径直向我的床跑来,站在床边伸着脖子,又叫唤起来。而我还在睡觉。妈妈只好把它们放到床上,它们立刻钻进我的被窝,也睡起觉来。

快到秋天时它们已经长大了,而我也进城上学了。鸭子们十分想念我,总是嘎嘎地叫。我知道后也大哭了一场。

《森林报》通讯员　米赫耶娃

妖婆的笤帚

现在,当树木都光秃秃的,就会看到一些在夏天见不到的东西。瞧,远处的白桦树,它们好像布满了白嘴鸦的巢似的。可你走近一看,那根本不是什么鸟巢,而是一团团黑乎乎的蓬散开来的枯枝条。人们叫它妖婆的笤帚。

你回忆一下任何关于妖婆或者巫婆的民间故事吧。老妖婆总是驾着飞臼在天空中飞行,还用笤帚把飞过的痕迹清理干净。而巫婆则是骑着笤帚从烟囱里飞出来。无论妖婆还是巫婆都离不开这个笤帚。于是她们就用妖术让各种树木都患病,使它们长出这些像笤帚似的畸形的枝条。有趣的讲故事的人就是这样说服人们。

而科学的解释是什么呢?

真正的科学解释是：其实这是树木生了丛枝病，这种病是由一种特别的扁虱或特别的菌引发的。这种扁虱很小很轻，一阵风就可以把它刮得满林子飞。扁虱落到树枝上，就钻进叶芽里，寄生下来。树的生长芽其实就是带叶胚的芽，将来会长成嫩枝。扁虱并不伤害它们，只是吸食芽的汁液。不过，芽被咬伤后，受它分泌物的传染就患上了病。病芽发育后就会开始疯长，它生长的速度是普通枝条的六倍。

病芽长成一根小枝，小枝又很快长出侧枝。扁虱的后代又爬到这些侧枝上，使侧枝又生出侧枝。如此不断地分枝，原来的一个芽就长出一把丑陋的妖婆笤帚。

像扁虱侵入一样，只要有一个寄生菌的孢子进入生长芽，那么树就会患上丛枝病。

这种妖婆的笤帚经常可以在桦树、赤杨、山毛、槭树、松树、云杉、冷杉和其他一些乔木、灌木上见到。

有生命的纪念碑

植树活动进行得如火如荼。

在这项愉快的公益活动中，孩子们并未落在成年人后面。为了不让树苗的根部受到损害，他们小心翼翼地把冬眠中的树苗挖出，然后移栽到新的地方。到了春天，小树苗苏醒了，就会像什么事也没有发生过似的，开始茁壮生长，以便给人们带来欢乐和益处。每个孩子，哪怕只栽种、培育过一棵树苗，也都在生命中为自己树立了一座美好的绿色纪念碑，这是一座有生命的、永久的纪念碑。

孩子们想出了个好主意：在花园和校园里种植一种活篱笆。用密植的灌木和树苗做成的篱笆不仅能阻挡沙尘和飞雪，而且还会招来许多小鸟在这里筑巢，让它们在这里建造避风港。到了夏天，我们的知心朋友：知更鸟、黄莺等鸣禽将在这里筑巢，繁衍后代。并且它们还会精心地看护这些园地，使其免遭害虫之苦。它们还会给我们送来欢快的歌声。

而且夏天的时候，少年自然科学研究组的成员们还从克里米亚带回一种有趣的灌木咧嘴娃树的种子。春天，这种树长大后，就能形成一道茂密的活篱笆。不过，要在这种篱笆上挂个写有"请勿触摸"的警示牌。因为这道威武的灌木篱笆不允许任何人穿过它那密实的屏障。咧嘴娃树会像刺猬一样扎人，像猫一样抓人，像荨麻一样灼伤人。我们拭目以待，看看哪种鸟儿会选这种严厉的看守来做自己的保护者。

候鸟远行记

候鸟之谜

为什么候鸟会飞往不同的方向过冬：有些飞向南，有些飞向北，有些向西，而有些向东？

为什么有些候鸟直到河水结冰，雪花飞舞，没有东西可吃的时候才会飞离我们，而像雨燕等一些候鸟则会严格遵守自己的时间表，尽管它们的食物是那么的充足？

最最重要的是：它们是如何知道哪里可以过冬，又是如何知道飞行的路线呢？

事实上，在莫斯科或彼得堡附近出生的小鸟，竟然要飞到南非或者印度一带去过冬。我们这儿还有一种飞行很快的小鸟，叫小游隼，它竟然要从西伯利亚一直飞到遥远的澳大利亚。而且在那儿待不了多长时间，就要开始返程，它要赶在初春时回到西伯利亚。

原因并不那么简单

这个问题的答案好像十分简单：它们既然长着翅膀，当然想什么时候、飞到哪里都可以了。这儿冷了，没有食物了，那就飞到南方温暖的地方去。那里变冷了，那就飞到更远一些的地方。当飞到一个气候适宜、食物充足的地方，就留下来过冬。

然而，事实并非如此。我们这里的朱雀是直接飞到印度的；而西伯利亚的游隼途经印度和几十个适合过冬的热带国家却不停留，而是径直飞到澳大利亚去，这些又是为什么呢？

看来，让我们这里的候鸟翻山越岭、漂洋过海进行长途飞行的原因并

不是简单的寒冷和饥饿,而是出于鸟类本身的一种莫名的、复杂的、强烈的、无法控制的感觉。

众所周知,在远古时期,我国的大部分地区曾不止一次地遭受过冰河的侵袭。大片平原逐渐被排山倒海般的厚冰层覆盖,而后的百年时间里,坚冰几番退去又重来,使得陆地上的所有生物都灭绝了。

鸟类靠翅膀得以幸存。最早飞去的鸟儿占据了冰河岸边的土地,后去的鸟儿依次飞得更远一些,正如我们玩的跳马游戏。而当冰河退去的时候,那些被冰河逼走的鸟儿们便急切地飞回自己的故乡。最先飞回来的是那些没有飞很远的,之后依次飞回了那些飞得远一些的,就像我们将跳马游戏颠倒了顺序一样。这种游戏进行得十分缓慢,"跳"上一次要用上几千年的时间! 在这漫长的时间中,鸟儿完全有可能养成一种习惯:当秋天寒冷袭来的时候,它们就会离开故居;而当春天阳光和煦时它们便重返故里。这种习惯就成了一种自然习性保留了下来。所以,每年的秋季候鸟们都会由北向南迁徙。这种推断可以在如下现象中得到印证:在地球上不曾有过冰河的地方,几乎就没有鸟类迁徙的现象。

另有原因

可是,秋天飞走的鸟类并不都是飞往温暖的南方,也有一些飞往不同的方向,甚至是飞到了更加寒冷的北方。

有一些鸟类之所以飞离,是因为我们这里成了一片冰天雪地,没有食物。只要一出现雪化的地方,我们的白嘴鸦、椋鸟、云雀等飞禽就会马上返回。只要一出现化开的河流湖泊,就可以看到归来的海鸥和野鸭。

绒鸭无论如何也不会留在坎达拉克沙自然保护区过冬,因为冬天时那儿附近的白海水域会被厚厚的冰层覆盖。它们只得向北迁移:那里的一些水域有墨西哥湾的暖流流过,终年不结冰。

隆冬时节,如果从莫斯科向南,则会很快在乌克兰境内见到白嘴鸦、云雀和椋鸟。我们这里把做短距离迁移的山雀、红腹灰雀和黄雀看作是留鸟,而白嘴鸦、云雀和椋鸟只是飞得比这些留鸟稍远了一些。许多留鸟也并非定居在一处,它们也经常搬家。一整年都待在同一个地方的可能只有城里的麻雀、寒鸦、鸽子和田野里的野鸡,而其他鸟也是要迁徙的:有的飞得近些,有的飞得远些。如此说来,该怎样判定哪一种是真正的候鸟,而哪一种只是常常搬家的鸟呢?

比如说朱雀,我们很难将这种红色的小鸟定为时常搬家的鸟儿。又如金黄鹂也是如此。冬天时朱雀要飞往印度,而金黄鹂要飞到非洲。看来,它们成为候鸟并不是由于冰河的消涨,而是另有原因。

你看那只雌朱雀,它长得很像普通的麻雀,但头和胸脯都是鲜红色的!更令人惊奇的是那只金黄鹂:它有着一身赤金色的羽毛和一对乌黑发亮的翅膀。这不由让人心生疑问:如此光鲜亮丽的鸟会是我们北方的吗? 难道不是来自热带的客人?

这确实十分有可能!金黄鹂本来就是典型的非洲鸟类,而朱雀是印度鸟类。可能发生了这样的情况:这类鸟繁殖得过多了,于是那些年轻的小

鸟们不得不去寻找新的繁衍生息之所。就这样它们开始向北方鸟群比较稀少的地方迁移。夏天的北方并不冷,就连刚出生还未长羽毛的雏鸟也不会冻感冒。而当天气变冷,食物变少时,它们就重返故乡。而在故乡也有雏鸟出世,两群同类会和睦相处,它们不会被驱赶出来的!到了春天,它们又可以回到北方。如此一来,它们就在上千年的时间中来来回回地过日子!

这样就养成了候鸟迁徙的习性:金黄鹂向北飞,经过地中海到欧洲;而朱雀从印度向北飞,经过阿尔泰山脉和西伯利亚,然后向西,经乌拉尔再向前飞。

还有一种关于候鸟迁徙的推断:认为这是由于某些鸟类开发新栖息地的需求。比如朱雀,近十几年来,我们眼看着它们不断向西扩展自己的栖息地,一直到波罗的海沿岸。而它们依然会飞回印度过冬。

这些关于候鸟迁飞原因的推断都有一定的道理。但是候鸟迁飞之谜仍旧没有解开。

一只小杜鹃的故事

这只小杜鹃出生在一个红胸鸲的家庭里,出生地是我们坎列诺戈尔斯克的一座花园。

不要问它为什么会独自出现在一棵老杉树根旁的一个舒适的巢里。也不要问,它的养父母红胸鸲付出多少艰辛才把这个个头是它三倍的贪吃鬼养大。但有件事差点没把红胸鸲夫妇吓死。有一天,花园的主人走近它们的巢穴,从里面掏出了已经长出羽毛的小杜鹃,仔细地打量一番之后又放了回去。这时的小杜鹃在左翅上有一小片白羽毛。

红胸鸲夫妇终于将自己的养子抚养长大了。但是它出窝后还是一见到红胸鸲就张开红黄色的大嘴,叫喊着要吃的。

十月之初,园子里的大部分树木都变得光秃秃的,只有一棵橡树和两棵槭树还没有落叶。这时小杜鹃消失了,正如一个月前在我们这一带森林中消失的成年杜鹃一样。

这一年的冬天,这只小杜鹃和我们这里的其他杜鹃一样,是在南非度过的。而夏天的时候,它们又都飞回到我们这里的老家。

然而,就在刚刚过去的夏天,园子的主人看到老云杉树上落着一只雄杜鹃。他担心它会毁掉红胸鸲的巢,就用气枪把它打死了。

而在这只杜鹃的左翅上有一小片白羽毛。

破解着候鸟之谜,但这个自然之谜尚未解开

我们那些关于候鸟迁飞原因的推断也许是正确的,但是还有如下问题:

一、候鸟是如何辨认有着几千俄里的飞迁路程的呢?

以前,人们认为,在每个飞迁的鸟群中至少有一只识路的老鸟带领着年轻的鸟群飞走过冬。而现在已经证实,当年夏天在我们这里出生的鸟群中,一只老鸟都没有。有些种类的鸟,年轻的比年老的先飞走,而另一些则相反。可是无论谁先谁后,年轻的鸟群也都能如期抵达过冬的地方。

令人惊奇的是:即使是老鸟,它的大脑也就那么一点儿大,怎么能记住好几百俄里的飞行路程呢? 更别说是两三个月前才出生的小鸟,它们怎能靠自己认路呢? 这简直让人无法理解!

就说我们坎列诺戈尔斯克的那只小杜鹃吧。它是如何找到远在南非的过冬之处呢? 那些老杜鹃早在一个月前就全部都飞走了,没有谁可以为它领路。而且,杜鹃不是群居的鸟类,即使在迁飞的时候也是独来独往,从不成群结队。而养育小杜鹃的是飞往高加索过冬的红胸鸲夫妇。那么我们的小杜鹃是怎样找到我们北方杜鹃世世代代的过冬地南非的呢? 并且,它又是如何回到它出生长大的红胸鸲夫妇的老家呢?

二、年轻的鸟儿们是如何知道要在何地过冬的呢?

亲爱的《森林报》的读者们,你们应该好好地研究一下这个候鸟之谜,而不要将它留给下一代。

要解答这些问题,首先,不要用“本能”这类表意不清的字眼,要设计出许多精巧的实验,以便能够彻底弄清鸟类的大脑与人脑的区别。

农　事

田里的农活少了，家里的活儿就多了。现在，村民们的所有精力都放在料理家畜上了。他们将牛羊赶到牲畜棚里，把马赶到马房中。

田里的庄稼都收完了。田里的灰山鹑一群群向农舍拢来。它们在打谷场里过夜，并不时飞到村里来。

打山鹑的时节已经过去了。

而有猎枪的村民们现在开始打兔子了。

农村新闻

巴甫洛娃

昨　天

我们养鸡场的电灯亮起来了。现在，白天变短了，所以人们决定每晚用灯光照亮养鸡场，以延长鸡散步和进食的时间。

小鸡们高兴极了。电灯一亮，它们立即扑进炉灰里洗澡。而一只最淘气的公鸡歪着脑袋，用右眼盯着电灯，说：

"咯、咯！如果你挂得再低一点，我一定要狠狠地啄你一口！"

既营养又美味

干草末是任何食物最好的调味料。

干草末是用最高级的干草制成的。

小乳猪们，如果你们想要快些长成大猪的话，那就吃干草末吧！

小母鸡们，如果你们想要每天都"咯咯哒"地夸耀自己新下的蛋，那也去尝尝干草末吧！

从果园发回的报道

园艺家们正忙着修剪苹果树呢,需要把它们整理干净,打扮起来。现在,它们身上,除了灰绿色的苔藓胸针,就什么都没有了。园艺家们从苹果树上摘下了这些装饰,因为那里面藏着害虫。人们还在树干和一些低矮的树枝上涂上石灰浆,使得苹果树不再受虫害,也不会被太阳灼伤,不会被严寒冻僵。现在,苹果树都穿上了雪白的外衣,漂亮极了。

百岁老人采的蘑菇

我们的通讯员们到村庄里去拜访一位百岁老奶奶阿库丽娜。不过,她并没在家,而是采蘑菇去了。她回来的时候,带了满满一背包的蜜环蘑。以下是老奶奶接受采访时说的:

"我的眼睛花了,我已经无法找到那些躲起来单独生长的蘑菇了。可是,我采的这种蘑菇,只要在什么地方有一个,就会在同一地方长出成百上千个。我很喜欢这种蜜环蘑,它们还有一个习惯——那就是往树墩上面爬,好让自己更加的显眼。这种蘑菇最适合老奶奶们采了!"

冬前播种

我们的蔬菜工作队正往菜畦上播种莴苣、洋葱、胡萝卜和香芹。

种子撒在冰冷的土里,一个小姑娘仿佛听到这些种子在大声地抱怨:

"无论你们播不播种,我们在这么寒冷的天气里是不会发芽的。如果你们想要发芽,就自己发芽吧!"

其实,蔬菜工作队之所以这么晚才播种这些种子,是因为秋天时它们已经不能发芽了。

不过,一到春天,它们就会很早发芽,很早成熟。早一些收获到莴苣、洋葱、胡萝卜和香芹是一件多好的事情啊!

都市奇闻

在动物园

动物园里的鸟兽们已经从夏天的露天场所搬进了冬天的房间。那里的暖气已经烧热了。因此没有野兽再打算过漫长的冬眠生活了。

园里的鸟类们也不再飞出笼子,它们在一天之内就完成了从寒冷的地方到温暖的场所的迁徙。

没有螺旋桨的小飞机

近几天来,城市上空总是盘旋着一些怪异的小飞机。大街上的行人纷纷驻足,抬头仰望这些缓慢盘旋的机群。他们相互询问着:

"您看到了吗?"

"看到了,看到了。"

"真奇怪呀,怎么没有听到螺旋桨的声音呢?"

"是不是因为飞得太高了? 您看,它们多么的小啊。"

"可它们降下来了,怎么还没有听到声音呢?"

"对啊,这是为什么呢?"

"因为它们没有螺旋桨呗。"

"怎么会没有螺旋桨呢？难道是新的机型？叫什么名字呢？"

"噢,是雕!"

"开什么玩笑,城里怎么会有雕呢?"

"它们叫作金雕。它们正在向南迁徙,路过我们这里。"

"原来是这样! 噢,现在我也看清了,果然是鸟在盘旋。您要不说,我还以为是飞机呢。它们连翅膀也不挥一下,简直太像飞机了……"

快来看野鸭

近几个星期,在涅瓦河史密特中尉桥边和彼得罗巴甫洛夫斯克要塞附近等地,经常出现一些体形和颜色都很奇特的野鸭。

有像乌鸦一样黑的墨海番鸭,有钩嘴、翅上带白斑点的海番鸭,有杂色的、棒状尾巴的长尾鸭,有黑白相间的鹊鸭。

它们丝毫不在意城市里的噪音。

甚至是黑色的蒸汽拖轮冲开波浪向它们迎面疾驶而来,它们也没有丝毫的恐惧。它们只是往水里一扎,然后又在几十米外钻出水面。

这些会潜水的野鸭是沿着海上飞行路线迁飞的候鸟。它们一年造访圣彼得堡两次:春季和秋季。

当拉多日湖中的冰块漂到涅瓦河时,它们便离开了。

老鳗鱼的最后旅程

秋寒笼罩了大地,也侵袭了水底。

河水逐渐变冷了。

老鳗鱼开始了它最后的旅程。

它们从涅瓦河出发,途经芬兰湾、波罗的海和涅梅茨海,一直游到大西洋的深处。

它们没有一个能再回到生活了一辈子的涅瓦河中了。这几千米深的海底便是它们寻找的墓穴。

但是它们在死之前要产下鱼子。

海洋深处并没有那么寒冷,海水有七

度左右。鱼子在那里很快会变成玻璃般透明的小鳗鱼。亿万条小鳗鱼将踏上遥远的旅程。三年之后,它们便会到达涅瓦河口。

它们将在涅瓦河中渐渐长成大鳗鱼。

猎 事

泥泞里的追逐

一个明媚的秋季清晨,猎人肩背猎枪来到原野里。他牵着两条用短皮带拴在一起的猎狗。这两条狗很健壮,前胸宽大,一身黑色皮毛上带有棕黄色的斑点。

他走到树林旁边,解开了拴狗的皮带,放它们去寻找猎物。两只猎狗

蹿进了灌木丛。

他自己则选择一条野兽常走的小路,悄悄地擦着林边向前走。

他在灌木丛对面的一个树桩后面停了下来,那里有一条不起眼的林间小道直通向下面的山谷。

他还没有站稳,猎狗就找到了猎物的踪迹,叫了起来。

先叫起来的是老猎狗多贝瓦伊:它的声音低沉而暗哑。

跟着叫的是年轻的猎狗扎利瓦伊。

猎人从狗叫声中知道了,两只猎狗惊起了一只兔子,现在它们正一路嗅着被秋雨淋得满是黑乎乎泥浆的小路,追踪着兔子的踪迹。

猎狗的叫声时近时远,因为兔子在不停地兜着圈子跑。

犬吠声又近了,猎狗们正追赶着兔子向猎人这边跑来。

快啊,别发呆了! 那就是猎狗追赶的兔子呀,它的棕黄色皮毛闪现在山谷中了呀!

但猎人没有抓住时机……

再看那两条猎狗:多贝瓦伊跑在前面,扎利瓦伊伸着舌头跟在后面,它们飞奔到山谷中紧追着兔子。

但是,没关系:我的猎狗会把你们抓回来的。多贝瓦伊是一只不会善罢甘休的猎狗,只要发现了猎物的行踪,就不会让它跑掉,一定会追住——是一条训练有素的猎狗!

它们追啊追,不过又兜了个圈子,追到树林里去了。

猎人心想:这只兔子最终还是会跑到这条小路上的。这次我决不会再错失良机了!

突然间没了动静……之后,这是怎么了?

为什么狗叫声会从不同的方向传过来?

不一会儿,带头的老猎狗多贝瓦伊又开始叫了起来,只是它的叫声与刚才不同,听起来那么激动,那么嘶哑。这时,扎利瓦伊也上气不接下气地跟着尖叫起来。

原来,它们发现了另一只野兽的踪迹!

是什么野兽的踪迹呢? 反正不是兔子的。

像是只红色的什么……

猎人赶快换上了大号的霰弹。

一只兔子飞快地蹿过小路,跑进了田野里。

猎人看到它,但并没有举起枪。

猎狗把猎物追得越来越近。它们不停地叫着,一只发出嘶哑的怒吼,一只发出疯狂的尖叫……突然间从灌木丛中闪出了一个火红脊背白色胸脯的家伙,这家伙冲上了刚才兔子蹿过的那条小路……它径直向猎人扑来。

猎人飞快地举起了枪。

那家伙注意到了猎人,急得左右甩它那蓬松的尾巴。

但是太晚了!

"砰"的一声,空中闪出了火花,被打死的狐狸直挺挺地跌在地上。

猎狗从树林中跑了出来,直向狐狸扑去。它们用牙紧紧咬住那火红色的皮毛,撕扯着,眼看就要扯破了!

"放开!"猎人厉声呵斥着,急忙从猎犬口中夺出了宝贵的猎物。

地下搏斗

《森林报》特约通讯员

在离我们村庄不远的一片森林里有个著名的獾洞,它的年代十分久远。它虽然叫洞,但实际上那根本不能算洞,而是一个被世世代代獾族掏空的小丘,里面布满了纵横交错的通道。

瑟索伊奇带我看过这个洞。我仔细地查看了这个小丘,发现它有六十三个出入口。而且在小丘下的灌木丛中还有一些不起眼的洞口呢。

不难想象,在这个大大的地下隐蔽所里居住的并不只有獾。在几个洞口处满是蠕动的甲虫:有埋葬虫,有蟑螂,有食尸虫。它们啃食着丢弃在那里的鸡、黑琴鸡、花尾榛鸡的骨头和长长的兔子的脊椎骨。但这些并不是獾干的,它们不吃鸡和兔子。而且它们非常爱清洁,从不把吃剩的残渣或其他脏东西丢到洞里或附近的什么地方。

这些兔子、野禽、家鸡的骨头说明,在这地洞里獾的隔壁居住着狐狸家族。

一些洞挖得太大了,简直成了真正的战壕。

瑟索伊奇告诉我："我们猎人所做的努力全都白费了,就算看到狐狸和獾从某个洞口跑出,但在那里却挖不出任何东西。"

他顿了一会儿,又补充道:

"我们试试用烟把它们熏出来!"

第二天早上,我、瑟索伊奇和一个小伙子来到小丘前。一路上瑟索伊奇还跟那个小伙子开玩笑,一会儿叫他锅炉工,一会儿叫他司炉。

我们忙活了很长时间,才把地洞的所有出口堵住,只留下小丘下面的和上面的两个洞口。我们搬来一大堆桧木和云杉的枯树枝,堆放在下面那个洞口周围。

我和瑟索伊奇躲在灌木丛后面,分别守住上面的两个洞口。

"锅炉工"在下面的洞口点起火来。当火烧旺后,他又在上面堆了许多云杉枝。顿时火堆上冒出了浓烟。烟很快像进了烟囱似的钻到洞里去了。

负责射击的我和瑟索伊奇在埋伏的地方焦急等待着浓烟从上面洞口中冒出。也许,机灵的狐狸会先从洞里蹿出?或者会爬出一只笨拙迟钝的胖獾来?也许,这时它们已经在地洞里被熏花了眼睛?

可是,躲在洞里的野兽们可真能忍耐。

我看到,浓烟已经飘到瑟索伊奇埋伏的灌木后面了。而我这里也是烟雾缭绕。

现在不用久等了:马上就会有野兽一只跟着一只打着喷嚏和响鼻从洞里逃出来。枪已经扛在肩上,决不会让伶俐的狐狸跑掉。

烟越来越浓了。一团团地在灌木丛间翻滚、弥漫。我的眼睛被熏得眯住了,眼泪也流了出来。说不定会在眨眼、擦眼泪的时候把野兽放跑。

然而,一只野兽也没见到。

我托着扛在肩上的枪,累极了,就把枪放下了。

我们等啊等,小伙子还不断地往火上添枯树枝。但是仍没有一只野兽出来。

回家的路上瑟索伊奇对我说:"你以为它们被烟熏死了?没有,兄弟,它们并没有被熏死!烟在洞里是向上走的,而它们逃到下面去了。谁知道它们的洞有多深啊!"

小胡子瑟索伊奇因这次的失败很沮丧。为了安慰他,我告诉他有两种十分凶猛的大型猎犬,能钻到洞中去捉獾和狐狸,一种叫达克斯犬,另一种叫硬毛狐犬。瑟索伊奇听后马上来了精神,要我不管从哪儿一定要弄来一条这样的狗。

我只好答应他尽力去弄。

不久之后,我有一次进城,十分幸运的是,一位熟识的猎人把他的爱犬——正是一条达克斯犬——给了我。

我回到村子里,给瑟索伊奇看了这条狗,不料他大发脾气:

"怎么,你想取笑我?就这只老鼠大小的东西,别说是老狐狸,就是小狐狸也能把它吞下去再吐出来!"

瑟索伊奇头很小,且十分介意自己的小个头,因此就是见了小个头的狗也会气愤。

这条达克斯犬的样子确实很可笑:身子又矮又细,四条小短腿歪歪扭扭,还伛偻着。可当瑟索伊奇不经意地向它伸过手时,这只丑陋的狗呲着利牙,凶恶地朝他咆哮起来。瑟索伊奇赶忙跳开,只说了句"还挺凶的",便不再说话了。

于是我们便带着这只狗前往小丘。刚一到,这只小狗就向洞里猛扑,差点把我的胳膊拽脱臼。我刚一解开皮带,它就消失在那黑乎乎的洞里了。

人类为了满足自己的需求,培育出一些奇异的犬种,而达克斯犬算得上是其中最奇异的犬种之一了:它们个头很小却善于到地洞里抓捕猎物。它的体形像貂一样细长,最适于钻洞;它的爪子弯曲,是挖土、刨地的有力工具,它的嘴巴突出,能死死地咬住猎物。尽管如此,我仍忐忑不安地站在小丘上等待着,不知这只家养的猎狗与森林野兽的血战会有怎样的结果?如果它没有从洞中出来,我该怎么向失去爱犬的主人交代呢?

此时,地下的追捕正在进行。我们还能听到透过厚厚的土层传来的犬吠声。这声音听上去似乎是从远方传来的,而不是从地下。

听,那叫声越来越近,越来越清晰。这是一种嘶哑的狂叫。叫声更近了……可突然远去了。

我和瑟索伊奇站在小丘上,手里紧握着暂时派不上用场的猎枪,握得两手直疼。只听到狗叫声时而从这个洞口传出,时而又从那个洞口传出,时而又从别的洞口传出。

突然，狗叫声停止了。

我知道，这意味着这只小猎狗在黑暗的地洞某处追上了猎物，正在与它厮打。

这时，我才想起，本应在狗进地洞之前想到，采用这种方式打猎，必须带上铁锹，一旦猎狗在地下和猎物厮打，就赶快挖开地上的土，如果猎狗失利，就可以帮它逃出来。但是，只有搏斗的地方离地面有一米多深，这种方法才能有效。可这个地洞连烟都派不上用场，还能用什么去帮助猎狗呢？

我该怎么办啊！这只达克斯犬非死在深洞里不可了。而且，它也许不止和一只野兽搏斗呢。

忽然，又传来了低沉的狗叫声。

但我还未来得及庆幸，叫声又止住了。这一回彻底完了。

我和瑟索伊奇在这座沉寂的小丘上站立了很久很久，我们认定，这座小丘已经成了这只英勇小狗的墓穴。

我还没有决定是否离开。瑟索伊奇却先开了口：

"唉，兄弟啊，我们怎么如此草率行事呢。看来，它是遇到老狐狸或獾胖子了。"

我们这里管獾叫作獾胖子。

他迟疑了一下，又说：

"怎样，我们是离开呢，还是再等等？"

我们万万没想到，就在这时从地下传来了一阵沙沙声。

从洞里先出现了一条黑黑尖尖的尾巴，接着是两条弯曲的后腿，之后

是这只达克斯犬吃力地向外拱着的长条形、满是血和污泥的身子。我高兴地朝它奔去,抓住它的身子,把它向外拉。

在小狗的后面,一只肥胖的老獾从黑乎乎的地洞中被拖出来了。这只獾已经一动不动了。但猎狗还是死死地咬着它的脖子,并狠狠地甩动着它。猎狗好久都不肯松口,好像怕这个已经死去的敌人再活过来似的。

打 靶 场

* * * 第八次竞赛 * * *

1. 兔子在奔跑时,是上山容易还是下山容易?
2. 落叶时节可以揭露鸟类的什么秘密?
3. 哪个森林住户会在树枝上烘干蘑菇?
4. 哪种野兽夏天时住在水里,冬天时住在地下?
5. 鸟儿们会为自己采集、储藏过冬的食物吗?
6. 蚂蚁们是怎样做过冬准备的?
7. 鸟的骨头里面有什么?
8. 秋天时,猎人最好穿什么颜色的衣服?
9. 鸟儿在什么时候不容易被枪打到,夏天还是秋天?
10. 如图,这是谁的可怕的脑袋呀?
11. 蜘蛛是昆虫吗?

12. 青蛙在哪儿过冬?
13. 如图,这是三种不同的鸟爪。一个住在树上,一个住在地上,一个住在水里。请辨别。
14. 什么野兽的脚掌是向外翻的?
15. 如图,这是森林长耳鸮的头。请找到它的耳朵。

16. (谜语)纷纷往下坠,掉落到水中,漂浮在水面,没把水弄浑。
17. (谜语)走啊走,无尽头;捞啊捞,捞不完。
18. (谜语)一年生的小草,个头高过院子。

19.（谜语）跑也跑不到,飞也飞不到。

20.（脑筋急转弯）乌鸦三年后会干什么?

21.（谜语）在池塘里游泳,羽毛却没浸湿。

22.（谜语）穿着它的皮,扔掉它的骨,吃掉它的头。

23.（谜语）不是国王,却头戴王冠;不是骑士,却脚有马刺;自己起得早,也不让别人睡。

24.（谜语）长着尾巴,却不是野兽;身披羽毛,却不是小鸟。

布　告

"火眼金睛"称号大赛第七次测验

这是谁干的?

图1:谁加工了牛蒡?

图2:老白桦的树皮上分布着一圈一圈的、一模一样的小洞。这是谁干的呢? 为什么要做这些呢?

图3：

（1）谁动了云杉球果，还把它们扔到了地上？

（2）谁坐在树桩上把这些球果啃得只剩下了核儿？

（3）谁把榛子凿开了一个小洞，吃掉了里面的仁儿？

（4）谁把蘑菇搬到树上，又穿在了树枝上把它们烘干？

图4：谁毁掉了这么多树木，啃掉了这么多树皮，折断了这么多树枝啊？

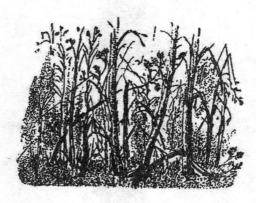

行动起来

只要学会寻找和挖掘田鼠洞的方法，每个人都能找回被它们从田里偷走的粮食。

这期的《森林报》已经报道过,这些可恶的坏家伙们从我们的田地里偷走了大量的优等粮食作为过冬的储备。

请勿打扰

我们已经准备好了温暖的过冬居所,会在里面一觉睡到春天呢。

我们不会去打扰你们,也请你们让我们安静地休息吧。

熊、獾、蝙蝠

11月21日至12月20日　太阳进入人马宫

一年：有十二个章节的太阳组诗（11月）

十一月算是半个冬天了，它是九月之孙，十月之子，十二月之兄。十一月铸造严寒的铁钉，十二月打制严寒的铁桥。十一月骑上了斑驳的骏马：一片片白雪，一片片泥泞，又一片片泥泞，又一片片白雪。十一月这个铁工厂并不大，但它铸造的铁甲足以供全俄罗斯使用：冻住所有的池塘和湖泊。

秋天即将完成它的第三项工作：给森林脱下衣服，给水面打上铁甲，把大地刷白。森林里一派凄凉，树木被冷雨打得光秃秃的，黑森森的。只有河面的冰凌闪着些微光，可是如果你踩上去，它会咔嚓一声裂开，把你陷进冰水里。大地上一派白雪皑皑，秋播庄稼也停止了生长。

不过，毕竟还不是冬天，只算冬天的序幕。多日不露面的太阳也会偶尔和大家见上一面。在晴天丽日之下，一切生物都是那么欢心。看那边，一群小蚊子从树根下钻了出来，飞上了天空：这里，脚下有开放的朵朵金花，这些蒲公英、款冬可是春天里的花朵啊！雪也被晒化了……但是太阳并没有唤醒沉睡的树木，它们要到春天才能醒来，现在什么也感觉不到。

现在进入了伐木的季节。

林中轶事

森林里并非一片死寂

冷风在森林中呼啸着。光秃秃的白桦树、山杨树和赤杨树在风中摇晃并发出沙沙的声响。最后一批候鸟匆匆忙忙地离开故乡。

我们夏天的鸟儿还未走完，冬天的客人已经来到了。

鸟儿有各自的兴趣和习性：有一些鸟儿飞往高加索、外高加索、意大利、埃及、印度过冬；有一些鸟儿却愿意待在我们州里过冬。它们冬天在我们这儿觉得很暖和，也能吃饱肚子。

莫名其妙的生机

今天，我扒开积雪，查看了一些一年生的草本植物。这些植物只能活过一春、一夏和一秋。

但是，今年秋天我却发现，它们并没有统统枯死。甚至现在，已经是十二月了，但许多草仍旧绿着呢！雀稗还顽强地活着。这是一种农村的小草，生长在农舍的前面。它的小茎交织在一起，铺满地面（人们就在上面蹭鞋底），长长的小叶子，开着不太醒目的小粉花。

矮矮的、能灼伤人的荨麻也还活着。夏天的时候，荨麻十分惹人嫌：因为在田里除草的时候，双手会被它灼伤、起泡。可是，现在在这十二月份里见到它，还是让人十分欣喜的。

蓝堇也还活着呢。您还记得它吗？一种美丽的小草，有着微微披散的小叶子和细长的粉色小花，花尖的颜色要深一些。您在菜园里会经常见到这种小草。

所有这些一年生的草本植物都还活着呢。可是一到了春天，它们就会枯死。它们为何会在雪下活着呢？这该如何解释呢？我不知道，还需要进一步弄明白。

巴甫洛娃

飞翔的花朵

赤杨黑乎乎的枝条孤零零地戳在树干上。枝条上没有叶子,地上也没有绿草。疲惫的太阳好不容易从灰色的云团里探出头来。

然而,就在这些黑乎乎的赤杨枝头,一些五彩缤纷的花朵在愉快地飞舞。这些花朵异常大,有白的,有红的,有绿的,有金黄色的。它们有的落在黑乎乎的赤杨的枝条上,有的粘在白桦的白花花的树皮上,就像给树木点缀上斑斓的光彩。它们有的落在地面上,有的像是展着艳丽翅膀的小精灵般飘在空中。

它们芦笛般的啼鸣相互呼应。它们从地面飞向枝头,它们在树木、丛林间穿梭。它们是什么呢? 又是从哪里来的呢?

来自北方的鸟

我们迎来了一批冬季的客人:一些从遥远的北方飞到我们这里过冬的小鸣禽。其中有红胸脯、红脑袋的小朱顶雀;有烟灰色、翅膀上有五道红羽毛的太平鸟;有暗红色的松雀;有雌鸟是绿色,雄鸟是红色的交嘴鸟;还有黄绿色的黄雀,黄色的金翅雀,和红胸脯、体形胖胖的灰雀。而我们本地的黄雀、金翅雀和灰雀却飞到南方更加暖和的地方过冬去了。但是飞来的这些黄雀、金翅雀和灰雀原本是住在北方的。现在那里正值严寒,它们飞到了我们这里便觉得暖和多了。

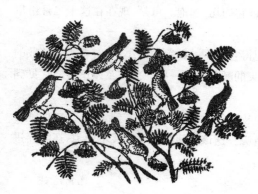

黄雀和朱顶雀以赤杨和白桦结的子为食。太平鸟和灰雀吃花楸果和其他一些浆果。而交嘴鸟吃松树和云杉上结的球果。客人们在我们这里都能过上饱食终日的生活。

来自东方的鸟

低矮的柳丛间突然开出了许多白色的玫瑰花。它们在灌木丛间飞舞,在树枝间旋转,并不时伸出细长的小黑钩爪,东扒扒,西挠挠。它们又扇动着花瓣似的小白翅膀飞了起来,于是空中响起了娇柔如芦笛般的啼鸣声。

噢,原来这些白玫瑰花就是白山雀。

它们不是来自北方,而是从东方来的客人。白山雀的故乡西伯利亚早已进入寒冬。那里风雪交加,柳丛被深深地埋在雪下。于是它们便飞越了乌拉尔山脉来到我们这里过冬。

该冬眠了

一大片乌云把太阳遮得严严实实。灰蒙蒙、湿漉漉的雪花从天而降。

一只胖胖的獾气呼呼、摇摇晃晃地向自己的洞里走去。它十分讨厌满是泥泞又潮湿的森林。是该钻进干燥、整洁的沙土洞里睡觉了。

森林中有一种羽毛蓬松的小乌鸦叫噪鸦。它们常打架斗殴。打架时总竖起被打湿的咖啡色羽毛,厉声尖叫。

一只老乌鸦在树梢上轻轻叫了一声,原来它看见远处有一块动物的腐肉。它扇动着乌黑发亮的翅膀飞了过去。

森林里一片寂静。灰蒙蒙的大雪落在黑乎乎的树枝和褐色的地面上。地上的落叶开始腐烂了。

雪越下越大。鹅毛般的大雪倾泻下来,很快把黑乎乎的树枝和地面覆盖了⋯⋯

突然袭来的严寒,使得我们州的沃尔霍夫河、斯维里河和涅瓦河都相继结了冰。芬兰湾也封冻了。

最后的飞行

摘自少年自然界研究小组组员日记

在十一月的最后几天，被风吹到一起的雪突然出现解冻的迹象，不过并没有融化。

早上散步时我看到，道路上、灌木丛里、树木之间的积雪上空都有黑色的蚊子在飞舞。它们飞得虚弱无力，从下面某个地方飞了起来，无风但像风裹挟着似的，在空中划了一条弧线就东倒西歪地落到雪地上。

午后，雪开始融化，树上的积雪掉了下来；一仰头就会有高处融化的雪水滴到眼睛上，或有一团冰凉的雪溅到脸上。不知从何处飞来许许多多的小苍蝇，也是黑色的。夏天我并未见过这种蚊子和苍蝇。小苍蝇们愉快地飞舞着，不过飞得很低，擦着雪地。

傍晚时分，天气又转凉了。小苍蝇和蚊子都又藏起来了。

《森林报》通讯员　维利卡

貂追松鼠记

我们这儿的森林里来了一群松鼠。

它们来自北方，那里正在闹饥荒：松果不够它们吃。

它们分散到一棵棵松树上，用后爪紧抓住树枝，用前爪抱着松果啃。

一只小松鼠一不小心将一颗松果掉在雪地上。它舍不得丢弃，便气呼呼地叫着，穿梭了几根树枝，来到地面上。

它在雪地上，后腿蹬，前腿撑，一蹦一跳地向前奔去。

突然，它看到，从一堆枯树枝下露出一块黑乎乎的皮毛和一双滴溜乱转的眼睛……松鼠顾不上那颗松果了。它急忙蹿上眼前的一棵树，顺着树干往上爬。从枯树堆中跳出了一只貂，紧追松鼠而去，它也飞快地爬上了树干。这时，松鼠已经到了树梢。

貂也沿着树枝往上爬，松鼠则一下子跳到了另一棵树上。

貂也弓起它那蛇一样细长的身子，脊背弯成一条弧线，跟着跳了过去。

松鼠沿着树向上蹿,貂在后面紧追。松鼠的动作十分敏捷,但貂更加敏捷。

松鼠逃到了这棵树的顶端,而附近没有别的树了。

眼看貂就要追上了……

松鼠只好跳到别的树枝上,又向下蹿去。而貂仍紧跟在它后面。

松鼠在树枝间穿梭着,而貂在树干上紧追着。松鼠跳呀跳呀,终于只剩最后一根树枝可跳了。

下面是地面,上面是貂。

松鼠别无选择,只得跳到地上,然后奔向另一棵树。

但是,一到地上,松鼠自然是无法跑过貂了。貂三蹦两跳就把它扑倒了,松鼠就这样丢了小命……

兔子的花招

深夜,一只灰兔偷偷地溜进果园。快到天亮时,它已经将两棵小苹果树甜甜的树皮啃光了。雪花不断地落在它的头上,可它丝毫不在意,只是在那里啃啊嚼啊,啃啊嚼啊。

村子里的公鸡已经打了三遍鸣了。狗也断断续续地叫了起来。

这时灰兔才忽然想起:应该要在人们起床前跑回森林里去。可四周一片白茫茫的,它那棕黄色的皮毛打远处就能看得清清楚楚。它现在可羡慕小白兔了,它们现在多么安全啊。

昨夜刚下的雪还未冻实。灰兔在上面一跑便留下了一行脚印。长长的后腿踩出的是长条状的脚后跟印;短小的前腿踩出的是一个个小圆坑。这些脚印在新的积雪上看得清清楚楚。

无论灰兔穿过田野,还是跑进森林,它的身后都会留下一串清晰可见的脚印。现在,灰兔好想在吃饱后到灌木丛中睡一小觉。但不幸的是,它已无处藏身了,因为脚印会暴露它的行踪。

终于,灰兔想到了一个办法:把脚印弄乱。

这时,村子里的人们已经醒了。主人到自己的果园一看,天啊! 两棵好端端的小苹果树没了树皮! 再看看雪地上,一切都明白了:小树下有兔子的脚印。他紧握拳头,心想:嘿,兔子,等着瞧! 我要剥了你的皮来偿还

我的果树皮!

主人回到家,给枪装上子弹,带着枪往雪地走去。

嗯,兔子就是从这儿穿过篱笆的;噢,又是在那儿穿过田野的。但一进森林,兔子的脚印便围着灌木丛绕起了圈子。哼,这些花招无法救你,我都会识破的!

这是兔子的第一个圈套:绕着灌木丛跑一圈。然后横穿过去——这是第二个圈套。

果园主人跟着脚印追踪着兔子,它的两个花招都已经被识破了。而果园主人手里的枪随时都可以开火。

突然,他站住了,这是怎么回事?原来,脚印中断了,周围的雪地上什么都没有。就算兔子是蹦过去的,应该也能看到一些痕迹才对啊。

果园主人俯下身,仔细地查看了一下。哦!原来兔子又耍了个花招:灰兔踩着来时的脚印又返了回去。它来回的脚印完全重合在了一起,乍一看,还真不易发觉。

于是,他又顺着脚印走了回去。走啊走,却又走到田野上了。也就是说,是他忽略了什么——这又是兔子的另一个把戏。

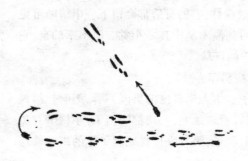

他转过身来,又顺着那重合的脚印向前走。啊哈,重合的脚印很快就消失了,不远处又出现了单行的脚印。看来,兔子就是在这里来了个"跳远",跳到另一边去了。

果然被他猜中了:顺着这

排脚印很快就知道了,兔子穿过灌木丛后,就跳到了另一边。之后,脚印又正常了。可不一会儿,又中断了。原来,兔子故伎重施,又是脚印重合,然后过了灌木丛又跳开了。

现在要细心地查看了……看,又是个"跳远"。灰兔一定就躲在灌木丛下的某处。你用尽花招,也骗不了我。

灰兔果然就躺在附近。只是并不在猎人认为的灌木丛下,而是在一个枯树堆下。

而兔子在半梦半醒中也听到了脚步声越来越近……

它抬头望去,只看见两只穿着毡靴的脚和一杆垂向地面的黑黢黢的枪筒。

兔子悄悄地从枯树枝下钻了出来,躲到了树枝堆的后面。只见它那短小的白尾巴在灌木丛里一闪,便消失得无影无踪了。

果园主人最终只能空手而回。

隐身的不速之客

我们森林里来了一位夜强盗。想要看到它十分困难,因为深夜太暗了,什么都看不到;而白天它又跟雪一个颜色,还是看不到。它来自北极,身上的衣服白得和那里终年不化的雪一样。它就是北极雪鸮。

它的个头与雕差不多,只是力量小了一点儿。它以大小飞禽、老鼠、松鼠、兔子为食。

现在,它的家乡太冷了,几乎所有的野兽都躲进洞里去了,而鸟类也飞走了。

饥饿迫使北极雪鸮不得不迁徙,它们便来到了我们这里。并且在春天来临之前,它是不打算回家了。

只得向熊请教了

为了躲避寒风,熊往往在低洼的地方,甚至在沼泽地或是稠密的云杉林里安置自己过冬的洞穴。奇怪的是,如果冬天不太冷,连冰雪也能解冻,那么所有的熊必定会把家搬到开阔的高地或小山丘上。世世代代的猎人都证实了这种现象。

这其实很容易理解,因为熊怕冰雪融化。的确,如果在冬天,有一股融化的雪水流到了它的肚皮下,等天气突然转冷,那么结成冰的雪水就会让它那毛茸茸的皮袄变成一块铁板!那么到时,熊哪里还顾得上睡觉,只得在森林里跑来跑去,使自己暖和起来!

熊要是不睡觉,还不停地活动,很快就会消耗掉它储备的能量,它需要靠进食来维持体力。然而冬天的森林里什么吃的都没有。所以预料到暖冬的熊,就会将洞穴安置在高处,免得融雪将自己的皮毛弄湿。这点很容易明白。

可是,熊怎样凭它的预感得知即将到来的冬天是暖是冷呢?为什么它们在秋天时总能准确无误地判断是把自己的洞穴安置在沼泽地还是山冈上呢?这些我们并不知道。

这只能到熊洞中向熊请教了。

啄木鸟的作业场

我们菜园的后面,有一大片老山杨树和老白桦树,还有一棵更老的云杉。这棵云杉上还挂着一些球果。正是这些球果招来了一只杂色的啄木鸟。这只啄木鸟落在树枝上,用它的长嘴叼下了一个球果后,就衔着它沿着树干向上跳。啄木鸟把球果塞进了一个枝杈的夹缝里,便开始啄它。这只啄木鸟把球果中的子儿掏出后,就把这颗球果的壳扔了下去,又去采另一颗球果。采来后又照样把它夹在树杈间掏出子儿,再扔掉壳,再去采第三颗。如此重复地工作一直持续到天黑。

《森林报》通讯员　库鲍列尔

严格执行采伐计划

俄罗斯古代有一句谚语:"森林如恶虎,不要对它动刀斧;不听良言劝,死期就在眼前。"

因此,古时候,伐木工是一项十分可怕的工作。伐木工与人类的绿色朋友为敌,可他们的武器仅仅是一把斧子。而锯是在不久前的十八世纪才发明出来的。

人只有拥有大力士那样的力量,才能整日不停地挥动斧子;只有拥有铁打的身体,才能白天只穿一件衬衫在严寒风雪中干活,晚上裹件皮袄在小火炉旁或就在小草棚里睡觉。

而春天工作就更艰苦了。

整个冬天采伐的树木都要搬运到河边,河水解冻后,还要把一根根的原木推到河里,用河水将它们运到使用木材的地方去。

木材运到什么地方,什么地方就有福了……于是河流沿岸建起了一座座城市。

那么,现在的情况呢?

如今,"伐木工"的工作性质发生了根本的变化。我们已不再需要用斧子去砍伐树木,清除树枝了。这些工作都交给机器处理了。就连森林中的道路也是由机器开辟、轧平,道路修好后,又用机器沿着它们把木材运走。

在森林里工作的履带式拖拉机的威力就有这么大。

在人的指挥下,这个钢铁的庞然大物冲入无法通行的密林,像割草一样,将百年大树砍倒。之后,它将这些连根拔起的树木放到一边,又推开横倒在地面上的其他树木,轧平路面,就开辟出了一条运输通道。

在这条道路上还行驶着移动的车载"发电站"呢。工人们手持电锯,走到树前,而他们身后拖着一根根蛇一般的电线。电锯那锋利的钢齿,如同刀切黄油般轻松地切入坚硬的树身中。把一棵直径半米粗的大树锯倒只需要半分钟的时间。然而,这棵树的长成用了一百年的时间。

百米之内的树木全被锯倒后,车载"发电站"就开走了。取而代之开过来的是一辆强劲的集材拖拉机。它一下子就抓起几十根还没修整的树枝,把它们送到木材运输线上。

大型木材牵引车沿着运输线将木材运到窄轨铁路上。那里有一个司机驾驶着一长串敞篷货车,把一车车每车有几千立方米的木材运到铁路车站或河流码头的木材仓库。这些木材在这里修整、加工成原木、木板或纸浆用料。

就这样，现在我们借助机器采伐的木材可以运到遥远的草原上的村庄、城市和工厂以及一切需要木材的地方去。

众所周知，在当代先进技术的条件下，必须严格按照全国统一的计划进行树木采伐，否则，我们这个森林大国就会失去森林资源。依靠现代技术去破坏森林十分容易，但要想培育出一棵参天大树则需要几十年的时间。

在我国，森林被采伐后，就要立刻种上珍稀的树种，栽种新的森林。

农 事

冬天已经来临了。

田里的农活全都干完了。

妇女们在牛棚里忙活，男人们忙着运牲畜的饲料。

有猎狗的村民去打灰鼠了。许多村民则忙着去采伐木材了。

一群群的灰山鹑向农舍拢来。

孩子们跑跑跳跳地去上学。

白天他们布网捉鸟，到小山上滑雪、玩雪橇，晚上他们准备功课、读书。

我们用智慧战胜它们

一场大雪过后，我们发现，老鼠在雪下挖了一条直通我们苗圃的地道。在苗圃里有我们新栽种的小树苗。然而，我们用智慧战胜了它们。我们把每棵小树周围的雪狠狠踩实，这样老鼠就钻不到小树跟前来了，一些老鼠索性钻出雪层，结果很快就被冻死了。

常常到我们果园里来的还有祸害果树的野兔。我们也找到了对付它们的办法：把所有小树用稻草和云杉树枝包裹起来。

季马·布罗多夫

棕黑色的狐狸

郊区建起了一个养兽场。昨天，运来了一批棕黑色的狐狸。一大群人

278

都跑来欢迎这些新居民，就连还未学会跑的幼儿都来了呢。

狐狸们用怀疑、胆怯的目光看着这些欢迎它们的人们。而只有一只小狐狸，突然安静地打了个哈欠。

"妈妈！"一个在白丝巾上戴着一顶帽子的小男孩叫道，"可不要把这只狐狸围在脖子上啊，它会咬人的！"

细丝上的房子

有一种小房子，挂在一根细丝上，被风一吹就摇摇晃晃。它的墙壁不过一页纸那么厚，并且屋内没有任何供暖设备，在这样的房子里可以过冬吗？

很难想象吧，在这种小房子里是可以过冬的！我们就见过许多这种设备简陋的小房子。它们悬挂在苹果树枝间的蜘蛛网上，用枯叶做成。人们把它们取下来销毁掉。原来，这些小房子里的居民是苹果粉蝶的幼虫，它们是害虫，是坏分子。如果让它们留下来过冬，一到春天，它们便会咬坏苹果树的嫩芽和花朵。

森林中有灾难，森林中也必然存在解救的方法！

昨天，将近半夜时分，一只大兔子钻进果园。它本想啃光所有小苹果树的树皮。不过，这些小苹果树，好像云杉树一样，树皮上好像有刺似地扎嘴。兔子试了几次都失败了。它只好离开果园，藏到附近的森林里去。

原来，园艺家们早就预见到会有林中小偷来侵犯他们的果园。所以，他们砍了许多云杉树枝，提早就包裹在小苹果树的树干上。

都市奇闻

瓦西里岛区的群鸦集会

涅瓦河结冰了。现在，每天下午四点，瓦西里岛区的乌鸦和寒鸦都会飞到施密特中尉桥下游的冰面上（第八街对面）进行集会。

经过一番吵闹的争论后，乌鸦和寒鸦们又分成几群飞回瓦西里岛，各个鸦群分别在自己中意的花园里过夜。

侦察兵

城市花园和墓地里的灌木和乔木都需要保护,但这些树木的敌人通常是人类难以对付的,它们狡猾,体形小,又不易被发现,园丁很难找到它们,这就需要一些专门的侦察兵了。

在一些墓地和大花园里,我们可以看到这些侦察兵队伍工作的身影。

这侦察兵队伍的首领是一只长得花花绿绿的啄木鸟,它的头顶上戴着红色的"帽圈",嘴像钎子一样又细又长,能穿进树皮里,这家伙还时不时地大声发号施令。

跟着这啄木鸟飞来的有各种各样的山雀:有戴着高高尖顶帽的凤头山雀,有头顶上有小尖锥厚帽壳儿的褐头山雀和莫斯科山雀。队伍里还有旋木雀和。旋木雀穿着浅褐色的外套,嘴像锥子。则穿着天蓝色的制服,胸脯白白的,嘴像刀子一样尖。

啄木鸟开始发号施令了,和山雀们都回应着,整个队伍都行动了起来。

侦察兵们迅速占领了树干和树枝。啄木鸟啄开了树皮,用它那有力的、尖尖的舌头把蠹虫拖了出来。围着树干转来转去,头朝下,发现有昆虫或它们的幼虫,就把尖刀似的利嘴插进它们的身体。旋木鸟在下面的树干上忙活着,用弯锥似的利嘴叉起昆虫。成群结队的山雀则兴奋地盘旋在树枝上空,它们仔细查看树上的每一个小洞、每一条缝隙,没有一条小害虫能逃得过它们敏锐的眼睛和灵巧的嘴巴。

诱鸟入住的小木屋

鸟儿们挨饿受冻的日子即将到来了,让我们来关照一下那些可爱的小朋友——鸣禽吧!

要是你家里有个花园,哪怕只是个篱笆围着的小小的园子,那也能轻

易引来一些鸟,在它们没有吃的时候喂喂它们,在严寒和暴风雪的日子里给它们提供一个小木屋来遮风挡雪。如果你想引来一两只在你那儿住下,那也是可以的,只需按上面的图示做一个小小的鸟屋就可以了。

你可以请这些小客人们吃东西,在小木屋的阳台上放些麻子、大麦、黍米、面包渣、碎肉、板油、奶酪、葵花子等。即使你家住在大城市,也能用这种方式把小客人们引来并住下。

你可以用一根铁丝或细绳拴在鸟屋的门上,穿过鸟屋的小窗拽到你的房间来——需要的时候,轻轻一拉铁丝或细绳就可以了。

或者,更有趣的,就是给小屋通电。

只是有一点,夏天不要用小屋把鸟关起来,因为捉去了大鸟,小鸟就活不成了。

猎　事

秋天来了,打小毛皮兽的季节又到了。快到十一月份的时候,这些动物的毛已经长好了,它们已经脱掉夏天那层薄衫,换上了一层防御寒冬的厚厚的绒毛大衣。

打灰鼠去

小小的灰鼠有什么用?

这小家伙儿在我们的猎物中可是最重要的。单说灰鼠尾巴,我国每年就要消费几千大包。它那华丽的尾巴可以制作帽子、衣领、护耳的保暖用品。

去掉尾巴的皮毛也大有用处,可以用来制作大衣和披肩。在我国,用这种浅蓝色灰鼠皮制作的女大衣不但外观漂亮,而且穿起来既轻便又暖和。

灰鼠刚一换完毛,猎人们就去狩猎。

在那些灰鼠多、容易打到的地方,甚至可以看到老人和十二三岁小孩狩猎的身影。

猎人们狩猎时,或结伙而行,或单独前往,在森林里一待就是几个星期。他们踏着又短又宽的滑雪板,从早到晚地在雪地里奔波,有的在用枪打,有的在布设和查看捕捉器和陷阱。

他们在土窖或低矮的小房子里过夜,在这种小房子里连腰都伸不直,

还经常会被大雪掩埋。做饭使用的是一种没有烟道的土炉子。

猎人打灰鼠的最好伙伴是北极犬，它们就像猎人的"眼睛"，是不可或缺的。

北极犬是一种很特别的狗，是我们北方特有的，它在森林里冬猎的本事堪称世界第一。

北极犬能帮你找到白鼬、鸡貂、水獭的洞，还能把它们咬死，夏天它又会帮你把野鸡从芦苇丛中赶出来，把琴鸡从密林中轰出来。这狗也不怕水，即使是冻得冰冷的河水，它也能跳进去，把你射杀的野鸭叼上来。秋天和冬天，它又成了你打松鸡和黑琴鸡的好助手，在这两个季节，那些曾经很擅长禽猎的猎犬就派不上用场了。北极犬会蹲在树下，冲着这两种野鸡汪汪叫，这样，野鸡的注意力都集中到了北极犬的身上，你就可以乘机开枪了。

下雪前后，都可以带它去打麋鹿和熊。

当你遇到凶猛的野兽时，这个忠实的朋友也决不会弃你而逃。它会从猛兽的身后咬住它们，使你来得及重新装上弹药，射杀猛兽，或者，它会以死相拼，来保全你的性命。然而，最令人称奇的是，它能帮你找到灰鼠、貂、猞猁这类生活在树上的动物，这一点可是任何别的猎犬都办不到的。

当你走在深秋或冬季的云杉林、松树林或混合林中时，四周没有一点动静，没有任何走兽晃动、闪现的身影，也没有任何飞禽鸣叫的声音。周围好像一片荒漠，死一般的寂静，让人不寒而栗。

可是，要是带上一只北极犬，在森林里就不会有这种感觉了。北极犬一会儿从树根下找到一只白鼬，一会儿从洞里赶出一只白兔，还能顺便叼住一只林鼷鼠。它还能找到那些深深隐藏在浓密松枝间的灰鼠。

问题是，北极犬不会飞，也不会爬树，而灰鼠也不会自己从树上掉下来，那北极犬是怎么找到它们的呢？

那些擅长捕捉猎物和追踪兽迹的猎犬，都有着灵敏的嗅觉，鼻子是它们的主要"工具"。就算是眼睛和耳朵都不好使，它们也照样能完成好自己的工作。

而北极犬恰好拥有三样好"工具"：灵敏的鼻子、锐利的眼睛和机灵的耳朵，而且这三样东西总是并用的。这三样东西简直不能称之为工具，它们是北极犬忠实的仆人。

树上的灰鼠只要用爪子挠一下树干,北极犬那时刻保持警惕的耳朵就会立刻竖起来,提示主人:"这里有灰鼠。"灰鼠的小脚爪只要在针叶间一闪,北极犬的眼睛就会告诉主人:"灰鼠就在这里。"只要有一小股风把灰鼠的气味吹到树下,北极犬的鼻子就向主人报告:"上面有灰鼠。"

北极犬借助三个仆人的帮助发现灰鼠后,就会用它的第四种工具——叫声向主人传达信息。

一只好的北极犬,发现猎物后决不会往树上扑,也不会用爪子去挠树干,因为这样会把猎物吓跑。它会蹲在树下,目不转睛地盯着灰鼠藏身的地方,竖起耳朵,不时地叫几声,只要主人没有到,或者主人不把它带走,它是不会离开的。

打灰鼠的过程很简单:灰鼠被北极犬发现后,它的注意力全集中在北极犬身上,猎人只要不做过大的动作,悄悄地靠近,瞄准后开枪就可以了。

打灰鼠说易也易,说难也难,既要打死灰鼠,又不能损坏了鼠皮。冬天,受了伤的灰鼠不容易死掉,所以要力争一枪击中要害,不然它跳进浓密的针叶间,可就找不到了。

猎人还用捕鼠器等器具捕捉灰鼠。

制作和设置捕鼠器的方法是:把两块厚重的木板平放到林子里,两块木板之间撑一根细棒,再把美味的饵料,如煎过的蘑菇、鱼片等拴到细棒上,只要灰鼠一拉动饵料,上面的木板就会落下来,灰鼠就被夹住了。

猎人们整个冬天都在打灰鼠,只要雪不是很深。到了春天,灰鼠就该脱毛了,那就又要等到深秋,等到它们长成那身准备过冬的浅蓝色的华丽皮毛,才能再去碰它们。

带着斧头和铁棍去打猎

在打凶猛的小毛皮兽时,与其用枪,还不如带把斧头。

北极犬靠灵敏的嗅觉找到藏在洞穴中的鸡、貂、白鼬、伶鼬、水貂或水獭,至于把这些小兽从洞穴中赶出来,那就是猎人的事了,这件事做起来是不大容易的。

这些凶猛的小兽的洞穴设在地下、乱石堆里或树根下面,它们虽然感到了危险,可不到万不得已是不会离开自己的掩蔽所的。于是,猎人只能把铁棍伸进洞里去不停地搅动,或者用手搬开石头,用斧头劈开粗大的树根,敲碎冻土,或用烟熏的办法,把它们轰出洞外。

好在只要它们跳出来就跑不掉了,北极犬决不会放过它们的。

或者,它们会死在猎人的枪口之下。

猎 貂 记

《森林报》特约通讯员

森林里的貂更加不易猎到,但找到它捕捉别的鸟兽的地方是可以不费吹灰之力的。因为那里的积雪会变得乱七八糟,还会留有血迹。可是要找到它进食后藏身的地方,就需要有一双敏锐的眼睛了。

貂能像松鼠一样,在树梢头和树木间穿梭自如。这样,在树下就留下了它的行迹,那就是掉落到雪地上的断树枝、它的绒毛、球果和被它抓下来的小块树皮。经验丰富的猎人根据这些踪迹可以判断出它的去向。有时会遇到长达几千米的踪迹。需加倍注意才能不偏离这些行踪,最终根据这些"线索"找到它。

当瑟索伊奇第一次找到这种貂的踪迹时,猎狗并没有在他身边,他只得自己去追踪。

那天,他踩着滑雪板走了很久。有时他信心十足地向前冲出一二十

米,那里有貂从树上跳到雪地后奔跑留下的爪印;有时他又十分缓慢地向前挪动着,为的是仔细查看貂在树上跳蹿留到地面上的模糊痕迹。那天他不止一次地叹气,遗憾自己身边没有他的忠实的朋友北极犬。

夜幕来临了,瑟索伊奇还在森林里追寻着。

小胡子猎人生起了篝火,从怀里掏出一大块面包吃了,好歹得熬过这个漫长的冬夜呀。

清晨,貂的行迹把猎人引领到了一棵粗大的枯云杉树前。在这里他成功地发现树干上有个树洞,貂一定是藏在这个洞里过夜的,而且现在一定还没出来。

瑟索伊奇扳起枪机,右手拿枪,左手举起一根树枝在云杉树干上敲了一下,然后丢掉树枝,两手一起端着枪,只等貂一蹿出就立刻开枪。

但貂没有蹿出。

瑟索伊奇又举起树枝,用力地敲了一下树干,接着又更用力地敲了一下。

然而,貂还是没有出来。

"哼,还睡觉!"瑟索伊奇愤愤地暗自猜想,"快醒吧,这个贪睡鬼!"

他又重重地敲了一下,轰轰声响彻了整片树林!

看来貂并不在洞里。

此时,瑟索伊奇才想到,应仔细观察一下云杉周围的情况。

这棵树是空心的,在树干的另一面,还有一个洞口掩藏在枯树枝下。枯枝上的雪已被蹭掉,显然,貂已从这边的洞口溜出了树洞,蹿到邻近的树上去了。可猎人的视线被粗树干阻挡住了,没能看到。

有什么办法呢! 他只得赶紧去追貂。

瑟索伊奇又花费了一整天追踪那些模糊痕迹。

天开始黑了,就在这时瑟索伊奇终于发现了一处明显的踪迹,它表明貂确实就在他的附近。原来,他发现了一个松鼠窝,貂是把松鼠从窝里轰出来的。种种迹象表明:貂经过了长时间的追击,最终在地面把它追到。应该是,那只筋疲力尽的松鼠没有充分估量自己的体力,没跳到另一棵树上,而是跌到了地面。貂三蹦两跳地上前抓住了它,就在这片雪地上把它吃掉了。

是的,瑟索伊奇的追踪路线完全正确,然而他却不能继续追踪下去了。因为他从昨天开始就没怎么吃东西,现在他身上连面包渣儿都没了。而天气又冷了下来,要是再在树林里过一夜,非得冻死不可。

瑟索伊奇愤愤地骂了一句,只好沿着来的路往回走。

"我要是碰到了这只貂,"他边走边想着,"一枪就可以把它解决!"

当再次路过那个松鼠洞时,他拿下了肩上的枪,没瞄准就朝洞头开了一枪。他这样做只不过是为了发泄一下心中的怨气。

从树上落下了一些小枯枝和苔藓。令瑟索伊奇吃惊的是,最先落在他面前的是一只细长的毛茸茸的貂。这只貂还在做着临死前的抽搐。

后来瑟索伊奇才知道,经常有这种情况:貂把松鼠吃掉后,往往会钻进那只松鼠的温暖的窝里去,蜷起身子美美地睡上一觉。

黑夜布网,白天打枪

十二月中上旬,松散的积雪已经没住膝盖了。

日落时分,当玫瑰色的天空渐渐暗下来的时候,黑琴鸡一动不动地待在光秃秃的白桦树上。之后,它们突然一只接一只地向雪地冲了下来,便不见了踪影。

夜幕降临了,没有月光,漆黑一片。

瑟索伊奇来到森林中的一片空地上,在这里黑琴鸡不见了踪影。他手里拿着捕鸟网和火把。浸过树脂的火把熊熊地燃烧着,驱赶了周围的黑暗。

瑟索伊奇小心翼翼地向前挪动。

突然,在离他两步远的地方,有只黑琴鸡从雪下钻了出来。明亮的火光照得它什么都看不清了,它就像一只大黑甲虫一般无助地在原地打转。瑟索伊奇敏捷地把它罩进网里。

而白天,他是坐着雪橇,拿枪打黑琴鸡的。

奇怪的是:步行的猎人,即使他隐藏得再好,也无法打到一只待在树枝上的黑琴鸡。而同一个猎人要是乘雪橇过来的,尽管雪橇上面还满载着货物,那么同样是这些黑琴鸡,就难免丧命在枪口之下了。

打 靶 场

* * * 第九次竞赛 * * *

1. 虾在哪里过冬?
2. 冬天对于鸟儿来说,什么最可怕,是寒冷还是饥饿?
3. 如果兔子的皮毛很晚才开始变白,那么这年的冬天是来得早,还是来得晚?
4. "啄木鸟的作业场"是什么?
5. 我们这儿的哪种夜行性野兽只在冬天出没?
6. "兔子跳向一旁"是怎么回事?
7. 秋冬的时候,乌鸦住在哪儿呢?
8. 我们这儿最后一批海鸥和野鸭什么时候飞走呢?
9. 秋冬的时候,啄木鸟会和哪些鸟类结伴而行?
10. 追踪野兽的猎人所说的"拖脚印"是什么?
11. 小猫的眼睛在白天和夜里是一样的吗?
12. 追踪野兽的猎人所说的"重合脚印"是什么?
13. 追踪野兽的猎人所说的"雪上兔痕"是什么?

14. 冬天时,哪种野兽除了尾巴之外全身都会变成白色?

15. 如图,这是一个食草动物和一
个食肉动物的头骨。怎样根据牙齿将
它们区分开呢?

16. (谜语)没有手,没有脚,却把
门来敲。

17. (谜语)亮着两盏小灯,支着四根小棍儿,躺着一个小东西。

18. (谜语)水里出生,却会怕水。

19. (谜语)有地儿比炭黑,有地儿比雪白,有时比楼高,有时比草矮。

20. (谜语)一个大汉,背着皮靴,靴子虽重,心情愉快。

21. (谜语)院中站着一个壮汉,前面有把草杈,后面拖把扫帚。

22. (谜语)整天地上走,从不向上看,不痛也不痒,哼哼总不断。

23. (谜语)没有窗来,没有门,却有小人住满房。

24. (谜语)有个小球,冲出叶丛,手上打滚,牙上嘎嘣。

布　告

"火眼金睛"称号大赛第八次测验

谁在干什么?

图1:这是谁的脚印?

图2：房顶上总有个动物在同一地方打转。是谁呢？它为什么要这么做呢？

图3：雪地上的小坑是什么？是谁曾在里面过夜,还留下了脚印和羽毛？

图4：发生了什么事？为什么有这么多的蹄印？树枝上挂的是什么动物的角呢？

给鸟儿建个免费食堂吧

可以直接在窗外用绳子悬挂一块儿小木板,再在上面撒一些面包屑、干蚁卵、面粉虫、蟑螂、蛋奶渣、大麻子、花楸果、越橘、荚蒾、小米、燕麦、牛蒡等做饲料。

当然,最好是在树上倒挂一个装有饲料的细口瓶,下面固定一块小木板。

在花园里安放一张带顶的小餐桌就更好了,这样雪就不会落到餐桌上了。

快去帮助挨饿的小鸟们

你要记得:对于我们的鸟类小朋友来说,艰难的时光就要到来了,它们要忍饥挨饿了。不要再等到春天了,现在就为它们建造温暖舒适的住所吧:挖些树洞,搭些鸟屋或者小板棚。这样就可以帮助它们躲避可怕的恶劣天气。为了躲避寒风和暴雪,许多小鸟在晚上只得躲到屋顶下或门廊里过夜。有一只小鹡鸰甚至钻到了村中的一个钉在柱子上的邮箱里去过夜。

请在鸟屋和树洞里(参见本报第一期和第二期的布告)铺上一些绒毛、羽毛和布头,给小鸟们当作暖和的羽绒被褥。

冬

LIBRARY
OF
WORLD
LITERATURE

NO. 10 初入寒冬月（冬季第一月）

12月21日至1月20日　太阳进入摩羯宫

一年:有十二个章节的太阳组诗(12月)

　　十二月份的时候,到处一片冰天雪地的景象。十二月会给大地铺上一层又厚又硬的东西,十二月份是最寒冷、痛苦的季节,漫长难耐。十二月虽是一年的最后一个月,但意味着冬天开始了。

　　一切与水有关的东西都似乎没了生机,就算是最放荡不羁的河水也被厚厚的冰层束缚得老老实实,大地和森林也盖上了一层厚厚的雪被子,太阳藏到了浓云后面。白昼不断缩短,黑夜却与日增长。

　　好多死去的植物被埋葬在了冰雪之下! 还记得它们先前生长、开花、结果,那么的生机勃勃,随后却悄无声息、散落成灰。散落成灰的还有那些小小的无脊椎的动物。

　　但那些植物的种子和动物成卵,太阳会在适当的时候唤醒它们,就像童话故事里那个来到死亡国度的年轻王子一样,重新唤醒一条条鲜活的生命。而那些多年生的动植物却可以存活下来,度过漫漫寒冬,直到来春。

　　可寒冬还没有完全发挥威力,太阳的生日却到了,十二月二十三号来了!

　　太阳将重现在人间,生命会再次振奋!

　　可那难耐的寒冬是无论如何还得熬的。

冬天是一本书

雪层覆盖在大地上,一片银装素裹,一派平整光滑。大片的田野、林中空地,现在好像是一本硕大的书籍里那些平整光洁的书页。无论是谁,从这雪层上经过,都会留下自己的痕迹,仿佛在上面写道:某某曾到此一游。

大雪纷纷扬扬地下了一天,直到晚上才停,地面上又形成了许多洁净平整的书页。

第二天早晨出来一看,雪白的书页上出现了许多神秘的符号,有连字符、句号、逗号等等,看来,夜里有不少森林居民到过这里,它们曾在这里行走、跳跃、活动。

到底是谁来过这里呢? 它们又做了些什么呢?

必须尽快读懂这些神秘的符号,因为很快就将再次飘起雪花。到那时,这一页就会被翻过,呈现在眼前的将是崭新的一页,洁净而又平整。

各有各的读法

在冬天这本书里,每个森林居民都会留下自己的笔迹、自己的符号,人类是用眼睛来读懂这些符号的,是啊,不用眼睛,还能怎么阅读呢?

可动物们居然可以用鼻子来"阅读"。比如狗,嗅一嗅冬天这本大书里的字母,就可以读懂:"这里曾有狼经过"或者是"刚刚有一只野兔从这儿蹿过"。

它们这种读法的准确性可是很高的呢。

各有各的写法

通常情况下,野兽是用脚掌来书写的。有的用爪子,有四趾爪,有五趾爪,有的用蹄子。有时它们也会用尾巴、鼻子或是肚子来书写。

鸟类也是用爪子和尾巴来书写的,而且它们比兽类还多了一样——翅膀,这也是不错的书写工具。

简单的字迹和难懂的字迹

我们的通讯员可以通过阅读冬天这本大书里的字迹来知晓森林里发生的各种奇闻轶事,这种技能可不是一两天就能掌握得了的。绝非所有森林居民的书写都简单易懂,有些可是很难很乱的。

松鼠的字迹很容易辨认,也很好记。它们是跳跃着在雪地上前进的,那痕迹就像是小孩子们玩跳马游戏留下的。它们用两个短短的前腿作为支撑,长长的后腿往前一蹦,一下子就可以跳很远。所以前爪爪印很小,像是两个并排着的句号,而后爪的爪印则拖得很长,像是两个细小的手指从雪地上划过。

田鼠的字迹虽然很小,但也很容易辨认。田鼠从雪下钻出来之后,通常先转个圈,然后再径直朝某个地方跑去,或者就干脆直接返回洞里了。这样一来,雪地上就留下了一连串的冒号,而且冒号与冒号之间的距离相等。

一些鸟类的字迹,比如喜鹊的,也很容易辨认。喜鹊的爪子是四趾的,当它们落在雪地上的时候,三个脚趾向前伸展,一个向后叉开,这就形成了一个个的小十字。小十字串的两侧还能看到翅羽的划痕,就像是两个手指从两侧划过。另外,在这些印迹当中,一定还零散着一些它们长长尾巴划出的错落有致的痕迹。

前面说的这些痕迹都一目了然,很容易辨认。我们可以轻而易举地看懂:有一只松鼠从树上跳下来,在雪地上蹦了几下,又蹿回树上;田鼠从雪下钻出来,跑几下,转了几个圈,然后就钻回雪下;喜鹊落在地上,在坚硬的雪壳上跳啊,跳啊,摇摇尾巴,抖抖翅膀,之后就飞走了。

然而,要辨认狐狸和狼的字迹就没这么容易了,除非是经验丰富的老手,一般人常常会把它们的脚印混淆。

小狗和狐狸，大狗和狼

狐狸的脚印和小狗的脚印很相似，区别仅仅在于：狐狸的爪趾紧缩在一起，爪子抱成一团，而小狗的爪趾是叉开的，因而脚印显得松散些。

狼的脚印则和大狗的脚印很相似，区别是：狼爪的两侧向内紧缩，因此脚印显得比大狗的更长、更窄；而且狼的爪尖和肉垫儿在雪地上的陷痕会更深。此外，狼迈的步子比狗的大，所以两个爪印之间的距离会更远。最后，狼的两个前爪的爪印往往是重叠在一起的。（试比较一下图中的三种脚印，这三种脚印分别是：狐狸脚印，狗脚印，狼脚印。）

当然，这只是一些最基本的常识，要真正辨别狼的足迹实际上是很难的，因为狼非常狡猾，常常会耍些花招来迷惑人，狐狸也是这样。

狼的花招

狼在行走或小跑的时候，总把右后脚踩在左前脚的脚印上，左后脚踩在右前脚的脚印上，这样，它们的足迹就形成了一条直线。

当你看到这样一条直线的时候，你肯定会认为，是有一头健硕的狼曾从这里经过。

那你可就错了！事实是：曾有五头狼从这儿经过。走在最前面的是足智多谋的母狼，之后是公狼，最后是三头小狼。

因为它们是脚印踩着脚印前进的，所以你根本不会想到，这条呈直线的足迹会是五头狼的！可一定要擦亮眼睛啊，这样才能成为寻踪"雪迹"的高手（猎人们通常把雪地上的动物足迹称为"雪迹"）。

冬日里的森林

树木会被严寒冻死吗？
当然会！

如果一棵树被冻透，也就是说，寒气穿到了它的最中心，那它就必死无疑了。在俄罗斯，每逢严寒少雪的冬季，都会有很多树木冻死，其中大部分是小树。幸好大部分树木懂得保存体温，知道如何避免严寒穿透身体，要不然的话，我们森林里的树木可就无一生还了。

汲取营养，努力生长，繁殖后代——所有这一切都需要消耗大量的体力、能量和热量，所以树木会在夏天拼命积攒力量，到了冬天，它们就不吃不喝，不生长也不繁殖，以避免体力的消耗，整个冬天它们什么也不做，完全陷入沉沉的梦乡中。

叶子会消耗大量树体内的热量，所以冬日里的树木都光秃秃的，它们纷纷抛弃了树叶，以保持体温。而且，那些飘落在地上的树叶腐烂之后还能释放热量，这就保护了树木脆弱的根部，使它们免受严寒之苦。

这还不够！每棵树的树体内都有一层独特的保护层，这保护层可以更好地保护树木，使之免遭严寒侵袭。夏天的时候，树木会在枝干的表皮下积攒一层多孔的软木组织，即不活跃的中间层。这中间层会年复一年不断地积攒，其中充斥着大量的空气，可以大大减少树体内热量的流失。树木越老，这中间层就越厚，这也就是为什么那些年老粗壮的树木比那些幼小瘦弱的树木更耐寒的原因。

俄罗斯的冬天酷寒难耐，有了这中间层仍不够啊！别担心，还有其他的宝贝呢。如果猛烈的寒气穿透了中间层，它还会遭到一股化学物质的阻截。快到冬天的时候，树木会在自己的树液中沉积大量的盐分和淀粉，淀粉又会慢慢转化为糖分，这含有盐分和糖分的树液有很高的御寒能力。

但最好的御寒工具，还是那厚厚的、蓬松的雪层。大家可能都注意到了，冬季里，园丁们总是特意把那些怕冷的小果树稍稍压向地面，然后用厚厚的白雪把它们覆盖起来，这样它们就暖和啦。在多雪的冬季里，那厚厚的雪层就像一床温暖的羽绒被，它覆盖在森林上，森林里的树木就不再惧怕任何严寒。

是的，无论严寒有多么冷酷无情，它都不可能摧毁我们北国的大森林的！

我们的森林王子将永远地屹立在世界的北方,傲视一切严寒和暴风雪。

雪下草场

冬季里,到处一片皑皑白雪,你的心情也受其影响变得忧郁了吧,你肯定认为,这大冬天的,除了雪还是雪,其他什么东西也没有了,所有的花都早已凋谢了,一切的草也早已干枯。

是啊,通常情况下大家都会这么认为的,许多人还常常这么聊以自慰:有什么办法呢,这是大自然本身的发展规律啊,人类是无能为力的!

可是,我们对大自然的了解还实在是太少呢!

今天天气风和日丽的,我自然是要好好把握这个机会。我乘着滑雪板来到自己的小草场上,准备清扫一下上面的积雪,收拾出一块实验用地来。

这一清扫不要紧,我惊奇地发现,在阳光的照耀下,一月份的草地居然这般地生机勃勃:有紧紧地贴在冻土上的莲座叶丛,有刚刚破土而出的小草尖,还有被雪层压得服服帖帖粘在地面上的各种绿茎。

我还发现了一株顽强的毛茛,它把自己的花朵和蓓蕾都保存在雪下,准备来春重新绽放,那花朵保存得真是完好无损,一个花瓣都没有脱落。

你知道在我的这块实验场地上一共有多少种植物吗? 六十二种! 其中有三十六种植物现在还是绿绿的,有五种植物上面还挂着小花。

这下,你不会再说一月的草场上无草也无花了吧!

巴甫洛娃

林中轶事

孤陋寡闻的小狐狸

小狐狸在林中空地上发现了一串类似于老鼠的脚印。

“哈哈,”小狐狸想,“这下可以美餐一顿了!”

小狐狸顺着脚印往前寻找着,想要看看到底是什么小东西,找着找着,脚印消失了——就在灌木丛下！

小狐狸悄悄地向灌木丛靠近。

终于看见了，雪地里有个灰色皮毛、长着尾巴的小家伙在颤动，哈哈！小狐狸一把抓住它！一下塞到嘴里——咯吱！

噗噜！好难闻的一股臭气！小狐狸哇的一声吐出小怪兽，落荒而逃，还大口大口地往嘴里塞雪，赶紧用雪来把嘴涮洗一下吧！

送到嘴边的早餐没吃成，还白白咬死了那小怪兽！

原来那小东西既不是老鼠也不是田鼠，而是鼩鼱。

这鼩鼱只是远远看去长得有点像老鼠，但近看很快就能发现区别：鼩鼱的嘴伸得很长，后背凸起，是一种食虫动物，与鼹鼠、刺猬相似。那些见多识广、阅历丰富的野兽是不会去碰它们的，因为它们会放出一股很难闻很难闻的气味。而那小狐狸对此却一无所知，上了大当。

可怕的痕迹

我们《森林报》的通讯员在一些乔木下发现了一种长长的爪印，这种类似于手掌的痕迹令他们很是恐惧。这痕迹本身倒不是很大，有点像狐狸的，但爪子很长、很直，像钉子一般。爪印就这么让人不寒而栗，这野兽真是好可怕啊！

通讯员们小心翼翼地顺着这痕迹往前走，一直走到了一个很大的洞穴前，地上散落着几根兽毛。通讯员们把兽毛捡起来仔细观察：这是一种很直、很硬，不易折断的白毛，末梢上微微发黑。

通讯员们马上明白了，这洞里住着一只獾。这是一种很孤僻的动物，但并不很可怕。看来，这家伙趁着天气好出洞闲逛去了。

在雪海底部

对于那些田地里和森林里的野兽来说,最糟糕的莫过于少雪的初冬了。光秃秃的地面被冻得越来越僵硬,洞里也变冷了。鼹鼠的日子不好过了,地面冻得像石头一样坚硬,它那小铲子似的小爪也很难刨得动了,更不用说老鼠、田鼠、伶鼬和白鼬了。

不过,大雪最终纷纷扬扬飘落下来,越飘越多,越积越厚,已经很难再融化了,整个大地变成了一片雪的海洋。这雪海能没过人的膝盖,榛鸡、琴鸡、松鸡扎进去则足可盖过头了。田鼠啊、鼩鼱啊,这些洞居的小家伙儿,也不冬眠,它们会从自己的地洞里爬出来,在雪海的底部跑来跑去。凶猛的伶鼬,就像一只小海豹,不知疲倦地在雪海里钻来钻去。嗯?好像有什么东西从雪海里跳出来一下,四下瞧瞧,原来是有只榛鸡探出来了一下脑袋,可马上就又扎了进去。

雪海底部要比表面暖和得多,这里刺骨的寒风穿不进来,呼入这寒冬的冷风可是致命的,厚厚的雪层阻挡了外界的寒气,许多穴居的鼠类索性在雪层下建一个巢,冬天里就像是到自己的地上别墅去度假一样。

一对短尾田鼠还用干草和兽毛在地上建了一个窝,那窝就坐落在被雪覆盖的灌木丛上,还微微地散着热气呢!

在厚雪层之下的温暖小窝里,有几只刚出生的小田鼠,它们浑身光溜溜的,眼睛都还没睁开呢!要知道那窝外可是一片严寒啊,零下二十多度的严寒!

雪地里的大爆炸和死里逃生的狍

我们的通讯员很长时间也没搞懂那些雪地上的痕迹到底是怎么回事。

最开始是一些很平静的、又小又窄的蹄印,辨别这些印记并不难,肯定是狍曾经慢悠悠地经过这里,它还没有预感到灾难要降临。

突然,在这些狍的小蹄印后面出现了很大的爪印,狍的印记开始变成跳跃式的前行。

这也可以理解,肯定是有狼从小树林里看见了狍,便急速朝它追过来,

狍开始拼命逃跑。

接下来,狼的爪印越来越近,越来越靠近狍的蹄印——马上要追上了!

在一片密林处,这两种印记已经完全混杂了。接下来,狍跳过了一个粗壮的树干,狼紧跟其后也跳了过去。

可在树干另一侧,有一个很深的坑,里面散落着雪片,好像是一个巨大的炸弹在雪下爆炸了。

在这之后,狍的蹄印和狼的爪印就分道扬镳了,这两种印记之间还出现了一种不知是从哪儿冒出来的巨大的印记,很像是人的脚印(人赤足的印记),只不过带着弯曲的、可怕的长尖指甲。

这雪地里的炸弹会是什么?那后来出现的可怕的印记又是什么动物的呢?为什么狼的爪印和狍的蹄印分道扬镳了?这里到底发生了什么事情啊?

我们的通讯员们久久地思考着这个问题。

最后,他们终于明白了后来出现的那些巨大的印记是什么动物的了,于是,所有其他问题也都迎刃而解了。

狍很轻松地跃过了树干,接着奔跑起来,狼紧跟其后也是一跃,可是没有跳过去,轰的一声摔在了雪地上,结结实实地栽进了一个熊洞里——那熊洞正好就坐落在树干下。

洞里的小熊被吓了一跳,半睡半醒地就跳了出来,管他雪、冰还是树枝呢,慌不择路地向森林深处跑去(这熊应该是以为有猎人来袭击了)。

狼跌落到雪上,见到这么一个庞然大物,哪还顾得上追狍啊,还是赶紧逃命吧。

而那狍又跑了很久，蹄印才慢慢平息下来。

雪下的鸟群

一只野兔在泥泞的道路上跳跃着，从一个草墩子跳到另一个草墩子，突然，耳边响起轰的一声，身旁的雪地炸开了花。

脚下好像有什么活物在抖动，就在这时，一群白色小鸟哗啦啦地扇动着翅膀从野兔身下的雪地里冲出，野兔简直快被吓死了，掉头朝森林逃窜而去。

原来，这一大群白鸟就住在雪地下，它们白天飞出来，在泥地上散步，刨些酸果蔓出来，啄食完就又回到雪里去。

那地方温暖又安全，是啊，有谁能发现它们待在雪下呢！

冬日的正午

在一月里一个阳光明媚的正午，被厚厚雪层覆盖着的森林一片寂静，连森林的主人——熊也在自己的洞穴里睡着了。乔木和灌木上挂着的串串雪坠儿好像童话里的豪华住宅，条条空中走廊、台阶、窗子、别出心裁的阁楼、尖尖的房顶，所有的这一切都闪闪发亮，数不清的雪花散发着钻石般的美丽光芒。

突然，有个小东西好像从地底下跳出来一样，一溜烟直奔一棵枞树的树顶。原来是一只小鸟，尖尖的小嘴，微翘的尾巴，可爱极了。它的叫声动听悦耳，响彻整个森林上空。

雪下洞穴的小孔经常出现一只眼睛，那眼睛闪着绿光……好像是在窥探：春天是不是已经来了？

这眼睛是熊的，它总是在洞穴中朝着地面留一个小窗口，以便在冬眠时可以随时窥探森林里的动静。这次它还是什么也没看见，什么也没听见，外面除了皑皑白雪，什么也没有……于是，小窗口上的那只眼睛又消失了。

小鸟在树枝上蹦了一会儿，也觉得没什么意思，就又钻到雪下面去了。

雪下面有个小树桩，这小家伙儿用苔藓和绒毛在上面筑了个巢，那可是个很温馨的小窝呢。

农　事

严寒中，乔木都熟睡了，它们的血——树液都凝固了。森林里的锯木声不知疲倦地尖叫着，木材的采运工作将持续整整一冬。冬天里采伐的树木是最有价值的，干燥而且坚固。

人们往地上泼水，制造出一条宽阔的冰路，这样就可以把采伐下来的树木运到河边，春天冰化以后就可以通过水流把它们运到远方。

田野里的灰山鹑现在飞到了村子里，住在打谷场上。它们现在的日子可不好过，已经很难在厚厚的雪下找到食物了，即使找到了，它们那并不锋利的爪子也很难把厚厚的雪壳敲开。

冬天里抓山鹑是很容易的，但这是违法的：法律禁止冬季里捕捉没有半点反抗能力的灰山鹑。

那些明智的、有爱心的猎人在冬季还会喂养它们。在田野里给它们建造小食堂，用云杉枝搭个小棚子，里面撒些燕麦和大麦。

这样一来，那些美丽的山鸡和山鹑就不至于在寒冬里丧命了，等到来年夏天，每一对山鹑就能孵出二十只甚至更多的小山鹑。

农村新闻

"绿　带"

铁路线两旁生长着两列云杉，它们整齐地排列着，绵亘了数公里。这"绿带"可以起到保护道路的作用，使之不被积雪掩盖。每年春天，铁路工人们都会扩展这条绿带，种上数以千计的小树苗。这些年下来，一共栽了大概有十万多棵云杉、合欢、杨树和三千株左右的果树。

这些小树苗都是铁路工人们在自己的苗圃里培育的。

都市奇闻

赤脚在雪地上散步

在晴朗的天气,气温接近零度的时候,在花园、街心花园和公园的雪下会飞出一些小小的苍蝇。

白天一整天它们都在雪地上转来转去,到了晚上就又藏到冰雪缝儿里了。

那地方温暖而又安静,一般是在树叶下面,或苔藓中间。

雪地上不曾留下它们散步的痕迹,因为这些散步者太轻太小了,只有在放大镜下才能看清它们伸长的鼻面、前额上怪异的触角和细小的赤脚。

从国外发来的报道

《森林报》的编辑部从国外发来了报道,讲述了候鸟在那边生活的详细情况。

我们的著名歌手——夜莺,现在正在中非过冬呢,云雀现在住在埃及,而椋鸟则分成几拨儿,散布在法国南部、意大利和英国等地。

在那里它们不再唱歌了,而是整日忧心忡忡,担心食物和鸟窝被刮跑,担心雏鸟被掏走。它们在等待春天的到来,到那时它们就可以重归故乡了。不是有句俗话“做客是不错的,可毕竟还是家里好啊”。

轰动南非的新闻

在南非,人们在一群鹳中发现有一只腿上带着银色金属环,这在当地引起了一阵轰动。

鹳群飞落到地上,人们捉住了那只戴着金属环的,环上压印着这些字样:“莫斯科,鸟类学会,A 组,195 号”。

这则新闻被刊登在报纸上，由此我们得知，我们的通讯员当初捉住的那只鹳是飞到哪里去过冬了。(《森林报》第七章，从森林发来的第二封电报)

学者们用这种"套环法"可以得知许多鸟儿生活中鲜为人知的秘密，比如它们过冬的地方，迁徙的路途等等。

各个国家的鸟类学会都会制造出不同型号的铝环，在上面压印出环的生产单位名称、环的型号和编号。日后谁若是捉住或杀了戴铝环的鸟，都应通知相应的单位(单位的名称已印在环上)，或将这件事刊登上报。

齐聚埃及

埃及是鸟类冬季的乐土。奔涌的尼罗河以及它数不清的支流，积满淤泥的河岸，适合作物生长的肥沃牧场和农田，有着咸水或淡水的湖泊和沼泽地，地中海曲折的海湾……所有这些都是数百万鸟类的丰盛餐桌。夏天那里的鸟类就已经很多了，到了冬天，我们这里的候鸟也要飞抵那里。

在那里，鸟类的拥挤程度真是不可思议，好像是全世界的鸟类齐聚到那里。

水鸟们拥挤在湖里和尼罗河的支流上，远远看去只是密密麻麻的一群鸟，连水都看不见了。臃肿的鹈鹕站在野鸭群旁，用它长喙下的大口袋捞着鱼。鹳迈着它的大长腿穿梭在火烈鸟之间，还不时躲避着四面八方都可

能出现的乌雕和海雕。

如果朝湖面放上一枪的话,各种不同的鸟群就会噼里啪啦一下子从湖面飞起,吵闹得很,一点儿不亚于乱七八糟敲打几千个鼓的声音,硕大的湖面瞬时就被一层黑影所笼罩,因为鸟群浩浩荡荡地升到空中,把太阳都挡住了。

这就是我们的候鸟现在的生活情况。

不久前,在离我们国家边界不远的地方出现了另一个"埃及"。这"埃及"真不亚于非洲那一个,许多水鸟和湿地鸟都到那里去过冬。同埃及一样,在那里,冬季可以看到成群的鹈鹕和火烈鸟,混杂在鸭群、鹅群、鹬和猛禽之间。

虽然现在已经是冬季了,可那里没有半点冬天的感觉。我们这里的冬天总是大雪、严寒、风暴,而那里全然没有这些。多阴的港湾里,在芦苇和灌木丛中,在静静的草原湖泊里,全年都有各种各样的鸟儿爱吃的丰富的食物。

但这些地方是禁止穿越的,不允许人们到这里来射杀任何鸟类。

这个自然保护区位于里海东南岸,在阿塞拜疆共和国境内的连克拉尼亚附近。

猎　事

旌旗猎猎奔狼群

最近,村子附近总有狼出没,今天咬死一只小绵羊,明天糟蹋一只小山羊,可村子里没有猎手,于是大家到城里去求救:

"同志们,快来帮帮我们吧。"

当天晚上,就有一队"士兵"从城里赶来了,他们正是前来解围的猎手。他们乘坐的平板雪橇上还带着两个粗大的线轴,线轴上绕着细索,上面每隔半米缠着一面鲜红的小旗子。

寻踪雪径

猎手们向村民询问了狼的出没地点,然后就开始顺着印记寻找,雪橇后面的旌旗也一路随行。

一串细小的脚印从村子一直延伸到森林,中间还穿过了田地,看起来好像只有一只狼,可那些有经验的、善于辨认野兽踪迹的人一看就知道,是整整一个狼群曾经过这里。

到了森林里,这些足迹分成了五股,猎手们看了看,说:"走在最前面的是头母狼,它的足迹很窄,步子很大,留在地上的脚窝儿是斜的。"

猎手们分成两组,乘上雪橇,在林子四周转了一圈。

林子的四周都没有狼出去的痕迹,看来,整个狼群还都在林子里,应当尽快实施围堵。

围　堵

每组猎手都拿着一个线轴,一边轻手轻脚地往前走,一边转动线轴放线,然后把放下来的线固定在灌木、乔木或是

树墩子上,这样,线离地面就有二十厘米左右,上面的小旗子就可以随风飘摆了。

在村口,两组猎手相遇了:整个林子都被包围了。

猎手们嘱咐村民第二天天一亮就起床,而后他们也去睡觉了。

深 夜 里

月夜,寒气逼人。

母狼站起身,接着公狼也站了起来,然后是那些今年才出生的几只

小狼。

周围是片小树林,天空中的一轮圆月正挂在云杉那毛茸茸的尖顶上,好像一个死气沉沉的太阳。

狼已经饿得肚子咕咕直叫。

好难受。

母狼抬起头,对着月亮嗥起来,接着是公狼低沉的声音,然后就是那些小狼还略显稚嫩的叫声。

村子里的牲畜听见了狼的叫声,顿时,牛的哞哞声、羊的咩咩声混成一片。

狼群出发了:母狼打头儿,小狼居中,公狼垫后。

它们一步一步小心地开始向村子进发。

突然,母狼站住了,小狼、公狼也都停下了脚步。

母狼那凶恶的眼睛四下环顾着,灵敏的鼻子嗅到了鲜红布片散发出的苦涩气味,它们看到,林边的灌木丛上有布片在晃动。

母狼见多识广,阅历颇深,但这种景象它还从未见过。它知道,有布片晃动的地方,应该会有人,它对人类还是有些了解的。说不定,人类现在就躲在灌木后边的田地上呢。

应该后退。

母狼掉转头,急速向森林深处奔去,公狼和小狼也紧随其后。

狼群很快来到了林子的另一边——又停住了。

这里也是晃动着的布片!像一条条伸出的舌头。

狼群被整糊涂了,林子的四周,到处都是布片,没有出口。

母狼预感到情况不妙,急忙冲回林子深处躺下,公狼和小狼也只得如此。

冲不出围猎圈,只能挨饿了。真是琢磨不透这些人类,他们到底在想什么啊?

天儿变得更冷了,真是饥寒交迫啊。

翌 日

天刚蒙蒙亮,就有两队人马从村子里出发了。

其中一队全部武装着白罩衫,他们悄悄地绕到林子的一边,取下所有的小旗,扔在灌木丛后面的小土堆上。他们是带枪的真正猎手,一身白色是因为在冬季的森林里,其他颜色都太显眼了。

另一队人很多,他们是村民,手里拿着棍子,潜伏在田地里,随着队长一声令下,他们边跑边喊冲进林子,还不停地用棍子敲打树干。

捕 杀

狼群正在林子里打盹,突然听见从村子方向传来的阵阵喊声。

母狼一惊,跳起来朝林子的一边跑去,公狼和小狼紧随其后。

它们背上的毛都立起来了,竖着耳朵,眼睛直放光。

到了林边,可那里有红布在摇摆。

喊声越来越近,棍棒声轰隆作响,听得出他们人很多。

干脆就背着他们的方向跑吧。

到了林子另一边,哈哈,没有红布。

前进!

突然,灌木丛里亮起了火光,响起了猎枪声,公狼一蹦老高,砰的一声跌在了地上,小狼则尖叫着在地上打转。

没有一只狼能逃得过我们猎手精准的枪法,可那只母狼却神奇地消失了,没有人知道它的去向。

从此,村子里再也没有牲畜丢失了。

猎　狐

有经验的猎手可以通过脚印得知关于狐狸的一切信息。

清晨,瑟索伊奇走出家门,发现远处被雪覆盖的田地上有一串清晰的狐狸脚印。我们的小个子猎手并没有急于走近脚印,而是站在原地琢磨起来。他脱下一只滑雪板,单膝跪在上面,把一个手指弯曲着伸进脚印,先是竖着测了测,接着又横下比了比,又想了一会儿,这才站起身来,戴上滑雪板,沿着那些脚印前行,还一直目不转睛地盯着那些印迹。最后,脚印消失在一片灌木丛下,瑟索伊奇穿过灌木丛,来到一片小树林前,不慌不忙地绕着小树林走了一圈。

可是,当他刚要从小树林的一边进去时,马上就又退了出来,手里并没有滑雪棒,他就直接踩着滑雪板飞快地向村子奔去。

冬季的白天可是很短的,可光是观察脚印就花去了整整两个小时的时间,瑟索伊奇已经下定决心,今天无论如何要捉住这只狐狸。

瑟索伊奇来到另一个猎手——谢尔盖——的家门口,谢尔盖的母亲从窗户里看见了他,忙出来跟他打招呼:

"我儿子不在家呀,他也没告诉我他去哪儿了。"

瑟索伊奇知道老人在说谎,但他只是笑了笑。

"我知道啦,他肯定在安德烈那儿!"

果然,在安德烈家,瑟索伊奇找到了两个年轻的猎手。

没瞒住瑟索伊奇,两人顿时慌了手脚,谢尔盖甚至从凳子上跳了起来,想把那个系着小红旗的准备打猎用的线轴挡住。

"别藏了,小伙子们,"瑟索伊奇一本正经地说,"昨晚,有一只狐狸从星火农庄拖走了一只鹅。它现在藏在哪儿,我也知道了。"

这番话真让两个年轻的猎手瞠目结舌。仅仅半个小时前,谢尔盖才从星火农庄的一个熟人那儿得知,昨晚有只狐狸从那儿的禽舍里拖走了一只鹅。谢尔盖赶忙把这件事告诉了好朋友安德烈,他们正在商量,怎样在瑟索伊奇得到消息之前捉住这只狐狸,谁料瑟索伊奇已经什么都知道了。

安德烈先开口了:

"是哪个长舌妇告诉你的吧?"

瑟索伊奇笑了笑:

"我不知道什么长舌妇,我只是发现了狐狸的脚印。跟你们说,这是个很大个儿的老狐狸,它的脚印很大很清楚。它从星火农庄拖走了一只鹅,在灌木丛里把它吃掉了,地方我已经找到了。这狐狸很狡猾,挺肥的,皮毛很厚,很值钱。"

谢尔盖和安德烈互递了个眼色。

"怎么? 这些都是通过脚印判断出来的?"

"是的,如果这只狐狸很瘦,整天半饥半饱的,那它的皮毛肯定稀疏、没有光泽。可这是只狡猾的老狐狸,每天都能吃得饱饱的,它的皮毛肯定是浓密、有光泽,是很值钱的。这狐狸的足迹也很不一样,很轻盈,很稳健,一个挨着一个,像是小猫的脚印。我跟你们说,如果我们能捉住这只狐狸,把它的皮剥下来,肯定会有人出大价钱来买的。"

瑟索伊奇说到这儿停了下来,谢尔盖和安德烈又互递了一下眼色,两人起身走到角落,小声嘀咕起来。

然后安德烈开口了:

"这样吧,瑟索伊奇,干脆直说了吧,你是要和我们一起去打这狐狸对吧。我们不反对,可是你也看到了,我们是自己打听来的消息,连小旗子都准备好了,本想在你得到消息之前行动的,现在看来不行了。这样吧,谁得手就算谁的。"

"如果第一轮围猎成功的话,就归你们!"小个子猎人大度地说,"可如

果第一轮围猎失手的话,第二轮围猎基本上也就不会有了。这只狐狸是外来的,我们这里的狐狸没有这么大个儿的,要是第一枪没打中的话它就会跑到很远的地方去,那就再也抓不到它了。还有这小旗子,还是放在家里吧,这只狡猾的老狐狸,估计不止一次被围堵过了,对这东西肯定是司空见惯了。"

可两个年轻的猎手还是坚持把旗子带上,认为这样更有把握。

"好吧,"瑟索伊奇同意了,"但愿我们能成功,出发吧。"

谢尔盖和安德烈开始准备了,他们把那两个系着小旗子的线轴拿出来,绑在小雪橇上。趁他们忙活的时候,瑟索伊奇回了趟家,换了件衣服,又招呼两个年轻的小伙子叫上几个人一同前去,负责驱赶狐狸。

三个猎手都在短皮袄外面披了件白色罩衫。

"我们是去抓狐狸,不是去打兔子,"一路上,瑟索伊奇都在不辞辛苦地教导着,"兔子倒不是很机灵,狐狸却诡得很,任何风吹草动都逃不过它机敏的眼睛,只要让它发现一点儿什么异常,它就会跑得无影无踪。"

很快到达了那个狐狸藏身的小林子。大家很快分了工,负责驱赶的人原地不动,谢尔盖和安德烈拿着一个线轴往左走,瑟索伊奇拿着另一个往右走。

"看得仔细点儿,"瑟索伊奇临走前又嘱咐一遍,"看看有没有狐狸出去的迹象,千万别弄出什么声响,这狐狸狡猾得很,只要让它听到一点动静,就别想再抓住它。"

很快,两队猎手就在林子的另一边相遇了。

"一切正常?"瑟索伊奇小声问。

"完全正常,"谢尔盖和安德烈回答,"我们仔细看过了,狐狸没出去。"

"我这边也都正常。"

他们留出一百五十步远的距离作为出口,这里没有小旗子阻挡,瑟索伊奇告诉两个年轻的猎手,站在什么地方最合适,然后自己悄悄地踏上滑雪板,滑到了几个驱赶人那里。

过了半个小时,围捕开始了。六个驱赶人围成一圈,像张大网一样包围了林子,大家一边往林子中心走,一边用棍子敲打树干,瑟索伊奇站在中间,指挥着队伍。

林子里一片静悄悄的,只是被人撞了的树上会掉下来团团雪花。

瑟索伊奇紧张地等待着枪声的响起,虽说谢尔盖和安德烈都是自己看大的孩子,他心里还是替他们紧揪着。这只狐狸非常罕见——这位有经验的猎手对这点毫不怀疑,要是这次错过了,以后可能就再也没有机会了。

快到林子中心了,可枪声还是没有响起。

"怎么会这样呢?"瑟索伊奇一边走一边紧张地思索着,"按理说,这狐狸早应该从出口窜出去了啊。"

最终回到了林边,谢尔盖和安德烈从掩盖着的云杉枝下钻了出来。

"狐狸没出来吗?"瑟索伊奇大声问。

"没有。"

小个子猎人没再说什么,跑去检查围猎线。

"你们过来!"没过一会儿,就传来了他愤怒的喊声。

大家赶紧朝他跑去。

"你们这两个猎手啊!"他狠狠地责备起谢尔盖和安德烈来,"你们说没看到狐狸出去的痕迹,那这是什么?"

"那是兔子的足迹,"谢尔盖和安德烈异口同声地答道,"我们连兔子的足迹还辨别不出来吗? 我们在围网的时候就发现了。"

"可在兔子的足迹里面呢? 你们看看里面是什么? 还一直跟你们讲,这狐狸非常狡猾。"

瑟索伊奇这么一说,两个年轻的猎手才发现,在长长的兔子的后脚印里可以看出有其他痕迹,这痕迹圆圆的、短短的,是另一种动物的足迹。

"你们没想到,这狐狸会踩着兔子的脚印出去,来掩饰自己的足迹吧?"瑟索伊奇真的发火了,"这狐狸多狡猾啊,脚印对着脚印,点对着点,你们这两个笨蛋,让大家白白浪费了这么长时间。"

瑟索伊奇命令大家暂且把小旗子留在原地,带头沿足迹跑去。

大家都不做声了,紧紧地跟在他后面。

在一片灌木丛里,这狐狸的脚印从兔子的脚印中脱离了出来,单独前行了,大家顺着这脚印又走了好久。

本来就不是很晴朗的冬日在青紫色乌云的笼罩下显得愈发昏暗了,大家都开始垂头丧气了:白白浪费了一整天的时间。脚下的滑雪板也显得愈发沉重了。

突然,瑟索伊奇停下了脚步,他指着前边的一片小树林小声说:

"狐狸就在那里面。再往前五公里是一大片空地,上面一棵树都没长,野兽最忌讳这种开阔的空地了。我敢打赌,它就在这小林子里。"

几个年轻的猎手顿时来了精神,倦意全无。

瑟索伊奇吩咐着:"三个驱赶人跟着安德烈往右走,另外两个跟着谢尔盖往左走,把森林围起来。"

大家马上分头行动起来。

瑟索伊奇则悄悄地来到林子中间,那是一片不大的空地。狐狸是无论如何不会跑到前面那片大空地上的,可它不管从哪个方向穿过小树林,都得经过这片空地的边缘。

这空地中间长着一棵高大的云杉树,它茂密有力的枝干支撑着旁边一棵已经枯死的云杉。

瑟索伊奇脑子里闪过一个念头,他想顺着这棵斜倒的云杉爬到那棵大云杉上去,从高处就可以看到狐狸在哪儿了。因为在这片空地周围只长着一些低矮的小云杉,还有几棵光秃秃的白杨和白桦。

但这位经验丰富的猎手转念一想:有他爬树的工夫,那狐狸可以从这里跑十个来回了,而且从树上开枪也不方便。

大云杉的旁边有个树桩,树桩两边是两棵小云杉,我们的猎人就蹲在这树桩上,端着双筒枪,警惕地环顾着四周。

已经可以听到各个方向传来的驱赶人说话的声音了。

凭着自己多年的经验,瑟索伊奇能感觉得到,这只珍贵的狐狸现在离他很近,就在他旁边。每一秒钟它都有可能出现——可当一个棕色皮毛的小兽闪现在树干间的时候,瑟索伊奇还是颤抖了一下。出人意料的是,这小兽直接蹿到了空地上来,瑟索伊奇都没来得及开枪。

也没必要开枪了:那不是狐狸,而是一只野兔。

野兔蹲在雪地上,警惕地晃动着耳朵。

316

四面八方的说话声越来越近了。

兔子赶忙蹿进密林里，不见了踪影。

瑟索伊奇又进入了紧张的等待状态。

突然，右边传来砰的一声枪响。

狐狸被打死了，还是被打伤了？

左边又传来一声枪响。

瑟索伊奇把枪放了下来：不是谢尔盖，就是安德烈，肯定有一个人打中了狐狸。

几分钟之后，几个驱赶人来到林子中心的空地上，谢尔盖也一脸窘迫地回来了。

"没打着吗？"瑟索伊奇沉着脸问。

"那会儿它就躲在灌木丛后面，可是……"

"在这儿呢，"后面传来了安德烈愉快的声音，"别担心，它跑不了的！"

说完，安德烈把他打中的猎物扔在了瑟索伊奇脚下——那只灰兔。

瑟索伊奇本想开口说点儿什么，却又马上闭上嘴。几个驱赶人都疑惑地看着三个猎手。

"嗯，就这样吧，"最后，瑟索伊奇平静地说，"现在我们回家吧。"

"那狐狸呢？我们就不打了啊？"谢尔盖问。

"你看见它了吗？"瑟索伊奇反问道。

"没看见，只看见这只野兔。可说不定那狐狸现在就躲在哪个灌木丛后边呢，我们还是可以……"

瑟索伊奇摆了摆手："我看到它被一只山雀带到天上去啦！"

走出小树林以后，小个子猎人故意放慢了脚步，落在了大家后面。天还没黑，完全可以看得清雪地上的痕迹。

瑟索伊奇又慢悠悠地绕着小树林转了一圈，还时不时地停下来。

从雪地上可以清楚地看到兔子和狐狸进入林子的痕迹。瑟索伊奇开始仔细观察狐狸的脚印。

狐狸并没有踩着来时的脚印出去，而且按理来说，狐狸也不会这样做的。

没有走出林子的痕迹，兔子的、狐狸的都没有。

瑟索伊奇在一个树桩上坐下来，双手撑着脑袋思考起来。最后，瑟索伊奇脑子里冒出一种非常简单的可能性：那狐狸在林子里刨个洞，藏进洞里。这一点猎人当初真是没想到。

瑟索伊奇抬头一看，天已经完全黑下来了。虽然想出了这种可能性，可现在要想找到这只狡猾的狐狸也是不可能的了。

瑟索伊奇只好赶紧回家了。

可只要是动物方面的疑惑，瑟索伊奇都会想方设法把它搞清楚。

第二天一大早，小个子猎人又来到了这片树林，这一次他看到了狐狸出去的痕迹。

瑟索伊奇顺着脚印往林子里走，他要看看这个狐狸藏身的洞到底在哪里，可狐狸的脚印一直把他带到了林子中心的那片空地上。

那行清晰整齐的脚印顺着那棵枯死斜倒的大云杉树一直往上延伸，最后消失在那棵挺立的大云杉树浓密的枝杈间。在那里，在离地面八米左右的一棵粗大的树枝上，一点雪都没有，看得出，是有个什么动物曾趴在这里，把上面的雪全都碰掉了。

原来，昨天，当瑟索伊奇站在树下严阵以待的时候，那狐狸就趴在他的头顶上！如果狐狸会笑的话，它昨天肯定笑得前仰后合。

瑟索伊奇就想啊，狐狸都能爬到树上去，那笑肯定也不是什么不可能的事了。

无线电呼叫

呼叫！呼叫！

这里是《森林报》编辑部。

今天是十二月二十二号，冬至。今天，我们将进行本年度的最后一次无线电呼叫。

我们呼叫各地：冻土带、草原、原始森林、沙漠、高山和海洋。

在转入深冬的日子里，在白昼最短、黑夜最长的日子里，请大家都来讲一讲各自那里的情况吧。

回应！回应！

来自北冰洋岛屿的回应

我们这里终日是漫漫长夜，太阳已经远离了我们，春天到来之前它都不会再出现了。

海洋上覆盖着厚厚的冰层，我们这些岛屿上的冻土带俨然成了一个冰雪世界。

那么，在这寒冬时节，有什么动物在我们这里活动呢？

被冰层覆盖的大洋里还生活着海豹，在冰层还比较薄的时候，它们就在冰面上打出许多小孔，并努力保持这些小孔的通畅，小孔的表面刚刚冻上一层冰，它们就会迅速游过去，用拱嘴把它顶破。海豹就是通过这些小孔来呼吸外面的新鲜空气的，呼吸完它们就会游回冰下，找个安全的地方睡大觉。

看，一头白熊正在偷偷靠近一只在冰孔处呼吸的小海豹。这是只雄性白熊，它们是不冬眠的，而雌性白熊则不同，它们会藏进冰洞里睡上整整一冬。

在雪下的冻土带还生活着一种兔尾鼠，这种鼠因尾巴像兔子一样短而得名。它们在雪下钻来钻去，打出许多通道，到处寻找枯草吃。虽然它们藏得很隐蔽，可嗅觉灵敏的北极狐却可以轻而易举地找到它们，并把它们刨出来吃掉。

对于北极狐来说还有一种美味，那就是生活在冻土带的野山鹑。这种野山鹑是钻到雪下去睡觉的，可对于嗅觉灵敏的北极狐来说，找到并抓住它们并不是什么难事。

除了这些之外，我们这里就再没有其他鸟兽了。就连北极鹿也在冬季来临之前离开了北冰洋岛屿，踏着冰路奔往原始森林了。

大家可能要问了，这里终日是漫漫长夜，没有太阳，到处是漆黑一片，我们是怎么看清东西的呢？

这你就不知道了吧，我们这里虽然没有太阳，却常常有亮光。第一，太阳虽落下去了，月亮却会经常出现；第二，我们这里常常会出现一种北极特有的亮光——极光。

这是一种闪耀着五颜六色光芒的神奇亮光。有时,它会像一条宽阔的彩带,瞬时在天边铺展开来;有时,又像瀑布一般飞流直下;有时更像拔地而起的利剑直指苍穹。冰雪世界被极光一照就会白光四射,到处亮堂堂的,如同白昼一般。

你问我们这里冷吗? 冷,当然冷了,简直是酷寒难耐。更糟糕的是时常伴有大风,这段时间还刮起了暴风雪,这暴风雪已经肆虐了整整一个礼拜,我们的房子都被大雪掩埋了,这几天只能闭门不出。

但是,任何的严寒和暴风雪都不可能吓倒我们,我们在逐年地向北冰洋的更深处进发,很多勇敢的极地考察员甚至早就开始对北极极地虎视眈眈了。

来自顿涅茨克草原的回应

我们这儿也常常下雪,但冬天并不漫长难耐,有些河流甚至都不封冻的。

那些从北边的湖泊飞来的野鸭,不想再继续南行了,就在这里停留下来,还有很多白嘴鸦也从北方飞来了,滞留在我们这里的城市和农村。这里有充足的食物,它们会一直待到三月中旬,然后重返故乡。

还有一些远方冻土带的客人也来我们这里过冬,有雪域铁脚鸡、凤头百灵、极地大白鸦等。极地大白鸦习惯白天出来捕食,这也难怪,它们生活在冻土带,那里的夏天终日是漫漫白昼,它们也就因此形成了白天捕食的习性。

空旷辽阔的草原被白雪覆盖得严严实实，一切地上工作都停止了。与此同时，地下的劳动却进行得热火朝天，矿工们在矿井深处用机器采煤，然后通过电力把煤拉升到地面上，再装上火车运往全国各地，运进各类工厂。

来自新西伯利亚原始森林的回应

原始森里里早已覆盖上了厚厚的雪层，猎人们踏上滑雪板，浩浩荡荡地到森林里打猎。他们身后拖着轻便雪橇，上面放着干粮之类的生活必需品，前面驱赶着猎犬，这些猎犬一个个都竖着尖尖的耳朵，一身蓬松的犬毛迎着凛冽的寒风，很是威风。

原始森林里的珍贵野生动物可真是不少。这里有不计其数的松鼠、珍贵的黑貂、毛茸茸的猞猁、白亮亮的雪兔、巨大的驼鹿、棕红色的艾鼬。画家们用的优质画笔就是用这种艾鼬的毛做的，而那些白鼬的皮毛，在过去是专门用来给沙皇制作长袍的，现在则经常用这种皮毛给孩子们做帽子。这里还有火红色的、棕黑色的狐狸，数不尽的珍奇美味，如榛鸡、松鸡等。

而熊为了不被猎人发现，早已躲进隐蔽的洞穴里冬眠去了。

猎人们在林子里一待就是几个月，夜晚他们在小木屋里过夜，白天则到处安置捕兽器。猎犬也不闲着，成天在林子里游走，闻闻这里，看看那边，松鸡、松鼠、黄鼬、驼鹿，甚至是冬眠的熊，都免不了要被它们发现的。

几个月后，猎人们捕到了不少的珍奇野兽，他们把沉甸甸的战利品拴在雪橇上，成群结队地回家了。

来自卡拉库姆沙漠的回应

在春季和秋季，这里并不是荒漠，是有生命存在的。

而在夏冬两季，这里一片死气沉沉。夏天是沙海和烈日的烘烤，冬天则是难以忍受的严寒。

鸟兽们早都逃离这可怕的地方了。虽然太阳每天都升起，可那也是枉然了，没有谁来为这明媚的阳光欢呼雀跃。偶尔有些地方的雪会被太阳晒化，可那又能怎么样呢，下面不过是一片死气沉沉的黄沙罢了，如果再刨得深些，倒是能看到一些龟、蜥蜴、蛇、昆虫之类，不过它们也早都被冻僵了，一动不动地趴在那里。

狂风肆无忌惮地在这里咆哮着，在这难耐的寒冬时节，它就是这沙漠上的霸主。

但这狂风也不会嚣张太久。现在人们正在沙漠上奔走——开沟引渠，植树造林，在不久的将来，冬夏两季的大漠也会是一片生机勃勃了。

来自高加索大山的回应

我们这里是冬夏的结合体，可以说是冬中有夏，夏中有冬。

高耸入云的峰顶上常年覆盖着厚厚的积雪和冰层，即使盛夏的烈日也无法将它们融化。可那重重的山峰又像是一堵坚实的围墙，冬日里那刺骨的寒气也无法穿透这围墙的，山谷里照样是百花盛开，海里依旧是波涛汹涌。

一到冬天，峰顶上的岩羚羊、野山羊、野绵羊都纷纷下山，但它们并没迁徙到很远的地方去，因为只要到山脚下就很暖和了。山顶和山脚的温差到底有多大呢，这么说吧，冬天里，山顶上飘的是雪，可到了山脚下、山谷里，下的就是雨了。

前不久，我们还在园子里采摘了很多的柑子、橙子和柠檬，并把它们交给国家。园子里还盛开着玫瑰，而且到处都是蜜蜂在嗡嗡作响。向阳的坡面上已经开出了春天的第一批花朵，有白白的、长着绿芯的雪莲花，有淡黄色的蒲公英。

我们这里常年都盛开着花朵的，而且一年四季都能看到山鸡在飞舞。每当冬季来临，天气变冷的时候，我们这里的鸟兽就会纷纷离开自己夏天的居住地，但它们只需稍稍下移，来到半山坡或山脚下就可以了，那里暖和

而且食物充足，它们可以舒舒服服地度过寒冬。

还有很多来自远方的客人呢！那是从寒冷的北方飞来的逃难者，有苍头燕雀、椋鸟、云雀、野鸭，还有一种长着长鼻子的鹬——丘鹬。我们这里绝对是过冬的好地方，又暖和又有好吃的东西。

虽然今天是冬至，是白昼最短、黑夜最长的一天，可新年马上就要到了，到时候白天会更加的阳光明媚，夜晚也会更加的星光璀璨。在这里，我们出门都不用穿棉大衣的，轻装上阵一点也不感觉冷。我们欣赏着高耸入云的山峰，还有那细细的镰刀状的弯月，享受着那平静的海浪轻轻拍打脚面的感觉。

来自黑海的回应

现在，我们这里是很惬意的。白天，海浪轻轻拍打岸边，岸边的鹅卵石在海浪的冲刷下轰隆作响。到了晚上，海面就变得平静了，上面还倒映着那弯细细的镰刀状新月。

海上的风暴早就过去了。还记得当初海面是怎样的波涛汹涌，那时狂风大作，海浪猛烈地拍打岸边的礁石。不过那是秋日的黑海，现在已经是冬天了，很少有那种大风天气了。

我们这里是没有冬天的，即使是在这个月份里，海水也只是稍稍变凉，只有在北岸才结些薄冰。在我们这里，一年四季都能看到海豚在水里欢快地嬉戏，黑鸬鹚在扎猛子，还有海鸥在海面上空翱翔。终年都有大型内燃机船和蒸汽机船在海里航行，还有飞驰的摩托艇，轻轻飘荡的小帆船。

各种各样的潜鸟、潜水鸭、胖胖的鸊鷉也都飞到这里来过冬了，鸊鷉是

粉红色的,长喙下面还挂个口袋,那是用来装鱼的。

黑海的冬日热闹依旧,一点也感觉不到寂寞。

《森林报》编辑部的总结

大家都看到了,我们祖国各地,以及在周边的各个地区,冬日的情景真是不尽相同,有些地方甚至是完全相反的。

无论你到哪里去,无论你住在哪里,到处都有美景等你去欣赏,到处都有事业等你去完成,我们要积极发现新的美景,努力开发新的资源,力争建设更新、更美的生活。

到这里,本年度的第四次,也是最后一次无线电呼应就结束了。

明年再见!

打 靶 场

＊＊＊第十次竞赛＊＊＊

1. 按照历法,冬季是从哪一天开始的? 这一天的特点是什么?

2. 在哪种野兽的足迹上看不到爪印? 为什么?

3. 哪些野兽皮毛珍贵却让渔夫倍感头疼?

4. 树木在冬日里会继续生长吗?

5. 为什么猎人喜欢在刚下过雪之后外出打猎?

6. 哪些鸟类是躲在雪下过夜的?

7. 冬季猎人在树林里、田野里打猎时最适合穿什么颜色的衣服?

8. 奔跑的兔子留下的脚印总是后脚脚印在前脚脚印之前,这是为什么?

9. 那些飞到南方去过冬的鸟儿会在那里筑巢吗?

10. 这是哪种动物留在雪地上的脚印?

11. 森林里哪种鸟类的眼睛是靠近后脑勺的,为什么?

12. 有一种小动物,不论是狐狸,还是黄鼬都不会去吃它,这是什么小动物?

13. 哪种野兽的足迹和人类的脚印相像?

14. 有时候,猎人捕到的野兔背上会有猫头鹰或老鹰的爪印,这是为什么?

15. 图上这串脚印是一只被猎人打伤的狍留下的,请问这只狍是哪里受伤了?

16. (谜语)一件大衣空中摆,既无前襟,也没纽扣。

17. (谜语)野外一群马,整日嘶叫,不把家回。

18. (谜语)整日雪上跑,从不留踪迹。

19. (谜语)老头门前过,温暖全带走,自己不停留,也不让人待。

20. (谜语)此人本领大,钉子斧头全不用,建座大桥河上跨。

21. (谜语)晶莹剔透宛如钻石,却平平常常并不珍贵,冬季里俯首皆是,夏日里却难找难寻。

22. (谜语)四方奔走,拼命呼叫,到处耀武扬威。

23. (谜语)撒下把把小粒,收获张张大饼。

24. (谜语)无需撒种,不用脱粒,水里一放,石头一压,冬季佳肴。

布 告

这些都是什么动物的脚印?

图1. 这是什么动物的脚印?

图2. 这是什么动物的脚印?

图3. 这又是什么动物的脚印呢? 兔子的? 对,是兔子的脚印,不过这些是雪兔和灰兔两种兔子的脚印,那么请问,哪些脚印是雪兔的? 哪些脚印是灰兔的?

冬天是一本自学教材

冬天不仅是一本书,还是一本自学教材,每个人都可以读懂它的。

别闷在屋里了,赶快出来,去尽情地领略一番这本大书的魅力吧,去森林里、田野里,或者是花园里都可以的,去仔细地观察一下雪地上的各种印记吧,看看它们都是哪种野兽、哪种鸟类留下的。

你一定可以看明白的,一定可以读懂冬季这本伟大的书籍的。

别忘了森林里那些无家可归、饥寒交迫的小伙伴们!

太难了,唉,太难了! 森林里的各种鸟儿们现在迎来了最艰难的时期! 它们在拼命地找寻,想找寻一个避寒的住所,来躲避狂风的侵袭,但它们往往找不到,于是就被活活冻死了。

"咕,咕,咕,来救救我们吧!"

让我们行动起来,去帮帮那些可怜的小家伙吧!

我们来给鸣禽搭些小木屋,再在田野上用云杉枝和禾秸秆给山鹑们搭些小窝棚吧。

别忘了顺便在里面放些食物让它们享用!

邀请山雀和鸸来做客

山雀和鸸非常喜欢吃油脂,但不能吃腌制过的,因为发咸的油脂会让它们肚子疼。

现在正是山雀和鸸的艰难时期,如果你想邀请这两种可爱又调皮的小鸟来家里做客,想喂喂它们,顺便观察和欣赏一番,你不妨这样试试:

找一根小棍,在上面钻出一排小孔,把小孔里滴满热油脂,猪油或是牛油都可以的,等油脂冷却后,把小棍挂在窗外,如果窗前有棵树,可以挂在树上,那样效果会更好呢。

那些欢快小巧的客人们早就按捺不住了,它们会迫不及待地飞来享用一番。为了表达感激之情,它们会顺便奉上一系列精彩的节目:旋转、倒挂、侧翻等等,肯定会让你大饱眼福的。

NO.11 酷寒难耐月（冬季第二月）

1 月 21 日至 2 月 20 日　太阳进入水瓶宫

一年:有十二个章节的太阳组诗(1 月)

提到一月,人们会有各种各样的说法,说它是由冬向春的转折点,是一年的开始,是冬季的中点,说一月阳光明媚,又说一月寒气逼人。随着新一年的到来,兔子跳跃的速度也会加快。

大地、河湖、森林全被白雪覆盖,一切的一切都沉浸在梦乡中,唤也唤不醒,好像死去了一般。

在这难熬的时候,大家似乎都学会了装死。草丛、灌木、乔木都静止不动了,仅仅是静止不动而已,但并没有死去。

它们在冰雪的覆盖之下显得死气沉沉,可实际上它们是在积攒力量,它们蓄势待发,准备着成长,准备着开花。松树和云杉把自己的种子紧紧地包在球果里,好像握紧拳头攥住了它们似的,把它们保存得完好无损。

那些冷血动物的血似乎都凝固了、冻僵了,但它们也没有死去,就连那最柔弱的蚊虫,也找到各自的安身之处躲藏起来了。

鸟类则是热血动物,它们从来不冬眠。很多野兽,就连那小小的田鼠,也照样跑来跑去,精神得很。更不可思议的是,洞里的熊会在一月的严寒中产下自己的幼崽,而且尽管母熊整个冬天都不吃东西,可照样能用乳汁把熊宝宝哺育到春天!

林中轶事

森林里太冷了,太冷了!

刺骨的寒风肆意地在空旷的田野里游荡,在森林里光秃秃的白桦和杨树之间穿行。它钻进鸟儿紧绷的羽毛里,穿透野兽厚厚的皮毛,把它们的血都冷却了。

地上、树枝上,哪儿都待不了,到处都被白雪覆盖着,踩上去会把脚爪冻僵的,得不停地跑啊、跳啊、飞啊,这样才能稍稍暖和些。

那些有洞、有巢穴的家伙可就舒服多了,它们的窝里储备了充足的食物,什么时候饿了就美美地吃上一顿,然后再缩成一团,香香地睡它一觉。

接 班 儿

渡鸦最先发现了那具马尸。

"哇!哇!"——飞来了整整一群渡鸦,准备开始享用晚餐。

已经是晚上了,天黑了,月亮也出来了。

这时从林子里传来"呜!呜"的叫声。

渡鸦赶紧飞走了,从林子里飞出一只鹰,直奔马尸而来。

鹰开始享用晚餐了——它啄食着地上的腐肉,晃着脑袋,拍着翅膀,吃得正带劲——这时,雪地上传来了沙沙的脚步声。

鹰赶紧飞进林子,狐狸来了。

狐狸咯吱咯吱地嚼着——还没吃饱,狼又登场了。

狐狸慌忙躲进灌木丛。狼一下子朝腐肉扑过去,它的毛都竖起来了,牙齿像刀子一样——撕扯着马肉,吃得好痛快,边吃边发出呜噜呜噜的声音,对周围的一切充耳不闻。这家伙还不时地抬起头,呲下牙——谁都别过来!——然后就又开始低头猛吃。

突然,它的头顶上传来一声沉闷的吼叫,狼被吓得差点瘫倒在地上,夹着尾巴慌忙逃跑了。

森里之王——熊登场了。

现在可没有谁敢靠近了。

天都快亮了,熊才吃饱,心满意足地回去睡觉了。狼一直在它后面站着,等着接班呢。

熊走了——狼来了。

狼吃饱了——轮到狐狸了。

狐狸也吃饱了——鹰才飞回来。

鹰吃饱了——渡鸦这才又飞聚过来。

此刻已是早晨了,免费的午餐已经被享用殆尽,只留下一些残羹剩饭。

吃饱的动物不怕冷

对于所有的鸟兽来说,填饱肚子是重中之重。饱餐一顿能让它们体内发热,血液升温,暖意经由所有的血管传遍全身。皮下脂肪好像是给温暖的皮毛或厚厚的羽毛加了一层绝妙的衬里,寒风可以穿过兽毛,可以穿过羽毛,但是无论如何也穿不过皮下脂肪。

如果能够获得充足的食物,那就完全不用惧怕寒冷了。可是在冰天雪地的冬季,该从哪儿获取食物呢?

狼在林子里徘徊着,狐狸也在林子里游荡着,可林子里空荡荡的,什么也没有。所有的小兽都藏起来了,小鸟也都飞走了。白天有渡鸦在打转,夜晚有游隼在盘旋,它们都在寻找猎物,可到处空空如也。

饿呀,好饿呀!

植物的芽在哪儿过冬

现在,所有的植物都处于休眠期,它们需要做好迎接春天的准备,得开始孕育自己的幼芽。

这些幼芽在哪儿过冬呢?

乔木的幼芽位于地面之上，而草的育芽地点则各有不同。

森林里的繁缕把芽包在叶基与茎的连接处，这些小芽一直都是鲜活的、嫩绿的，可叶子刚入秋就变得枯黄了，整棵植物像死去了一样。

而蝶须草、卷耳草和其他许多阔叶林中的低矮小草，不仅把自己的芽藏在雪下，整株植物也都完好无损地保存在那里，准备来春返青。

所有上述的草芽都在地面之上过冬的，虽然离地面并不很高。

其他一些草芽的过冬方式就与此不同了。

像艾蒿、旋花、草藤、睡莲、驴蹄草之类，在地面上已经什么都不剩了，只留下一些已经腐烂了的茎叶。

如果想找到这些草类的幼芽，就得到土里面去找了。

像草莓、蒲公英、三叶草、酸模、菁草等草类的芽也在土里，但是被一团团的绿叶包裹着，这些草类也会在冰雪融化之前破土返青的。还有许多其他的草类也是把幼芽保存在地下的，像用地下根茎保存幼芽的铃兰、舞鹤草、柳穿鱼、柳兰、款冬，利用地下鳞茎的野蒜和顶冰花，还有块茎的紫堇。

以上讲述的是陆生植物如何保存自己的幼芽的，至于那些水生植物的幼芽，则会在池塘或湖底的淤泥里度过漫漫寒冬。

巴甫洛娃

小木屋里的不速之客

在这个食物匮乏的月份里，森林里的所有鸟兽都在想方设法地向人类的居住地靠近。那里可以更容易地搞到食物，靠着那些人类扔出来的残羹剩饭就可以填饱肚子了。

看来是饥饿战胜了恐惧，这些一向小心谨慎的鸟兽也不再害怕人类了。

琴鸡和山鹑溜进了打谷场和粮仓，灰兔跑进了菜园，白鼬和伶鼬则钻进地下室捉老鼠去了，雪兔索性跳到村口的干草垛上大吃

特吃起来。还有一只小山雀居然飞进了我们《森林报》通讯员在林子里搭建的小木屋里。这小家伙长得黄莹莹的，两颊却是白色的，胸前还有黑色的小条纹。它对人类毫无惧色，敏捷起跳上餐桌，啄食上面的面包渣。

我们的通讯员把门一关，这家伙就成了人类的俘虏。

这小家伙在木屋里整整住了一星期，没人碰它，也没人喂它，可它却一天天地胖了起来。原来，它成天在屋里"打猎"呢：捉蟋蟀，逮苍蝇，再不就是啄食一些残渣，夜里就缩进大炉子后面的缝隙里睡觉。

过了几天，屋里的苍蝇啊、蟑螂啊都被它捉光了，这家伙就开始啄面包渣，破坏书籍、纸盒之类，反正是看见什么就奔什么去。

我们的通讯员这才打开小木屋，把这小小的不速之客赶了出来。

和爸爸一起去打猎

一大早，我就和爸爸一起出发去打猎了。冬天的早晨好冷好冷，雪地上有很多脚印，爸爸告诉我："这是一串很新的脚印，离这儿不远，肯定有只兔子。"

爸爸让我沿着这串脚印往前走，他自己则留在那儿候着。如果把兔子从它的藏身地赶出来，它总是转个圈，然后顺着自己的脚印原路返回。

我沿着这脚印走了好久，脚印延伸到很远，可我一直坚持着，终于赶上了它。这家伙原本躲在一片灌木丛下，受惊后转了个圈，顺着自己之前留下的脚印往回跑。我迫切地等待着枪声的响起，时间一分一秒地过去了，突然，一声枪响打破了沉寂。我顺着枪声的方向跑去，很快就看到了爸爸，那只兔子躺在离他大概十米远的地方。我捡起兔子，跟爸爸一起带着我们的战利品回家了。

达尼连科夫

森林法则对谁无效

现在，森林里的所有鸟兽都饱受严寒的折磨。森林法则是这样的：冬季要努力克服饥饿和寒冷这一关，孵育幼鸟是绝对不能考虑的，那是夏天的事，那时候天气暖和且食物充足。

如果谁在冬季仍有充足的食物的话,这条法则对它可就不适用了。

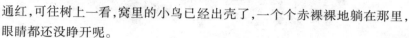

我们的通讯员在一棵高大的云杉树上找到了一个小小的鸟巢,那鸟巢坐落的枝杈被白雪覆盖得严严实实,巢里却躺着几个鸟蛋。

第二天,我们的通讯员又来到了这棵树旁,当时天气冷得出奇,大家的鼻子都冻得通红,可往树上一看,窝里的小鸟已经出壳了,一个个赤裸裸地躺在那里,眼睛都还没睁开呢。

怎么会有这么奇怪的事呢?

其实也没什么奇怪的,这是一对交喙鸟,它们在这棵云杉树上筑了巢,并且孵化了幼雏。

这正是交喙鸟的特点,冬季的严寒和饥饿都吓不倒它们。

在森林里,一年四季都可以看到成群的交喙鸟。它们整日欢快地鸣叫着,从一棵树跳到另一棵树,从一片林子飞到另一片林子,它们常年居无定所,今天在这儿,明天去那儿。

春天里,鸣禽们都两两一对地挑选一小块儿小地盘,在那儿居住,孵化幼鸟。

可这个时候的交喙鸟却成群结队地满林子乱飞,从不在一个地方久留。

在这叽叽喳喳的飞鸟群里从来都是有老有幼,好像幼鸟就是在空中飞行过程中出生的似的。

交喙鸟又称"小鹦鹉",因为它们的羽毛就像鹦鹉一样光鲜艳丽,而且,它们也可以在小杆子上自由攀爬、打转,这点和鹦鹉也是相似的。

雄性交喙鸟的羽毛是深浅不同的橙红色,而雌鸟和幼鸟则是绿色和黄色的。

交喙鸟的爪子抓力很强,喙又善于钩挂。它们喜欢用爪子抓住上面的树枝,用喙钩住下面的枝杈,头朝下悬挂在树上。

最令人不可思议的是,交喙鸟死后,身体在很长一段时间内都不会腐烂。一只老交喙鸟的尸体可以保存二十年左右,它身上的羽毛一根都不会

掉,更不会有腐烂的气味,就像一具木乃伊。

　　最有趣的还是交喙鸟的喙,这样的喙可是任何其他鸟类都没有的。

　　它们的喙是十字交叉的:上面的朝下弯,下面的往上拐。

　　交喙鸟的所有力量都集中在那张喙上,它身上的所有神奇之处也都与之有密切关联。

　　刚出生的小交喙鸟也长着那种直直的喙,和其他鸟类并无大异。随着小交喙鸟慢慢长大,它们就开始用喙啄食杉树和松树球果里的种子,这样,它们那张还处于发育阶段的喙就开始卷起来变成十字形,而且这种形状会保持一生。喙长成这样是很有好处的,它们可以随心所欲地从果球里啄食种子。

　　这样谜团就解开了。

　　那交喙鸟又为什么成天在各个林子之间飞来飞去呢?

　　那是因为它们在寻找果球又多又好的地方,比如说今年我们列宁格勒州果球大丰收,交喙鸟就全都聚集在我们这里,要是明年在北方哪个地区果球又多又好,交喙鸟就会涌向那里。

　　还有一个问题,为什么它们在寒冬里还照样鸣叫、照样孵化幼鸟呢?那是因为它们的巢里很暖和,里面有柔软的绒毛、羽毛和兽毛。雌鸟产下第一枚卵后就再也不出窝了,食物都是雄鸟叼回来的。

　　雌鸟若整天趴在窝里孵蛋,等到雏鸟破壳了,雌鸟就把杉树或松树子吞进嗉囊软化,然后再喂给雏鸟,树上的果球可是一年四季都有的。

　　若是一对交喙鸟相遇并情投意合,想要建个自己的小家、生孩子,它们就会飞离鸟群,春夏秋冬任何时候都可以飞走。它们会建个小巢,在那里生活,等到雏鸟长大,它们这一大家子又会重新飞回鸟群。

现在,就剩下最后一个问题了:为什么交喙鸟死后会变成木乃伊呢?

这全都是因为它们整天吃球果,杉树子、松树子里都还有大量的树脂。一只老交喙鸟在它漫长的一生中要吃掉太多的树脂,这些树脂存积在它们的身体里,它们死后就不会腐烂啦!

埃及人就是通过把树脂抹在死者身上的方法来制作木乃伊的。

魔高一尺,道高一丈

深秋里,熊为自己选了个造洞的好地方,那是一个长满了小云杉树的山丘的斜坡上。它用爪子把云杉树的树皮剥下来,撕成一个个窄条,然后拖回山丘上的洞里,再在上面铺上柔软的兽毛。它还把洞外的小云杉树咬断,倒下的小云杉树盖在洞口上,真像一个小窝棚。熊爬进洞里,放心安睡。

可还没过一个月,这洞穴就被北极犬找到了,熊好不容易才枪口脱险。这下只能直接躺在雪上了。也好,这样更容易听到周围的风吹草动,谁料这次它还是没能逃过猎人的眼睛,不过总算还是有惊无险。

于是熊第三次躲了起来。这一次它的藏身地是谁也不会想到的。

直到春天,大家才发现,原来这熊一直在一棵大树上高枕无忧。这棵大树饱经暴风雨洗礼,枝杈直指天空,这样中间就形成了一个"洞"。夏天的时候,鹰曾叼来干树枝和枯树叶之类在这里筑了个巢,孵化完雏鸟就飞走了。冬天,这"空中洞"就被这头受惊的熊发现并入住了。

当心森林里跑出来的鼠群

现在,林子里的田鼠储备的食物不够用了,于是它们纷纷离开了自己的洞穴。找吃的同时还得注意躲避银鼠、伶鼬、黄鼠之类的袭击。

林子里到处覆盖着白雪,没什么能吃的。这支饥饿的老鼠大军便浩浩荡荡向林外进发了,它们对村子里的粮仓构成了严重的威胁,人们应该加倍警惕。

紧随其后赶来的有伶鼬、银鼠之类，可它们的数量太少了，不足以把这些老鼠全部抓获并消灭。

大家一定要提高警惕，以免粮食被老鼠啃食。

都市奇闻

学校里的生物实验园地

一些学校设置了生物实验园地，那里摆放着许多箱子、瓶子、笼子之类，里面养着各种各样的小动物，这些小动物都是孩子们夏天游玩的时候捉来的。现在孩子们忙得不可开交：得给这些小动物喂食、喂水、安置住所，还要看好它们以免溜走。那里有各种各样的鸟、小兽，还有蛇、青蛙和昆虫。

其中一所学校里，我们读了孩子们夏天写的日记。看得出，收集动物的工作组织得还是很不错的。

六月七号的日记里写道："今天贴出了公告，要求大家把收集来的动物交给值日生。"

六月十号值日生是这样写的："杜拉斯带来了一只天牛，米罗诺夫捉了一只甲虫，加伏里洛夫交的是一只小虫子，雅科甫列夫送来了一只瓢虫和一只趴在荨麻上的小甲虫，博尔肖夫带来了一只小鸟。"

这样的日记几乎每天都有：

"六月二十五号，我们到池塘边游玩，捉了许多蜻蜓的幼虫，还逮住了一只北螈，这可正是我们需要的呢。"

"我们捞了很多水虫和青

蛙,青蛙有四只脚,每只脚上有四个脚趾,青蛙的眼睛黑黑的,鼻子是两个小洞,耳朵很大,青蛙对人类是有益的。"

冬天,学生们从商店买了一些我们这个地区没有的小动物,像小乌龟、各种羽毛艳丽的小鸟、金鱼、豚鼠等等。走进实验园,到处都是吱吱声、啾啾声,有毛茸茸的小动物,也有光秃秃的小家伙,真不亚于一个真正的养殖场。

孩子们还想出了一个好主意,那就是交换小动物。夏天里,一所学校捉了很多鲫鱼,另一所学校的兔子数量则大大增加,新生了很多小兔子,多得简直没处放。孩子们就拿这两种动物来进行交易:四条鲫鱼换一只兔子。

那些高年级的学生还有自己的组织,几乎每所学校都有少年自然科学研究小组。

在彼得堡的少年宫还有这样一个小组,里面聚集了各所学校选派出来的最优秀的少年自然界研究者。这些小动物学家和小植物学家聚在一起,相互学习,取长补短,探讨如何观察、捕捉和饲养各种不同的小动物,怎样制作动物标本,以及怎样收集、晾晒植物,制作植物标本。

整个学年,小组的成员会一次次地去郊外各种不同的地方旅游。一到夏天,他们还会全体出动,到离城市很远地方考察。在那里,他们会住上整整一个月,每个人都专心致志地忙自己的事:研究植物的去采集各种不同的植物,研究哺乳动物的去抓田鼠、刺猬、土拨鼠、兔子等各种不同的小兽,研究鸟类的去寻找鸟窝,观察各种不同的鸟类,研究爬虫的去捉青蛙、蛇、蜥蜴、北螈等,研究鱼类的就去抓鱼,研究水生动物的去寻找各种各样的水生动物,研究昆虫的则去收集蝴蝶、甲虫,研究蜜蜂、黄蜂和蚂蚁的生活习性。

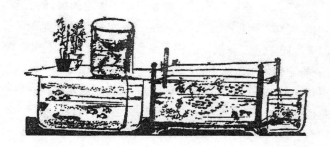

这些年少的米丘林学说追随者还在学校旁的空地上建了苗圃,苗圃虽然不大,收获却是很不错的。

此外,每个人还都会对自己的观察和工作做详细的记录。

大自然的一切,风、雨、露水、草地、河、湖、森林,以及田地里的农事,都逃不过我们少年自然界研究小组组员的眼睛,他们研究的对象数量多、范围广,他们研究我们伟大祖国各种各样丰富多彩的生物资源。

在我们国家,新的一代,不同寻常的一代正在成长,他们将是日后的学者、研究员、猎手,他们将更好地认识和改造大自然,造福人类。

免费的餐饭

现在,鸣禽们都饱受饥饿和寒冷的摧残。

一些有同情心的居民会在花园里或窗台上给它们提供食物。有的人在窗户上拴根线,上面系几块面包或油脂,有的人则直接在花园里放个篮子,里面装些面包或粮食让鸟儿们来吃。

褐头山雀、青山雀、黄雀、朱顶雀,以及其他一些鸟儿经常会成群结队地来享用这些免费的餐饭。

祝你钓钩不落空!

你说什么?冬天也能钓鱼吗?

当然可以!要知道,并不是所有的鱼类都像鲫鱼、冬穴鱼、鲤鱼那么爱睡大觉的。当然,大多数鱼类在寒冬都在一动不动地休眠,而有些鱼类,像江鳕,整个冬天都不睡觉的,它们成天游来游去,甚至还产卵呢,一月、二月对于它们来说同样是产卵期。法国人常说"睡大觉的人不用吃饭",那么不睡觉的,肯定就得吃东西了。

最可行的方法是用鱼钩从冰下钓鲈鱼,关键问题是要找到鱼冬季的栖息地。鱼栖息的地方往往是有一些特定的标志的,在自己不熟悉的河里或者湖里钓鱼,可以通过这些标志来确定鱼的栖息地,然后在栖息地附近的冰面上打一个小洞试探一下鱼是否上钩。下面我们就来讲讲都有哪些标志。

如果一条河在一个悬崖峭壁下面拐了一个急弯，那么那里肯定会形成一个深坑，每到严寒季节，鲈鱼就会成群地聚在那里。如果一条林中小溪注入了湖泊或者河流，那么在小溪的入口处肯定也有一个坑。

此外，芦苇和草丛只生长在水浅的地方，在它们后面的湖泊或者河流里会形成一个凹地，在这种地方，通常很容易找到鱼群的聚集地。

捕鱼人可以用冰镩在冰面上凿一个直径为二十到二十五厘米的洞，然后把鱼钩放进洞里，先把鱼钩放到底，试探一下水有多深，然后再小幅度地上下移动鱼钩。这样，带着鱼饵的鱼钩就在水里不停地晃动，还闪闪发光，就像一条活生生的小鱼在游动。鲈鱼耐不住性子，生怕到嘴边的美味跑掉，会一下子朝鱼饵蹿过去，这样，一条鲈鱼就上钩了。如果等了一段时间，还是没有鱼咬钩，那就得换个地方，重新凿洞，重新开始了。

要是打算捕捉"夜游神"江鳕，还可以使用冰下钓鱼具。在一根大绳上面拴三至五根小绳，小绳可以用丝线或马鬃编成，小绳之间的距离在七十厘米左右就可以了。小绳的一端拴着鱼钩，鱼钩上挂些鱼饵——一块鱼肉或者一条蚯蚓都可以。在大绳的末端拴上一块重物沉到水底，这样，挂着鱼饵的小绳就会在水里飘荡。大绳的顶端拴一根棍子，横放在冰洞上就可以了。

捕捉江鳕的好处在于，捕鱼人不必像钓鲈鱼那样一直站在冰面上挨冻，第二天早上去冰面上把绳子拉出来就可以了。到时你会惊喜地发现一条大鱼在绳子上晃动，那鱼的体形很长，滑溜溜的身上还带着老虎一样的条纹，下颌上长着一条长须，这就是江鳕。

猎　事

冬季是捕获大型野兽如狼、熊的最佳时节。

冬末是森林里的野兽们最饥饿的时候。狼饿极了，胆子也变大了，它们成群结队地在林子里游荡，甚至开始向村子靠近。熊则整天躺在洞里，很少出来活动。也有一些不冬眠的熊，它们整天四处游荡，这些家伙在晚秋的时候净顾着吃那些动物的尸体和家畜了，没来得及给自己找个冬眠的地儿,只好躺在雪地上。还有一些熊,待在洞里会感觉恐慌,也会时常出来看看。

捕猎这些游荡的猛兽,通常采用追击的方法,要带上滑雪板和猎犬。猎犬会对猛兽穷追不舍,猎人则可以踏着滑雪板跟在后面做准备。

追捕大型猛兽可不是去打鸟,随时都可能发生意外,弄不好猎人就会丧命于那些凶猛的野兽之口。

在我们州,这样的事情就曾发生过不止一次。

带着小猪去猎狼

深夜里独自去打猎是非常危险的,胆子特别大的人也很少有敢这样做的。

偏偏有这么个勇士,在月圆之夜,把马套在雪橇上,带上猎枪和一头小猪出了村。

那段时间,狼经常在附近出没,农民们不止一次地抱怨这些凶残的家伙,这些胆大包天的家伙居然敢在村子里肆无忌惮地穿行。

猎人出村后就走近一个漫无边际、险象丛生的大森林边缘。

猎人一手握着缰绳,另一只手时不时地扭一下小猪的耳朵。

小猪被四条腿捆着装在袋子里,只有脑袋露在外面。

小猪的作用就是用叫声把狼引来。小猪拼命地叫着，很自然，它的耳朵那么嫩，一扭肯定会是很疼的。

狼很快就忍不住了。没多大会儿，猎人就发现林子里出现了绿莹莹的亮点。这些亮点不停地在黑乎乎的树干之间移动。这正是狼的眼睛在闪动。

马打起响鼻，朝前奔去。猎人仍一只手紧紧地握着缰绳，另一只手不时地扭小猪的耳朵。狼群本不敢贸然向雪橇发起进攻，但小猪的叫声让它们忘记了恐惧。

小猪对于狼来说可是无上的美味。现在，一头小猪就在狼群的耳边叫唤着，它们哪里还顾得上危险呢。

狼群看到，在雪橇后面拴着一根绳，绳上系着一个口袋，那口袋在坑坑洼洼的路面上不停地颠簸着。

口袋里其实装满了干草和猪粪，在狼群看来，里面装的就是小猪，小猪的叫声它们听得真真切切，而且它们还闻到了小猪的气味。

狼群准备进攻了。

它们从林子里跳出来奔向雪橇，六只，七只……足足有八只健硕的狼冲了出来。

狼群冲到空地上，在月光的映衬下显得硕大无比。月光照在兽毛上，野兽看上去就会显得比实际大很多。

猎人松开小猪耳朵，拿起猎枪。

头狼已经扑到了那个颠簸的口袋前，猎人瞄准它的肩胛骨，扣动了

扳机。

头狼开始像陀螺一样在雪地上打转,猎人瞄准树干旁的一只又放了一枪,马猛地向前一冲,子弹打偏了。

猎人双手握住缰绳,费了好大劲才把马停下来。

狼群已经不见了踪影,只有那头快要死去的头狼在雪地里挣扎。等马彻底停住,猎人把枪和小猪放在雪橇上,自己去收取战利品。

就在这一夜,村子里发生了一件令人震惊的事:猎人的马自己跑回来了,后面的雪橇上还放着一只双筒猎枪和那头绑着的小猪,而猎人不见踪影。

等到天亮,村子里的人来到那片空地上察看夜里留下的脚印,才明白究竟发生了什么事。

猎人把那只打死的狼扛到肩膀上,向雪橇走去。当他靠近雪橇的时候,那匹马嗅到了狼的气味,吓得长啸一声跑掉了。

这下,就剩猎人扛着那头狼留在了原地,他身上连把刀都没有,猎枪也放在了雪橇上。

这时狼群也早缓过劲儿来了,不再害怕了,整个狼群都冲出林子,将猎人团团围住……

人们只在雪地上找到了一堆骨头,有人的,也有狼的:这群恶棍把被打死的同伴都吃掉了!

这个故事发生在上个世纪。从那以后,再也没听说过狼袭击人的事件,即使是手无寸铁的人也会让它们恐惧不已。

熊洞历险

另外一件不幸的事是在猎熊的时候发生的。

护林员发现了一个熊洞,就从城里叫来了一个猎人,猎人带着两条猎犬悄悄地靠近一个雪堆,这雪堆下面就是熊洞。

猎人按照老规矩,站在雪堆的一侧。熊的洞口总是朝着日出的方向,当熊从雪下跳出来的时候,通常是会朝南跑去,所以猎人站的地方应该是能正好一枪命中熊的身体侧部,射穿它的心脏。

护林员走到雪堆后面,放出了猎犬。

猎犬嗅到了野兽的味道,疯狂地扑向雪堆。

两只猎犬弄出了好大动静,按理说不可能没惊醒洞里的熊,可洞里久久没有显示出任何生命的迹象。

突然,从雪下伸出一只黑乎乎的利爪,差点没把其中一只猎犬抓住,猎犬尖叫着跳开了。

这时,从雪下冲出一个庞然大物,就像一个黑色的大土块儿从地下冒了出来。出人意料的是,这熊没往一旁跑去,而是径直朝猎人扑来。

熊的脑袋朝下低垂着,盖住了自己的胸口。

猎人赶忙放了一枪。

子弹射中了熊坚硬的前额,滑到一边去了。额头受到了子弹的重击,那熊发疯般地把猎人撞倒在地,并将他压在身下。

猎犬蹿到熊的身上,使劲抓咬熊的后背,可也是徒劳。

护林人吓坏了,他一边叫喊,一边晃动手里的猎枪,可他不敢开枪,子弹有可能打到猎人。

这时,可怕的一幕发生了!那熊把它厚重尖利的大爪猛地一挥,一把将猎人的帽子连同头发和头皮抓了下来!

接下来,那熊却倒向了一旁,狂吼着在沾满鲜血的雪地上翻滚:原来猎人并没有惊慌失措,他不失时机地掏出短刀,割开了熊的肚皮。

猎人活了下来,那熊皮就挂在他的床头,只是从那以后,他的头顶得永远围着头巾了。

围猎巨熊

一月二十七日,瑟索伊奇从林子里出来后,没有直接回家,而是去了邻村的邮局,他给彼得堡一个相识的猎熊能手发了封电报:

"发现熊洞,请速回。"

第二天,他就得到了答复:

"我们三人二月一日到。"

瑟索伊奇每天早晨都要去熊洞那儿看看。熊在里面睡得正酣呢。

一月三十号,瑟索伊奇去检查熊洞的时候,遇到两个年轻的猎手——安德烈和谢尔盖,他们是来林子里打松鼠的。瑟索伊奇本想提醒他们,不要靠近那个熊洞,但他转念一想,要是这么一说,两个年轻人反而可能会出于好奇要去看看那个熊洞而惊动了熊,于是他又把话咽了回去。

一月三十一号早晨再去看的时候,眼前的情景让他大吃一惊:熊洞毁了,熊也跑了!在离熊洞五十步远的地方倒着一棵松树。看来,是谢尔盖和安德烈打中了一只松鼠,可松鼠卡在了树枝间,于是他们就把树放倒了。熊被惊醒了,吓得逃之夭夭。

瑟索伊奇仔细看了一下,两个猎手乘滑雪板离开的痕迹是在被砍倒的松树的这一边,而熊逃跑的痕迹是在那一边,还算万幸,在浓密的云杉树之间,两个猎手并没发现那头熊,没去追赶它。

瑟索伊奇没敢耽搁时间,顺着熊的足迹跑去……

第二天,两个城里的熟人来了,一个医生,一个少校,一起来的还有一个人,那人高高的个子,黑亮的小胡子修剪得很整齐。

瑟索伊奇对这人的第一印象不是很好。

"油头粉面的样儿,"瑟索伊奇盯着这个陌生人暗暗想,"看样子,他应该是不年轻了,可还是油光满面的,胸脯挺得跟公鸡似的,哪怕是头上有一小缕白发看着也能舒服点啊。"

最难受的是,瑟索伊奇还得当着这个自以为是的城里人的面承认,自己没有看好那头熊,让它跑了。不过他又说,熊现在还在林子里,并没有发现它出去的迹象,只不过它现在肯定没在窝里,只能用围猎的方法来捕捉了。

那傲慢的陌生人听了这个消息皱了皱眉头,露出一副鄙视的神情,他什么也没说,只是问那熊大不大。

"看脚印挺大的,"瑟索伊奇答道,"我敢说,那熊不会少于二百公斤。"

听了这话,那傲慢的家伙耸了耸他那几乎与身体成十字形的肩膀,看都没看瑟索伊奇一眼,问道:

"你是请我来堵洞捉熊的,可现在只能围捕了,到时候你能把熊赶到我的枪口上来吗?"

这令人感到屈辱的问题刺痛了我们的老猎手,但他什么也没说,只是暗暗想:"到时候我们把熊赶到你跟前,你可得当心自己那副傲慢的嘴脸别被它撕下来。"

大家开始商讨围捕计划,瑟索伊奇建议每个猎手身后都安排一个后备猎手。

那傲慢的家伙开始强烈反对："要我说,谁要是对自己的枪法没信心,谁就不要去打熊,干吗还要给自己配备个保姆呢。"

"好个勇敢的男子汉!"瑟索伊奇暗暗想。

可少校也认为,还是小心为妙,安排后备猎手不是没必要,医生也同意他的观点。

那傲慢的家伙鄙视地看着他们,无奈地耸耸肩:就按你们说的办吧,既然你们害怕,那就安排吧。

第二天,天还没亮,瑟索伊奇就叫醒三个猎手,然后去村里找驱赶人。

当他回到家的时候,那个傲慢的家伙正把枪从两个精致的小盒子里取出来,那盒子外面还装饰着绿色的天鹅绒,就像那种装小提琴的盒子。

这傲慢的人把枪收好,又开始往外掏弹筒。那弹筒里装着各种各样的钝头的、尖头的子弹。这家伙一边弄子弹,一边跟医生和少校夸耀,吹嘘他的枪有多好,子弹有多棒,说他在高加索打死过野猪,在远东射杀过老虎。

瑟索伊奇表面上显得很平静,其实心里早已波涛汹涌。他觉得自己仿佛变得更矮了,他真的特别想靠近些仔细看看那两把精致的猎枪,可最终没敢说出口。

天刚亮,就有一队人马乘着雪橇浩浩荡荡地向森林进发了。走在最前面的是瑟索伊奇,接下来是四十个驱赶人,最后是城里来的那三个人。

在距离熊的栖息地一千米远的地方,雪橇队停了下来,几个猎手都挤到一块儿空地上生火取暖了。

瑟索伊奇则乘着雪

橇确认了一下熊的方位,然后开始安排各个驱赶人的位置。

一切准备就绪,熊是无论如何冲不出围猎圈的了。

瑟索伊奇安排一部分人在熊的栖息地一头站成一个半圆形,负责叫喊,另一部分人在栖息地的两侧默不作声。

围猎熊和围猎兔子不同,负责叫喊的人不用把整个林子围起来,他们只需一直站在熊栖息地的一头就可以了。那些不用做声的人站在叫喊人的两侧,当熊被叫喊人吓得往旁边跑的时候,他们只需摘下帽子,朝熊晃动,这样就完全可以把熊赶到猎手的射程之内了。

这边都准备好了,瑟索伊奇又去安排几个猎手的位置。

枪位只有三个,相隔二十五到三十步左右,出口很狭窄,也就有一百步的样子,我们的小个子猎人只好去充当驱赶人的角色了。

瑟索伊奇把医生安排在了第一枪位上,少校在第三枪位,而那个傲慢的家伙安排在中间,也就是第二枪位上。三个枪手的位置就在熊的脚印附近,熊通常会沿着自己之前的脚印往外跑,所以这三个位置很合适。

安德烈站在那个傲慢的城里人后面。瑟索伊奇之所以选择他作为后备枪手,是因为他比谢尔盖更有经验、更有耐心。

作为后备枪手,只有在熊冲出射击放线或直接扑过来的时候,他才能开枪。

所有的猎手都套上了白罩衫,瑟索伊奇最后一次小声叮嘱他们:别出声,别抽烟,围猎开始后,尽量等熊靠得近些再开枪,之后他就跑到那些驱赶人那儿去了。

半个小时过去了。这半个小时对于几个猎手来说太漫长了、太难熬了。

终于,围猎的号角声响了起来,两声长长的、浑厚的声音一时间充斥在整个白雪皑皑的森林里,也久久地缭绕在寒冷的空气中。

短暂的沉寂之后,蓦地响起了惊天动地的喊声,有号叫声,叫喊声,有人学狗狂吠,有人模仿猫尖叫,真是各显其能,各尽其才。

发出围捕信号后,瑟索伊奇和谢尔盖就赶紧滑到熊的居住地去了,他们还得去充当激怒人。

捕熊除了需要叫喊人、驱赶人之外,还得有激怒人,这激怒人的任务就是把熊从它的居住地激出来,使它朝着猎手的方向跑。

通过脚印瑟索伊奇早已知道这熊个头儿很大了，可当一个黑乎乎、毛茸茸的庞然大物的背影闪现在云杉树之间的时候，我们的小个子猎人还是冷不丁颤抖了一下，他和谢尔盖不禁叫了起来：

"来啦！来——啦——！"

我们已经说过很多次了，围猎熊和围猎兔子不同。围猎熊的时间全耗在准备工作上，真正围猎的时间是很短的，长时间紧张的等待和意识到危险即将降临，会让猎手感到每一分钟都像一小时那么难熬。他们沉住气，死守在原地，很多时候还没有看到熊，也没听到旁边的猎手开枪，熊就被打死了，你还什么都没做，一切就都结束了。

瑟索伊奇拼命在熊后面追赶，努力想把它朝猎手的方向赶，可怎么也追不上熊。在那地方，人要是不穿滑雪板一下子就会陷进齐腰深的雪里，一时很难把腿拔出来。而那熊却像坦克一样前进着，挡在路上的灌木和小树统统被踏倒了。又像一艘划艇在向前飞驰，两股雪尘从它的两旁高高扬起。

很快，熊就从我们的小个子猎人的视线里消失了。可没过两分钟，瑟索伊奇就听到了枪声。

这就完了？熊被打死了？瑟索伊奇正疑惑着，又传来了一声枪响，然后是绝望的、可怕的吼声。

瑟索伊奇拼命地朝枪声的方向跑去。

当他跑到中间那个枪位的时候，看到少校、安德烈和那脸色惨白的医生，正抓着那熊皮把熊使劲往旁边拽：熊身下压着第三个猎手。

事情是这样的：那熊踩着自己的脚印往前走，直奔中间那个枪位，本来应该等熊前进到距猎手十到十五步的时候再开枪，可那猎手没能沉得住气，那熊离自己六十步远，他就开枪了。

子弹没能打中熊的要害，而是打在了它的左后腿上，疼痛使熊变得发疯起来，它不顾一切地扑向开枪人。

这位猎手被吓得惊慌失措，竟忘了枪里还有一发子弹，也忘了旁边还有一杆备用枪，他扔下枪，拔腿就跑。

可他哪跑得过熊啊，没两步，就被那熊扑倒在地。

作为后备猎手的安德烈不能坐视不理了，他把自己那杆猎枪的枪筒直接插进熊嘴里，连扣两下。

遗憾的是，猎枪卡壳了，两下都没响。

站在第三枪位上的少校把这一切都看得清清楚楚，他知道自己的伙伴有生命危险，得马上开枪，可他也知道，稍有不慎，就会亲手把伙伴打死。少校当机立断，单腿跪地，一枪命中了大熊的脑袋。

大熊猛地一下蹿起来，紧接着又扑通一声砸在雪地上，庞大的身躯着实压在了身下的猎手身上。

这一枪打得真准，一下命中熊的太阳穴，大熊当场毙命。

大家赶紧跑过去把死熊往旁边拽，得赶紧把下面的猎手救出来，也不知他现在是死是活。

大家好不容易才把大熊挪开，把猎手扶起。他还活着，只是脸色惨白。此时此刻，他再也不敢正视周围的人了。

大家用担架把他抬回了村子。医生劝他多休养几天再上路，可他却坚持要走，还请求大家让他把那熊皮带走。

"唉，"瑟索伊奇每次说到这件事，都有点耿耿于怀，"我们真不该把那熊皮给他，他现在可能正拿着那张熊皮到处炫耀呢，说那大熊是他打死的！那大熊至少有三百公斤呢，大得吓人啊。"

打 靶 场

＊＊＊第十一次竞赛＊＊＊

1. 冬天,在树洞里冬眠的熊是消瘦的还是肥胖的?

2. "狼靠四条腿吃饭",这句话是什么意思?

3. 为什么冬季砍伐的树木比夏季砍伐的树木值钱?

4. 如何根据树木被砍伐后留下的树桩判断这棵树的年龄?

5. 为什么所有的猫科动物(家猫、野猫、猞猁)都比犬类(狼、狐狸)爱干净?

6. 为什么很多野兽和鸟类一到冬天就离开森林,向人类的居住地靠近?

7. 冬季,所有的白嘴鸦都会飞到别的地方去过冬吗?

8. 冬季,蟾蜍以什么为食?

9. 什么动物被称为"流浪汉"?

10. 冬季,蝙蝠都飞到哪里去了?

11. 冬天里,所有的兔子都是白色的吗?

12. 哪种鸟类的雌性比雄性更大更强壮?

13. 为什么交喙鸟的尸体即使在温暖的环境里也能很长时间不腐烂?

14. (谜语)一个胖老头,戴顶白绒毛,此帽非用线缝制,也非羊毛制作成。

15. (谜语)像细沙一样飘落,将大地覆盖得严严实实。

16. (谜语)一团白沙冲进门,桌子下面滚不停,伸出双手抓一把,空空如也全无存。

17. (谜语)夏天逛个够,冬天歇个足。

18. (谜语)猪儿拖着亚麻绳,穿完牛群穿羊群。

19. (谜语)一人带着会吠的,外出去找会吼的,如果没有会吠的,把命交给会吼的。

20. （谜语）这个姑娘真漂亮,成天关在暗牢里,两条辫子甩在外。
21. （谜语）菜地中一老太太,片片补丁身上盖。
22. （谜语）不织也不缝,衣服一层层,纽扣没一个,褶皱随处见。
23. （谜语）圆圆的,可不是月亮;绿绿的,却不是树;长着尾巴,但不是
老鼠。

布　告

"火眼金睛"称号大赛第十次测验

请仔细观察图片,然后讲一讲,这里发生了什么事情。

欢迎松鸡到我们的窝棚里来居住

漫漫寒冬,美丽的野松鸡无处安身,让我们行动起来,用云杉枝在田地
里搭些小窝棚供它们居住吧。别忘了顺便在窝棚里放些大麦和燕麦供它
们食用哟。

关注一下那些无处安身、饥寒交迫的小伙伴们

在这个寒风凛凛、暴雪肆虐的月份里,请不要忘了我们那些瘦小柔弱

的小伙伴们,请多多关注一下那些可怜的鸟儿们吧。记得每天去喂喂它们,给椋鸟、山雀做些简易鸟巢,给松鸡搭些小窝棚。还可以成立一些志愿者组织,大家一起去帮助那些饥寒交迫的鸟儿,大家各尽所能,种子、油脂、浆果、面包屑对于它们来说都是难得的美味,还可以找些蚂蚁卵来喂喂它们。

　　这些小小的鸟儿们需要的并不多,只需举手之劳,你就可以救活大批的小生命,让我们一起行动起来,去帮帮它们吧!

NO. 12 苦熬到春月（冬季第三月）

2月21日至3月20日　太阳进入双鱼宫

一年：有十二个章节的太阳组诗（2月）

二月份，可是个难熬的月份。二月里，暴风雪整天地咆哮，狂风整天地在雪地上刮个不停。

二月是冬季的最后一个月份，也是最可怕的一个月份。狼饿得实在难以忍受，只得去偷袭村庄和小城镇，它们会在夜里溜进羊圈把羊拖走，有时甚至连狗也不放过。所有的野兽都变得消瘦了。秋季里储存在体内的脂肪已经消耗殆尽了，不能再为它们提供热量和营养了。

那些洞居的小兽的日子也不好过了，"地下仓库"里储存的食物已经所剩无几。

雪当初是许多小生命的挚友，曾为它们保暖，现在却成了它们的死对头。在雪的重压下，树枝纷纷折断了。一些野禽，像山鹑、榛鸡、琴鸡倒很喜欢积雪，它们会把头扎进雪里，舒舒服服地过夜。

毕竟是冬末了，有时白天温暖的阳光会把积雪表层晒化，晚上，寒风一扫，雪的表面就会覆盖上一层厚厚的冰壳，那样的话只能缩着脑袋一直待在"冰檐"下，直到阳光再把这冰壳晒化。

还有，二月的风都是沿着地面吹，吹得积雪乱飞，把道路都阻塞了，雪橇也难以行驶了……

能苦熬到春吗

　　林中万物迎来了冬季的最后一个月份，也是最艰难的一个月份——苦熬到春月。

　　森林里，所有动物的储备都已经消耗殆尽，所有的鸟兽都消瘦了——厚厚的皮下脂肪已经消耗完了，长期半饥不饱的生活极大地削弱了它们的力量。

　　而大自然好像在和森林里的动物们故意作对，暴风雪依旧在林中肆虐，天气也更加寒冷了。这是冬天的最后一个月份，也是严寒猖獗的最后一段时间了。现在，所有的鸟兽都在努力保存着最后的体力，它们要与寒冬做最后一搏，它们要苦熬到春。

　　我们的通讯报道也要走遍了整个林子，他们一直在担心：鸟兽们能苦熬到春吗？

　　森林里，一幕幕悲剧呈现在他们眼前：一些动物没能顶住饥饿和寒冷，死去了。剩下的那些还能再熬一个月吗？事实证明，通讯员们的担心是多余的，它们没问题的！

被严寒摧毁的生命

　　伴有狂风的严寒天气是最可怕的，每一次这样的天气过后，你都可以在雪地上看到很多被冻死的小兽、鸟类以及昆虫的尸体。

　　暴风雪在树桩下、在被折损的树木下横扫而过，而那里正是许多小兽、甲虫、蜘蛛、蜗牛、蠕虫的藏身之地。

　　寒风把覆盖在它们身上厚厚的、保暖的雪层吹跑了，它们就被冻僵了、冻死了。

　　鸟类有时也会丧命在暴风雪之中，像乌鸦这种生命力极强、能经受恶劣天气的鸟都难逃厄运。在较长一段时间的暴风雪之后，我们经常可以在雪地上看到它们的尸体。

　　暴风雪过后，森林里的"卫生员"就开始工作了，它们就是那些猛禽、猛兽，它们会在林子里到处搜寻，把那些被暴风雪击毙的鸟兽全部清理干净。

像玻璃一样脆的小青蛙

《森林报》的通讯员把池塘里的冰敲碎，并从下面挖出一大块儿淤泥，那淤泥里面有好多小青蛙，它们成堆地聚在那里过冬。

当通讯员们把这些小青蛙取出来之后，它们一个个都跟玻璃似的，身体变得非常脆，小细腿轻轻一折就会断，还会发出一声清脆的声响。

我们的通讯员带着几只青蛙回了家，小心翼翼地把这些冻硬了的小家伙放在一个温暖的房间里，没过多大会儿，它们就苏醒过来，开始在地板上跳来跳去。

可以想象，再过一些日子，当春天温暖的太阳把池塘的冰层晒化，把池水晒暖，青蛙就会苏醒过来，一个个还像当初那样生机勃勃、健健康康。

雪上冰壳

时临冬末，有时会赶上冰雪消融的天气，若突然袭来一股寒流，融化的积雪表层便又冻硬了。这是最可怕的事了。这层雪上硬壳坚挺光滑，鸟儿无力的脚爪和嘴喙很难将它敲碎。狍的蹄子倒是能把这冰壳子击破，可尖利得像刀一样的碎冰碴很可能伤到它腿上的皮毛，甚至割破皮肉。

那鸟类怎样获取冰壳下那些小草、谷粒呢？

那些不能把玻璃一样的冰壳敲碎的鸟儿，就只能挨饿了。

时常会有这样的情况发生：

冰雪消融。地面上的雪层开始变得潮湿、松软，傍晚，一只灰山鹑落在上面，轻而易举地给自己刨了个洞，钻进那还冒着水气的雪里熟睡。

但夜里会突降严寒。

山鹑在温暖的雪下小洞里安睡着，没有醒，没有感觉到任何寒冷。

早上才醒来，雪下好暖和，只是呼吸有点困难了。

该出去了：呼吸一下新鲜空气，活动活动筋骨，再找点吃的。

往上一飞,头却撞在了坚硬得像玻璃一样的冰上。

是雪上冰壳!冰壳上面什么也没有,下面是松软的雪。

灰山鹑拼命地撞击冰壳,撞得头破血流,一定要从这顶大冰帽里冲出去!

只要能冲出这死亡的束缚,即使是饿着肚子,那也是幸福的啊!

"小睡虫"

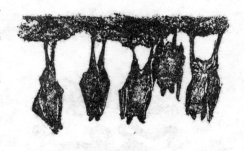

在托斯那河的河岸上,离"十月铁路"萨博力诺车站不远的地方,有一个很大的岩洞。以前曾有人去那里取沙土,不过现在已多年无人造访了。

我们的通讯员来到了这个岩洞里,发现洞顶上倒挂着很多大耳蝙蝠,它们的两只爪子紧紧地抓着凹凸不平的砂岩洞顶,头倒挂着,睡了有五个月之久。它们的翅膀紧紧地合拢在一起,像条被子似的裹着两只大耳朵,挂在那里一直睡着。

这些大耳蝙蝠就这样一动不动地一直睡着,让我们的通讯员很是担心,于是给它们测了测脉搏和体温。

夏天里,蝙蝠的体温是三十七度左右,和人类差不多,而脉搏为每分钟二百次左右。

现在,它们的脉搏每分钟仅为五十次,体温也只有五度。

虽然如此,这些小睡虫却健康得很,没有任何生命危险。

再过一两个月它们才能醒来,当夜晚变得温暖起来的时候,它们就会精神抖擞地飞出岩洞。

身着单衣过寒冬

今天,我在一个私密的角落里发现了一株款冬,还开着花。它也不畏惧严寒,衣衫很单薄,柔弱的细茎上裹着一层小绒绒,上面挂着几片鳞状小叶。这样的天气里,人们穿着大衣还冷得不行呢,它却这么单薄地站在那里。

你肯定不相信:到处都是茫茫白雪,哪里会有什么款冬呢?

哈哈,你忽略了一个小细节。我刚才已经说了,我是在一个"私密的角落"里发现了这株款冬。到底是在哪儿呢? 告诉你吧:是在一栋大楼的南面,那儿有一排暖气管,那里的雪已经融化了,地面上还冒着气呢。

虽然这么说,可天气毕竟还是很冷很冷的。

巴莆洛娃

"冷中偷暖"来放风

严寒刚退,才迎来一个冰雪消融的天气,许多没耐心的小家伙就不失时机地从雪下爬了出来,像蠕虫啦、潮虫啦、蜘蛛啦都乘虚而出了。

森林里一些没有雪的小角落就成了它们的活动场所,比如树墩旁,那里的雪常常会被狂风卷走。

小家伙们忙着舒展已经发麻的肢体,蜘蛛则到处找吃的,那些还没长出翅膀的小蚊子就赤着脚在雪地上乱跑乱跳,而那些已经长出翅膀的长脚小鬼则在空中游荡。

严寒若再降临,它们的活动时间就结束了,又得赶紧回到自己的藏身地了,像树叶下,苔藓中,枯草里,甚至是泥土中,总之是各有各的避难所。

扔掉武器,照样取胜

现在,林中大力士麋鹿和公狍的角都脱落了。

麋鹿是自己把它那沉重的武器从头上弄掉的:它们成天在树上磨呀磨,终于把角弄掉了。

两只狼发现了一头没有角的大麋鹿,决定向它发起进攻。在它们看来,真是天上掉下来个大馅饼,这顿美餐简直唾手可得。

两只狼准备一前一后夹击麋鹿。

战斗很快结束了,结果却出人意料。麋鹿抬起前蹄,照着其中一只的脑门重重一击,然后迅速转身,把另一只也踹倒在地。两只受了重伤的狼夺命而逃,才总算是"鹿口脱险"。

最近,一些老麋鹿和老狍已经开始长出新角,但这新角还只是两个没有硬化的小鼓包,上面裹着一层皮和一些蓬松的绒毛。

冰窟窿里探出的脑袋

一个渔夫正在涅瓦河注入芬兰湾的河口部位行走,经过一个冰窟窿的时候,他发现从冰下探出一个光溜溜的脑袋,嘴上还长着几根坚挺的胡子。

渔夫以为是个落水者,突然,这脑袋朝他转过来,渔夫这才看清,原来是个动物的脑袋,拱嘴上长着小胡子,头皮紧绷绷的,上面还长着亮闪闪的小绒毛。

那动物的两只大眼睛炯炯有神,和渔夫对视了一下,马上就扑通一声钻进水里不见了。

渔夫这才恍然大悟,原来是只海豹。

这个季节,海豹成天在冰下捉鱼吃,它们只是偶尔把头伸出水面,呼吸一下新鲜空气。

在芬兰湾,冬季里渔夫们可没少打海豹,当这些滑溜溜的小家伙从冰窟窿里探出脑袋的时候,捕获它们是相当容易的。

有时候,海豹甚至会直接游进涅瓦河去捉鱼。在拉多加湖里,海豹更是多得不得了,那里俨然成了一个海豹饲养地。

冬泳爱好者

在波罗的海铁路上的加特纳齐车站附近的一条小河上,我们的通讯员在一个冰洞旁发现了一只黑腹小鸟。

那天天气冷得出奇,虽然有明媚的阳光,可还是冻得人难以忍受,我们的通讯员不得不一次次地用雪搓揉已经被冻得失去知觉的鼻子。

而那小鸟竟精神抖擞地站在冰面上,还欢快地唱着歌!

通讯员慢慢地向小鸟靠近,小鸟察觉到了危险,扑通一声跳进了冰窟窿。

"糟了!肯定被淹死了!"通讯员赶紧朝冰洞跑去,想要把这只发疯了的小鸟捞出来。

那小鸟却悠闲地在水中划动着两只翅膀,就像游泳运动员的两个手臂。

它黑色的后背在水中闪闪发亮,就像一条银色的小鱼。

它一直潜到了河底,然后悠闲地走着,两只尖利的小爪紧紧抓着河底的沙土。走着走着,它停了下来,用嘴掀开一块儿小石头,从下面叼出了一条小虫子。

过了一会儿,它又从另一个冰窟窿里钻了出来,就像什么都没发生一样,又唱起了欢快的歌曲。

通讯员把手伸进冰洞里,"难道是下面有个温泉,这河水很暖和吗?"

但他马上又把手抽了出来:河水冷得刺骨。

我们的通讯员这才明白,原来站在面前的是一只水鸟,叫河乌。

河乌也是鸟类的一种,就像交喙鸟一样,森林法则对它们也是无效的。

河乌的羽毛上有一层薄薄的

油脂,当它潜入水中之后,这油脂上就会冒起许多小泡泡,看起来闪闪发亮。而且,这层小泡泡就像河鸟穿的一层外衣,即使在刺骨的水里它们也感觉不到冷。

这种鸟可是我们列宁格勒州的稀客,只有在冬天才能偶尔见到。

在"冰檐"下

不要忘了我们那些可爱的鱼儿们。

它们会在水底的深坑里睡上整整一冬,头顶上是一层坚硬的"冰檐"。临近冬末的时候,池塘里、小湖里经常会出现氧气不足的情况,它们只得张大嘴巴拼命喘气,有时还会贴在"冰檐"下面吸取气泡。

严重时会出现鱼类大量窒息的情况。春天冰层融化后,我们来到池塘或小湖钓鱼常常会无果而返。

记得常关心一下可怜的鱼儿吧,多在池塘上或湖上凿些冰窟窿,让它们能够顺畅地呼吸,让它们能够好好地活过寒冬。

雪层下的小生命

整个漫长的冬季里你放眼望去,到处都是一片茫茫白雪。你不禁会想:雪下面是什么呀?那干燥的雪海底部会不会有生命的存在呢?

我们的通讯员开始在林中空地和田地里刨雪,刨得很深,直到露出地面,那些地方会形成很多"雪井"。

然而,"井里"的一切真是太让我们感到意外了。那里簇拥着团团小嫩叶和尖尖的幼芽,它们已经顽强地冲出了干枯的草皮。还有各种不同草类的绿茎,它们被厚厚的雪层死死地压在冰冷的地面上,可它们还活着,是的,它们还活着!

原来,死气沉沉的雪海底部竟如此生机勃勃,有绿油油的草莓、蒲公英、三叶草、触须菊、阔叶草、酸模,以及其他许多各种各样的植物,那娇嫩欲滴的繁缕还长出了小小的蓓蕾!

我们的通讯员在"雪井"的井壁上还发现了很多小圆洞,这是被切断的小兽们的通道,它们可以灵活地出入这些通道来获取雪海下的食物。老鼠和田鼠会在雪下钻来钻去,啃咬那些美味又营养的草根,像鼬鼱、伶鼬、白鼬等食肉动物,则会捕捉老鼠和田鼠,以及在雪下过夜的鸟儿。

以前我们总认为,只有熊才会在冬天产崽,熊宝宝是大家公认的幸运儿,用我们俄罗斯人的话说,它们可是"一出生就穿着衣服",小熊崽刚出生的时候就跟老鼠一般大,它们穿的可不是普普通通的衣服,而是实实在在的皮大衣!

现在,科学家们已经证实,一些老鼠和田鼠一到冬天就会搬到自己的"地上别墅"去,它们在低矮的灌木枝上建个巢,然后在那里产下幼崽!这鼠崽可就没有熊宝宝那么幸运了,它们出生的时候光溜溜的,还好窝里很暖和,而且它们的小个子妈妈会用甘甜的乳汁把它们喂得饱饱的。

春的征兆

虽然这个月严寒依旧,但已经不是隆冬时节的那种酷寒了。虽然雪层仍很厚,但也不像当初那样白亮得刺眼了,而是变得灰暗了,还出现了很多小孔。屋檐上的冰柱变多了,从冰柱上开始往下滴水。再仔细看看,地上还出现了许多小水洼。

太阳更经常露面了,渐渐让人感觉到丝丝暖意。天空也不是那种死气沉沉的浅灰色了,白天总是一种可人的淡蓝色。就连天空中的云也变得错落有致,团团簇拥在一起。

太阳才探头,窗外就响起了山雀欢快的叫声:

"脱掉皮袄吧!脱掉皮袄吧!"

到了晚上,房檐上猫的叫声、打闹声不绝于耳。

在森林里,断断续续地响起了啄木鸟欢快的啄木声,虽然只是用嘴敲打树干的声音,听起来却像是美妙的歌声。

密林深处,一片云杉和松树下的雪地上,不知是谁留下了一些神秘的符号,那是一些很令人费解的印记。猎人看到这些印记先是一愣,紧接着心就开始剧烈地跳动起来:是雄松鸡!我们称它们为大雷鸟!印记是它们用强有力的翅膀划出来的,这说明,大雷鸟的发情期到了,神秘的森林乐章即将奏响。

都市奇闻

室外斗殴

在城市里，已经能感觉到春天在慢慢临近，这些日子，户外常常会出现打架斗殴的现象。

街道上，麻雀们毫不理会来来往往的行人，打得不亦乐乎，它们互相扭打对方的脖子，闹得羽毛满天飞。雌麻雀从不参与这种打架斗殴，但也不会出面制止。

到了晚上，房顶上又爆发了公猫之战。常常是两只公猫厮打在一起，然后失败者从高楼上被撞下来。不过这灵巧的家伙并不会摔坏，它总是四爪先着地，有软软的肉垫儿保护，它们一点儿也不会受伤。

修缮与新建

整个城市都在进行着修缮和新建的工作。

老乌鸦、老寒鸦、老麻雀和老鸽子都在忙着修缮自己去年的旧巢。而那些在去年夏天刚刚出生的新一代，都在忙着为自己建造新巢。新巢是用大大小小的树枝、干草、马鬃、绒毛和羽毛搭成的。这些建筑材料的需求量都大大地增加了。

鸟类的餐厅

我和我的同学舒拉都很喜欢小鸟。冬天住在我们这儿的鸟类，如山雀和啄木鸟，常常会饿肚子，十分可怜。所以我们决定为它们做一个食槽。

在我家附近生长着许多的树木，经常有些鸟儿落在那些树上找食吃。

我们用三合板做了一些浅浅的木槽，每天早晨在里面撒上不同的谷粒。渐渐地，小鸟们就习惯了，十分乐意地到这里来啄食吃，不再像最初那样害怕了。我们认为,这对于鸟儿们来说只会有益处。

我们建议,所有的小朋友们都来做个"鸟类的餐厅"吧。

《森林报》通讯员　瓦西里·亚历山大

交通奇闻

在城市街道的拐角处经常看到这样一个标志:一个大圆圈,中间有个黑色的三角形,在三角形里有两只雪白的鸽子。

这个标志的意思是:"注意——鸽子!"

司机在拐弯的时候,就会减速,小心翼翼地绕开一大群鸽子。这群鸽子聚在马路上,有蓝灰色的,有白色的,有黑色的,有咖啡色的。大人和孩子们站在人行道上,给这些鸽子撒一些面包屑和米粒儿吃。

"注意——鸽子!"这个标志是莫斯科的女中学生科尔金娜最早提出在大街上悬挂的。现在,在其他的车来车往的大城市里也挂着这种标志。这样,市民们就可以尽情地喂食和欣赏这种象征和平的鸟类了。

保护鸟类的人们是光荣的!

雪下的童年

院子里的积雪开始融化了。我要到外面去挖一些种花所需的泥土,顺道看一下我为鸟儿们搭建的小菜园。

在小菜园里,我专门为金丝雀栽种了繁缕,它们十分喜欢吃繁缕鲜嫩多汁的绿叶。

你应该认识繁缕吧?它有着细小的浅绿色的叶子,小得几乎看不到的白花和经常彼此交织在一起的脆弱的茎。

繁缕是紧贴着地面生长,在菜园里,若照看不周,它就会长满整个园子。

今年秋天，我在园子里撒下了繁缕的种子，不过种得太晚了。它们刚刚发芽，还没来得及长成幼苗，就被积雪覆盖了，每株繁缕只长出了一小段细茎和两片小叶。

我没指望它们活下来。

可结果怎么样呢？我发现，它们不但熬过了冬天，而且还长大了。现在，它们已经不是刚刚破土而出的幼芽了，而是一株株小小的植物了。有几株甚至还长出了花蕾。

这是一件令人惊奇的事情——这是在冬天，而且还是在雪下呀！

巴甫洛娃

返回故乡

《森林报》编辑部收到了许多让人兴奋的消息。从埃及、地中海沿岸、伊朗、印度、法国、英国和德国，大家都寄信到编辑部来通报同一个好消息：我们的候鸟已经动身返回故乡了。

它们不慌不忙地飞着，一寸一寸地掠过从冰雪中解放出来的土地和水域。它们要计算着，飞回我们这里时，恰好我们这儿的冰雪开始消融，河流开始解冻。

以下摘自少年自然科学研究组成员的日记

新月初升

今天，我有一件让我十分兴奋的事情：清晨，太阳刚刚升起时，我就起来了，而就在这时我看到了初升的新月。

新月一般是在傍晚时分、太阳落山之后出现。人们很少会在清晨时见到它悬挂在太阳的上方。它比太阳起得早，像一把珍珠色的细镰刀，高高地爬上了天空，在金色的朝霞中闪闪发光。它是如此的柔和，如此的令人愉快，这是我从未见过的新月。

《森林报》通讯员　维利卡

神奇的白桦树

　　昨天夜里下了一场雪，湿湿的，黏黏的，把我家的白桦树光秃秃的枝条糊得满满的。清晨的时候，又突降严寒。

　　太阳在宁静的天空中升起的时候，我出来一看，那白桦树变得好神奇、好美丽，整个树身，就连那细小的枝杈，都像是抹上了一层蜂蜜：那潮湿的小雪球被清晨的严寒一冻，就形成了一层薄冰，整棵白桦树看起来闪闪发亮。

　　飞来了几只长尾山雀，它们都毛茸茸的，好像一个个白色的针织小绒球。它们落在白桦树上，四下环顾着：有没有什么好吃的啊？

　　可它们的爪子开始打滑，小嘴也敲不开枝条上的冰壳，那白桦树就像是玻璃制成似的，鸟嘴敲在上面，只能发出冰冷又细小的当当声。

　　什么吃的也没找到，山雀们失望地飞走了。

　　太阳越升越高，越来越暖和，白桦树上那层薄冰也开始融化了，树干和所有的枝杈都开始淌起水流，就像是一汪冰泉，又像是一条条银蛇在树枝上穿梭。

　　山雀们飞回来了，小家伙儿们也不怕弄湿自己的脚爪，纷纷落在白桦树的枝条上。这回倒好了，脚下不再打滑，而且还能找到好吃的东西。

第一缕歌喉

　　在一个寒气逼人却阳光明媚的日子里，城市的花园里响起了第一缕欢快的歌喉。

　　唱歌的是一只山雀，它的歌词很单调：

"唧——唧——喳！唧——唧——喳！"

仅仅如此。听起来却无比欢快,这伶俐的金腹小鸟似乎在用自己特有的语言告诉人类:

"脱掉厚厚的外衣吧！春天到了！"

猎　事

怎样安置捕兽器

猎人用猎枪打到的猎物,往往没有用各种各样的捕兽器获得的猎物多。所以恰当地设置捕兽器非常重要,它需要一定的聪明才智和对猎物习性的准确了解。不仅仅要会做捕兽器,更重要的是得会安置才行,那些技艺不够高的猎手设置的捕兽器常常一无所获,而那些经验丰富的往往会满载而归。

那种钢制的捕兽器用不着亲自发明制作,去商店都可以买得到,现在我们就来简单地说说怎么安置捕兽器吧。

首先,得知道把它安置在哪儿。通常来说,是安置在洞口、野兽经常出没的小路上和野兽的足迹交叉重叠较多的地方。

其次,得知道怎样处理和摆放捕兽器。对那些非常警觉的野兽,像黑貂、猞猁之类,应该首先把捕兽器和松针放在一起煮一下,然后用木锨把雪地上的雪铲下一小层,戴着手套把捕兽器放在那儿,最后再用雪填平。如果不这样的话,机敏的野兽是可以嗅得到雪层下人和钢铁的气味的,从而对捕兽器"敬而远之"。

如果捕捉大型猛兽,还得把捕兽器拴在一段大原木上,以免猛兽带着器械逃走。

要是想在捕兽器上放诱饵的话,得知道哪种野兽喜欢什么食物,有时候需要放老鼠或肉,有时候得放干鱼片。

活捉小兽

有些小型野兽,如银鼠、伶鼬、黄鼬、水貂等,是需要活捉的。为了活捉它们,猎人们想出了很多巧妙的办法,设计了很多巧妙的装置。这些装置并不复杂,大家可以自己制作。

其实所有的装置都基于同一个原理:能进不能出。

准备一个长形小匣子或者一段木桶,在这个匣子或桶的一头留一个入口,在入口处放上一个由粗金属丝制成的小门,金属丝的长度要比那个入口的高度略长些。小门要斜放在入口处,达到小兽钻进去以后就关闭的效果,制作就算完成了。

在匣子或桶里放上诱饵。小兽不仅能闻到诱饵的香味,还能隔着那个

用金属丝编制的小门看到里面的诱饵。经不住诱惑的小兽就会用嘴拱开那个小门,自己钻进去。它钻进去以后小门便随之关上了,想从里面拱到外边来是不可能的,它便只能老老实实地待在里面束手待擒。

在这种小匣子里还可以放上一块"翻板",把诱饵放在没有出口的那一头的上方。入口要开得窄一点,在入口里面的上方放置一个活闩。

"翻板"的中间有一个轴,当小兽钻进去并走到"翻板"中间的时候,轴便自动转动,这个"翻板"就扬起来触动入口处那个活闩。这样,这头小兽就等于自己动手堵住了那个入口,被死死地关在这个"牢笼"里。

还有一个更简单的办法。取一个大桶,在正中间的桶壁上钻两个相对着的小孔,小孔里穿上一条铁轴,铁轴的两端固定在两根柱子上,这样,这个木桶便悬空了。在木桶下面的地面上挖一个深坑,坑的深度要能容下半个木桶,然后把木桶斜倾过来,让它的桶口朝着一侧。

要把诱饵放在桶的最底部。

当小兽从桶口钻进去直奔诱饵时,不等它爬到中间,桶就翻过来了,正好扣在那个坑上。这只小兽就成了瓮中之鳖,捉它就等于探囊取物。

在严寒的冬季还有一种方法更简单,那就是制作一个"冰桶"。这种方法是乌拉尔地区的猎人想出来的。

把一个大桶装满水,放到严寒的户外。水的表面以及靠近桶壁和桶底的地方比桶内部的水结冰要快。当这些部位的水冻结的有两指厚的时候,在桶顶的冰面上打一个圆孔,圆孔的大小以能让一个银鼠钻进去为准。然后把没有结冰的水从这个圆孔里倒出来,再把桶移到温暖的屋子里去。屋里的温度很快把厚厚的冰融化一小层。这样就能轻而易举地把这个"冰桶"从桶里拔出来。这个"冰桶"就像一只名副其实的"桶",整个由冰制成,只有顶部有一个圆孔。

把一些干草和一只活老鼠从这个圆孔里放进去,然后把这个"冰桶"放到银鼠或者伶鼬足迹集中的地方,让带有圆孔的那个"冰桶"的冰面与周围积雪的雪面一般高。

小兽闻到老鼠的气味,就会从那个圆孔钻进"冰桶"里。钻进去以后,要想出来,那是不可能的:冰壁那么滑,它爬不动;又那么厚,它也咬不动。

只要把"冰桶"打碎,就能把小兽取出来了。制作这种"捕兽器"的材料随手可得,而且制作方法简便易懂,想要多少,就可以制作多少。

"捕狼笼"

我们还可以安置一个"捕狼笼"。把木棍削尖钉在地上，围成一个圈，按同样的方法，在这小圈之外再围个大圈，两个圈之间的缝隙应该正好能挤进一头狼。

在外圈上设一扇朝里打开的小门，在里圈内关头小猪、小羊之类。

嗅到美餐的气味，狼就会一头接一头地钻进小门，在狭窄的缝隙里转圈。等到转到了一整圈的时候，走在最前面的那头狼就正好用头把小门撞上了，这样它们就出不去了（缝隙是刚好能挤进去一头狼，它们不能转过身来的），小门一关，狼可就统统被俘了。

在猎人赶到之前，狼就只能围着小羊转圈了，结果，小羊安然无恙，狼肚子却空空如也，束手就擒了。

"地上陷阱"

冬天是很难挖陷阱的：地面冻得硬邦邦的，跟石头似的。不过我们可以制造一个"地上陷阱"来捕狼。把木桩削尖，钉在地上形成一个围栏，围栏四角各固定一根柱子，中间还要立一根，这一根要高出围栏，在这根柱顶上挂一块儿肉做诱饵。

在围栏的木桩上搭一块儿木板，木板的一头搭在围栏外的地面上，另一头，也就是在围栏中的那一头高高翘起，直指诱饵。

狼嗅到肉的气味，就会沿着木板往上走，像跷跷板一样，狼的体重开始慢慢集中在木板高高翘起的那头儿,这就把木板压了下来,狼就叽里咕噜地滚进"陷阱"里了。

另一场熊洞风波

瑟索伊奇穿着滑雪板沿着长满苔藓的湿地滑行着。正是二月底,地上的积雪很多很厚。

眼前出现了几片小林子。佐尔卡——瑟索伊奇的猎犬,冲向其中的一片,很快消失在树木之间。突然,佐尔卡在那里狂吠起来,瑟索伊奇立刻明白了,它在那里找到熊洞了。

小个子猎人兴奋起来,他抄起随身带着的装有五发子弹的猎枪,向着狗叫的方向赶去。

雪层下掩盖着一大堆折损的树木,佐尔卡正对着那儿起性狂吠。瑟索伊奇找好位置,脱掉滑雪板,把脚下的雪踩实,准备射击。

很快,雪层下露出半个黑乎乎的大脑袋,两只绿眼睛闪闪发光。

瑟索伊奇知道,熊从洞里扫到了敌人,就会先藏进去,然后再乘其不备,猛地蹿出来。所以,还没等那熊把头缩进去,我们的小个子猎人就开枪了,遗憾的是,这一枪没打准,子弹只把熊脸上的皮擦破了一点。

熊狂怒着从洞里跳出来冲向瑟索伊奇,幸好,第二枪打中了要害,熊被撂倒在地。

佐尔卡扑上去,开始撕扯熊的尸体。

刚才熊扑过来的一刹那,瑟索伊奇都没顾得害怕,现在危险已经过去了,我们这位坚强的小个子猎人却一下子瘫软下来,眼前一片模糊,耳朵里嗡嗡作响。他深深地吸了一口寒气,想从迷迷糊糊的状态中清醒过来。此时此刻,他才感觉到,刚才发生的一切是多么可怕。

每个人都会这样的,即使是最勇敢的人,经历了与如此巨大凶猛的野兽面面相对的危险,也会感到后怕的。

突然,佐尔卡从那熊的尸体上跳开,又开始狂吠,冲向了枯树堆的另一边,瑟索伊奇朝那儿一看,心一下子又抽紧了:又露出一只熊脑袋。

小个子猎人赶紧端起猎枪,迅速挂上挡,一枪出去,就见有个动物应声倒在枯树堆旁。几乎与此同时,从那个黑乎乎的洞口,也就是第一头大熊跳出来的洞口,又出现了一个褐色的脑袋,紧接着又是一只。

瑟索伊奇慌了,巨大的恐惧感环绕着他。他感觉林子里所有的熊都聚集在这个枯树堆下,此时此刻正一起朝他扑过来。他也顾不得瞄准了,放了一枪又一枪,最后把没了子弹的猎枪甩在了雪地上。他发现,第一枪射出去以后,那个褐色的熊脑袋就缩了进去,可就在那时,佐尔卡正好奔到了那里,那应声倒下的动物正是他的宝贝猎犬!

瑟索伊奇的两条腿都软了,他向前迈了三四步,一下子撞在了第一头熊的尸体上,被绊倒在地,就失去了知觉。

也不知睡了多久,瑟索伊奇感觉有个什么东西夹住了他的鼻子,他想用手摸一下鼻子,却触到了个什么热乎乎、毛茸茸的活物,睁开眼一看,两只闪着绿光的熊眼睛正直直地盯着他!

瑟索伊奇失声叫了出来,他用力一挣,把鼻子从熊嘴里拽了出来。

瑟索伊奇惊恐地跳了起来,转身就跑,但马上就陷进了齐腰深的雪里,卡住了。

转过头一看,瑟索伊奇的心才放下来,原来咬住它鼻子的是一头小熊。

这下瑟索伊奇真蒙了,到底是怎么回事啊?

原来,他前两枪打死的是一头大母熊,之后从枯树堆另一边钻出来的是这只小熊——它两岁大的幼崽。

这是一头雄性幼崽。夏天它帮助妈妈照顾两个弟弟妹妹,冬天就找个离它们不远的地方睡觉。

在那个大枯树堆下有两个熊洞,其中一个住着这头两岁大的小熊,另一个则住着大母熊和那两个刚满周岁的幼崽。

那时候瑟索伊奇过于惊恐,把这头两岁大的小熊崽当成大熊了。

在它之后爬出来的是那两头刚满周岁的熊仔,它们的体重还只相当于一个十二岁左右的小孩儿,可它们的脑门儿已经很大了。瑟索伊奇只看到了它们的脑袋,所以也把它们当成大熊了。

当我们的猎人昏迷在地的时候,这家族里唯一存活下来的小熊就去找妈妈,它在那死去的母熊怀里钻了一会儿,正好撞在了瑟索伊奇的鼻子上,它可能是把这带着体温的凸块儿当成了妈妈的奶头,就把它含在嘴里吮吸起来。

瑟索伊奇把佐尔卡埋在林子里,带着那头小熊回家了。

那小熊可爱又温顺,和我们这位失去爱犬的小个子猎人很是贴合呢。

打 靶 场

* * * 第十二次竞赛 * * *

1. 哪种动物头朝下冬眠?

2. 刺猬在冬天里都做些什么?

3. 冬季里松鼠不吃什么?

4. 哪种鸟类一年四季都会孵化幼雏,即使是大雪纷飞的寒冬也不例外?

5. 冬季,所有的昆虫都冬眠或死去了,这时的山雀对于人类来说是有益的还是有害的?

6. 獾在冬季对于人类是有益的还是有害的?

7. 冬季,哪种鸣禽是钻到冰层下的冷水里去捕食的?

8. 给椋鸟筑巢时,为什么要在巢穴里面入口处的下方钉上一块儿三角铁?

9. 哪些动物长有外骨骼?

10. 未出壳的雏鸡会呼吸吗?

11. 冬季,如果把冬眠的青蛙从雪层下挖出来,放到炉火旁会怎样?

12. 麻雀的体温在哪个季节比较低,是冬季还是夏季?

13. 冬季,生活在冰层下的海豹怎样呼吸?

14. 冬末,天气转暖,哪里的积雪先融化呢,是森林里的,还是城市里的? 为什么?

15. 哪种鸟飞来意味着春天的到来?

16. (谜语)光洁平滑一堵墙,墙上圆圆一扇窗,窗上玻璃常打破,经过一夜又修复。

17. (谜语)冬天忍饥挨饿,夏季肚皮撑破。

18. (谜语)暖和这面冰层结,寒冷那边光溜溜。

19. (谜语)柔顺光滑呢子布,飘逸悠然进窗来。

20. (谜语)比林中大树高万倍,比屋里灯光亮千分。

21. (谜语)既不在屋里,也不在屋外,一窝小夜莺,满是啼叫声。

22. (谜语)不动脑筋,没有智慧,却能制服狡猾的野兽。

23. (谜语)森林里边到处跑,一煎一烤味道好。

24. (谜语)春天里给大家带来欢乐,夏天里让人们倍感凉爽,秋天里给大家提供食物,冬季里帮我们防寒保暖。

最后一分钟的急电

城里出现了第一批白嘴鸦。冬天结束了。森林里面一片新年的气氛。现在,请你重新开始阅读第一期《森林报》吧。

森林报·春 答案

打靶场答案

检查一下,看看你是否答对了。

第一次竞赛

1. 从三月二十一日起进入春天。

2. 脏雪融化得更快,因为颜色深。深色更易吸收阳光。(所以夏天带黑帽子最热。)

3. 春天时,毛皮兽会换毛,它们脱掉了又厚又温暖的绒毛,而这些绒毛正是毛皮的价值所在。此外,春天又是野兽怀孕的季节。

4. 蝙蝠是在飞虫后出现的,它们以飞虫为食。

5. 款冬、毛茛、雪莲花。

6. 白山鹑。冬天时,它是白色的,夏天时变成了花斑色羽毛。

7. 在雪融化之前,雪兔变成了灰色的时候;或者是在雪兔还未变色,积雪就已经消融的时候。

8. 能看到。

9. 生长在浓密阴暗的森林中的松树,会尽力地向上生长,接收阳光,所以下面没有树枝。而生长在开阔地方的松树,下面有树枝,并且向两侧伸展。

10. 鼩鼱。除去尾巴,它全身的长度仅有三点五厘米。

11. 鹪鹩和戴菊莺。它俩几乎一般大,比蜻蜓还要娇小。

12. 吃谷子和浆果的鸟嘴又厚又硬,这样可以把果核咬碎;吃昆虫的鸟嘴又细又软;而猛禽的嘴像个钩子,这样可以把肉撕扯开。

13. 交嘴鸟。

14. 这棵树是在冬天时被啃的。冬天时,积雪有一米来高,兔子无法啃到下面的树皮。

15. 三月二十一日——春分日和九月二十一日——秋分日。

16. 冰柱。

17. 春天的阳光。

18. 雪。雪融化后汇成潺潺小溪。

19. 马是指河流,车轮是指河岸。

20. 大地。冬天时,大地被冰雪覆盖;到了春天,就铺满了各种花草。

21. 雪。

22. 今天。

23. 鹿。

第二次竞赛

1. 虾。

2. 羊肚菌和鹿花菌。

3. 农民耕地时,会从地下翻出许多蚯
蚓、甲虫幼虫和其他小昆虫。白嘴鸦就跟在
后面啄食它们。

4. 乌鸦的窝是扁平的,像个托盘一样;
而喜鹊的窝是圆形的,还有屋顶。

5. 那些不靠结网而捕食的蜘蛛。

6. 家燕。

7. 在丛林和花园的树洞中。

8. 一方面是为了可以叼它们的毛去做窝;另一
方面,也可以在它们的老皮中捉昆虫和幼虫吃。

9. 家鸭和家鹅的祖先是候鸟。在春天,当野鸭
和野鹅迁徙时,家鸭和家鹅就十分地思念家乡。

10. 春天时,洪水总是突然地泛滥,常常会把在
地上筑巢的鸟类的蛋和雏鸟淹没。

11. 所有鱼类。四月底,大量的狗鱼会游到水湾里产卵。但它们产卵
的水域很浅,它们的脊背常常露出水面,而盗猎者们就会乘机射杀它们。

12. 两栖动物。因为它们是冷血动物,寒冷的时候它们会被冻僵。而
鸟类如果吃饱了,它们几乎就不怕冷了。

13. 前部的舌尖。

14. 生活在开阔土地的鸟类的翅膀又窄又细、尖尖
的。而生活在森林和丛林里的鸟类,我们很容易想到,
它们的翅膀不可能那么长。因为那样就会被树枝和树
干绊住,所以它们有着宽大而短小、圆形的翅膀。

15. 家燕。

16. 蜂箱,蜜蜂。

17. 甲虫。

18. 叮人的蚊子。

19. 雨落下,滋润大地,小草生长。

20. 鱼。

21. 大地母亲。

22. 铃兰的蓓蕾和铃兰花。

23. 云朵。

24. 牛的四条腿,两个犄角,一根尾巴。

第三次竞赛

1. 金龟子:有五月金龟子和六月金龟子。

2. 在蚂蚱的腿上有小刺,翅膀为锯齿状。声响是由于腿摩擦翅膀儿发出的。

3. 尾巴。

4. 因为雄性的鹭鸶的叫声很像牛。

5. 八条腿。

6. 甲虫有两对翅膀。上面的一对翅膀坚硬而厚实,可以保护下面的一对用于飞行的翅膀。

7. 长脚秧鸡,黑水鸡。

8. 椋鸟们把破碎的蛋壳叼走,扔到了离巢穴很远的地方。

9. 蚂蚱。它的听觉器官不在头部,而是位于它的一对前腿的小腿上。

10. 金黄鹂。

11. 青蛙的卵像凝胶似的成团地漂浮在水中。而蟾蜍的卵附着在一条凝胶状的带子上,带子又附着在水草上。

12. 比椋鸟大一些,比鸽子小一些(为二十九厘米)。

13. 雄性的白山鹑。在春天鸟类发情时,它就会发出犬吠一样的叫声。

14. 那些羽毛艳丽的鸟类。在树上布满了鲜艳的、娇嫩的树叶时,它们才会飞来。

15. 春天开花。夏天时,丁香花就凋谢了。

16. 蚂蚁在洞中忙碌;啄木鸟把树干啄得叮咚响;夜里,星星在森林上空闪耀。

17. 白桦树。行人用它做拐棍,驾车的人用它做鞭柄,农村里的病人要喝白桦汁。

18. 喜鹊。

19. 蜘蛛。

20. 雨。雨水在草丛中汇成小溪流淌出来。

21. 雨。

22. 狼。

23. 山羊。

24. 河水,河岸,岸边的灌木。

"火眼金睛"称号大赛答案及解析

第一次测验

图1:是天鹅。飞行时,天鹅会伸直它那又长又柔软的脖子,看上去好像翅膀在后面似的,而短短的腿蜷缩起来,就看不见了。

图2:是鹭鸶。很容易将它和鹤区分开,因为它在飞行时,脖子会弯曲,翅膀高高地拱起。

图3:是鹤。它在飞行时脖子和长腿伸得很直,像棍子似的。

图4:是大雁。飞行的时候,它很像天鹅,但是脖子短得多。它的个头小一些,而且是灰色的。

第二次测验

图1:右面的是野鸭。它待在水里时,身体的后半部分会高高翘起。在觅食时,它们就像家鸭一样,只把身体前半部分钻进水中。

左面的是潜鸭。它待在水里时,身体的后半部分会浸在水里。这样,方便它潜入水里,从水下游走。

图2:是雪兔。它的耳朵相当短,如果垂下来,还够不到鼻尖呢。它的脚掌宽大。小尾巴圆圆的,底部还有一些黑色的小斑点。全身都是灰色的毛。

图3:是灰兔。夏天时,很容易把灰兔和雪兔区分开,因为灰兔的体形大一些,有着棕黄色或者淡黄色的毛,耳朵很长,向前垂下的话,能够盖过鼻子。腿要细一些,小尾巴比雪兔的长一些,上面有长条状的黑斑点。

图4:是鼩鼱。它是一种吃昆虫的益兽。

图5:是老鼠。它是有害的啮齿动物。

图6:是田鼠。也是有害的啮齿动物。

要区分这三种鼠类动物并不难,只需注意到如下特征:鼩鼱的嘴像吸管一样向外伸出,身体弓起,眼睛藏在毛里,几乎看不到。老鼠和田鼠的嘴短,老鼠尾巴较长,田鼠尾巴较短。

图7中的是无毒的黄颔蛇;图8中的是有毒的蝰蛇。

在平和、有益的黄颔蛇的头部两侧可以明显地看到黄色的斑点。而在危险的、有毒的蝰蛇的灰色脊背上,有着"凶手的烙印"——弯弯曲曲的黑色条纹。

图9中的是益虫蛇蜥,一种无脚蜥蜴;图10中的是黑蝰蛇。

可不要将黑蝰蛇和黄颔蛇弄混,黑蝰蛇的头上没有黄色斑点。蛇蜥同黄颔蛇一样,你可以把它拿在手中:它没有毒牙,对你一点儿危险也没有。不过,如果你只拽住它的尾巴,那它会像普通蜥蜴一样断尾跑掉的。如果你要是抓住蝰蛇的尾巴,那么它会瞬间转过身,把毒牙刺进你的皮肤里。

被咬后,你就会中毒病倒,甚至死掉。因此,你要好好地学会分辨蝰蛇(它们的颜色从浅灰到黑色,多种多样)与黄颌蛇和蛇蜥。

蛇不会像蜜蜂和黄蜂那样蜇人,因为被人们误称为"毒刺"的是它们分叉的小舌头。毒蛇的毒素在它们的牙齿中。

森林报·夏 答案

打靶场答案

检查一下,看看你是否答对了。

第四次竞赛

1. 六月二十一日。一年中,这一天的白昼最长。

2. 刺鱼。

3. 小老鼠。

4. 生活在沙岸上的海鸥和沙锥。

5. 沙子的颜色或者是卵石的颜色。

6. 后腿。

7. 有五根刺。三根长在背上,两根长在腹
部。我们这儿还有长着九根刺的刺鱼。

8. 家燕的巢入口在顶部,而金腰燕的巢入口在侧面。

9. 因为如果有人用手去掏鸟蛋,这些鸟就会扔下巢不管了。

10. 有。

11. 翠鸟。

12. 因为这些鸟用做巢的那棵树上的苔藓,装点在巢的外面,把巢伪装起来。

13. 不是都这样。有许多鸟(如苍头燕雀、金翅雀、柳莺)一个夏天孵两次雏鸟。还有几种鸟(麻雀、黄鹂)甚至一个夏天孵三次小鸟。

14. 有。我们这儿在长满青苔的沼泽地里生长着一种叫芽膏菜的植物。如果有蚊子、小飞虫和其他昆虫落在它那黏黏的圆叶子上,就会被它捉住并吃掉。在河湖里还生长着一种狸藻,小鱼、小虾和小昆虫钻进它的捕虫囊,就会被它捉住。

15. 银色水蜘蛛。

16. 布谷鸟。

17. 乌云。

18. 割草。割倒小草,堆起草垛。

19. 颗粒饱满的麦穗。

20. 青蛙。

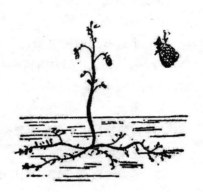

21. 影子。

22. 山羊。

23. 回音。

24. 刺猬。

第五次竞赛

1. 雏鸟在破壳而出之前,嘴巴上面有一个小硬疙瘩。雏鸟就是用它来打破蛋壳的。这个小疙瘩被称为"啄壳齿"。而当雏鸟出壳后,这个小疙瘩就会脱落了。

2. 有尾巴的牛。因为,在吃草时,牛的尾巴可以赶走围绕、叮咬它的小虫子。而没有尾巴的牛,就没法驱赶牛虻和苍蝇,它只好不停地摇晃脑袋,从一个地方移到另一个地方,因此吃得就少了。

3. 因为这种蜘蛛易断的腿从身体上脱落之后,走路的样子就像是在割草。

4. 夏季。因为这个季节里到处都是软弱无力的小鸟和小兽。

5. 鸟类。

6. 有许多昆虫都是这样。比如蝴蝶,先是卵,由卵变成幼虫,幼虫再变成蛹,最后蛹变成蝴蝶。

7. 鹅的羽毛上总是覆盖着一层油脂,因此,水落到上面不会弄湿羽毛,而是一滴一滴地从羽毛上滑落下来。

8. 因为狗的身体上没有汗腺,而马有汗腺。狗伸出舌头是为了解暑降温。

9. 布谷鸟的雏鸟。因为布谷鸟会把自己的蛋放到别的鸟窝中,让别的鸟来抚养自己的孩子。

10. 歪脖鸟。

11. 小白嘴鸦的嘴是黑色的,和乌鸦的一样。而成年的白嘴鸦的嘴是暗白色的。

12. 刺鱼。

13. 蜜蜂蜇过人之后就会死掉了。

14. 吃蝙蝠妈妈的奶。

15. 朝向太阳,也就是朝向正南方。

16. 雷和闪电。

17. 清晨,亚麻会开出浅蓝色的小花,而到了中午,花就凋谢了。

18. 红色的蘑菇或变形牛肝菌。

19. 野蔷薇的浆果。

20. 蝰蛇。

21. 露水。

22. 蚂蚁。

23. 蜗牛。

24. 野蔷薇或玫瑰。

第六次竞赛

1. 鱼的重量与它排出的水的重量相等。

2. 蜘蛛埋伏在一旁,它用一只脚钩住一条紧绷的蜘蛛丝,蜘蛛丝的另一端固定在蜘蛛网上。这样一来,落网的苍蝇会震动蜘蛛网,那根蜘蛛丝就会扯动蜘蛛的脚,这样它就知道有猎物落网了。

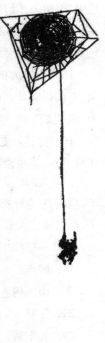

3. 蝙蝠。还有一种飞鼠也能飞几十米的距离,它是生活在我们森林里的一种松鼠,脚趾间有着皮革似的脚蹼。

4. 小鸟们会结成队,叫喊着冲向猫头鹰,直到把它赶跑。

5. 虾。

6. 在晴朗的秋天里。秋风把蜘蛛丝吹起,同时把小蜘蛛带到空中。

7. 蜉蝣。

8. 这些燕子一边飞,一边捕食小虫、蚊子和其他有翅膀的昆虫。在晴朗的天气里,空气干燥,这些小昆虫就会飞得很高。而在潮湿的天气里,空气湿度很大,它们就无法飞到高处了。

9. 感觉到要下雨时,家鸡会把尾骨腺体分泌的油脂涂到羽毛上。这种腺体位于家鸡尾巴的上部。

10. 下雨前,蚂蚁们会躲到蚂蚁洞中,并把所有的入口都堵住。

11. 吃各种会飞的小虫儿,如苍蝇、蜉蝣、水蛾。

12. 熊。

13. 在稀泥和泥潭上,或者在河湖和池塘的岸边。因为许多鸟儿飞到这里,都留下了清晰的脚印。

14. 全身的羽毛是黑色的,头顶的羽毛是红色的。

15. 马勃菌的芽孢。轻轻地触碰成熟的马勃菌,它就会裂开,并且喷出一团芽孢粉尘,所以被称为"鬼喷烟"。

16. 麦穗。麦秆放在院子里,麦粉做的面包摆在桌子上,麦根留在田地里。

17. 大麻。大麻的外皮可以搓成绳子,里面的茎秆扔掉,它的头就是大麻子,可以榨成大麻子油。

18. 一捆捆庄稼。

19. 回声。

20. 山杨树。

21. 荨麻。

22. 矢车菊。

23. 青蛙。

"火眼金睛"称号大赛答案及解析

第三次测验

图1:是啄木鸟的洞。注意:树洞下面的地上有一大堆好像刚锯下来的木屑。这些木屑是啄木鸟用嘴巴啄树干,为自己建造房子时掉下来的。树干上干干净净的,哪儿也没弄脏。啄木鸟是爱干净的小鸟,它把自己的雏鸟也收拾得整洁干净。

图2:椋鸟在这个树洞里孵出了雏鸟。树下没有刚锯下来的木屑,树干上到处都是石灰一样的鸟屎。

图3:这是灰沙燕的殖民地。它们在砂岩陡坡上挖洞做巢。许多人以

为,这是雨燕的巢,但是雨燕从不在这样的洞里做巢,而是选择在顶楼上、钟楼上、高大树木的树洞里、山岩上和椋鸟的巢里。

图4:是松鼠的窝。它是用枯树枝搭成的,圆形的,从里面露出了一些青苔做的垫子。根据青苔可以马上辨认出,这不是鸟巢。

图5:是鼹鼠洞。鼹鼠生活在地下,夏天时,它经常爬到靠近地面的地方,在地上弄出许多疏松的小土堆,自己却躲在里面不出来。

图6:这是獾挖的洞,住在里面的却是狐狸。显而易见,这是有经验的"挖土工"挖的洞:有好几个出入口,却没有一个倒塌。但是,在入口旁堆着家鸡和琴鸡的羽毛和骨头,被啃过的兔子的脊椎骨,这些显然是不爱清洁的猛兽——狐狸,啃剩的东西。

图7:这也是獾挖的洞,而且它现在就住在里面。獾是一种爱干净的野兽:看,它所居住的地方旁边,你找不到一点儿残羹剩饭。它主要以蛞蝓、青蛙和植物的嫩根为食。

第四次测验

图1:小鹧鸪。

图2:琴鸡妈妈。

图3:小野鸭。

图4:小琴鸡。

图5:红脚隼爸爸。

图6:小苍头燕雀。

图7:苍头燕雀爸爸。

图8:小红脚隼。

图9:野鸭爸爸。

图10:鹧鸪妈妈。

请检查对照一下,看一看,你把雏鸟和它的爸爸妈妈排列得对不对?

琴鸡爸爸	图4	图2
图3	图9	野鸭妈妈
图7	图6	苍头燕雀妈妈

图5　　　　　　　图8　　　　　　红脚隼妈妈

鹗鹞爸爸　　　　　图1　　　　　　图10

如果你也是按照以上的顺序,正确地排列出了雏鸟和它的爸爸妈妈,那么每一只无家可归的雏鸟左边就是它的爸爸,后边是它的妈妈。

第五次测验

图1、图2:是灰沙燕和雨燕。雨燕是我们这儿体形最大的燕子,它有着镰刀状的长长的翅膀。

图3、图4:是金腰燕和家燕(尾巴像两根细辫子)。

图5:是飞行中的红隼的影子。

图6:是飞行中的鹞鹰的影子。

图7:是飞行中的鸢(鹈鹕、秃头鹰)的影子。

图8:是飞行中的黑鸢的影子。

图9:是飞行中的河鸮的影子。

图10:是飞行中的雕的影子。

请把这些鸟类的剪影重新画在自己的笔记本上,并记住它们。

注意:红隼的翅膀尖尖的,像镰刀一样;鹞鹰的翅膀向里弯曲;鸢的尾巴底部是圆弧形的;黑鸢的尾巴底部有一个三角形的缺口;河鸮有着棱角分明的翅膀,尾巴直直的,像是被砍断了一样;雕的翅膀很宽大,翅膀尖上的羽毛是叉开的。

这是什么树的叶子? 这是哪种树的针叶?

图1:赤杨;图2:白桦;图3:椴树;图4:山杨树;图5:榛树;图6:松树的针叶;图7:白蜡树;图8:橡树;图9:柳树;图10:杨树;图11:槭树。

森林报·秋 答案

打靶场答案

检查一下,看看你是否答对了。

第七次竞赛

1. 从九月二十一日,即秋分之日开始。

2. 母兔子。最后一批兔宝宝被称为"落叶兔"。

3. 花楸树,山杨树,槭树。

4. 不是。有一些候鸟会经过乌拉尔山脉飞往东方,如小鸣禽靴篱莺、朱雀和鳍足鹬。

5. 因为老麋鹿的角很像犁。

6. 雄黑琴鸡。它们在春秋两季就会这样嘟囔。

7. 生活在地上的鸟儿,为了适应走路,脚趾都张得很开。它们走路时是两脚前后交替,所以它们的脚印是一条线。而生活在树上的鸟儿,为了抓住树枝,脚趾是并拢的。它们在地上时,是双脚一起跳着行进,所以它们的脚印是两行。

8. 这就说明,在森林里的这个地方有动物的尸体或者有受伤的动物。

9. 因为这些雌鸟明年就要生产了。如果打死了它们,它们的同类就会搬家的。

10. 这是蝙蝠的前爪骨骼。因为它的长脚趾上长有蹼膜。

11. 大多数蝴蝶在第一次寒流来到时就死了。其余的有一些就钻进了树木、篱笆、木屋的缝隙或者是树皮里过冬。

12. 面向西方,即日落的方向。向着晚霞,可以把飞过的野鸭看得清楚些。

13. 当猎人没有射中它们的时候。

14. 秋播作物。这些作物今年播种,明年收获。

15. 金腰燕。

16. 树叶。

17. 雨。

18. 狼。

19. 麻雀。

20. 白蘑菇。

21. 夏天的云莓,秋天的榛子。

22. 稻草人。

第八次竞赛

1. 上山容易。兔子的前腿短,后腿长。因此兔子在上山时奔跑更容易。要是从陡峭的山向下跑,就会翻跟斗。

2. 树叶落光后,夏天时隐藏在树叶中的鸟巢就会暴露出来。

3. 松鼠。它把蘑菇搬到树上,穿在小树枝上烘干,在冬天没有食物时拿来充饥。

4. 水老鼠。

5. 这种鸟类不多。猫头鹰会把死老鼠储藏在树洞里,松鸦会储存橡子和坚果。

6. 它们把蚂蚁洞的所有出入口堵住,挤成一团过冬。

7. 空气

8. 黄色或褐色,即发黄的灌木、乔木和杂草的颜色。

9. 秋天,因为这个时候鸟儿会变胖,厚厚的脂肪层和密实的羽毛能够帮助抵御霰弹。

10. 蝴蝶的脑袋(在放大镜下)。

11. 昆虫有六条腿,而蜘蛛有八条腿。所以,蜘蛛不是昆虫。

12. 有的藏到水里,有的躲到石块下、小坑里、淤泥里或青苔里,有的甚至钻进了地窖里。

13. 每一种鸟的脚都要与它的生活环境相适应。生活在地上的鸟儿,为了适应在地上行走,脚趾是直的,张得很开,跗骨很高。生活在树上的鸟儿,为了能抓住树枝,脚趾是并拢、弯曲的,攀援能力很强,脚掌较短。生活在水里的鸟类的脚要能划水,就像桨一样,所以鸭子的脚趾间有蹼膜相连,鸬鹚的脚趾上有着起划水作用的硬瓣膜。

14. 鼹鼠的脚掌。这样的脚掌适于挖洞,就像鱼鳍适于游水一样。

15. 耳鸮的头上竖着角羽,它的耳朵就在角羽的下面。

16. 落叶。

17. 河流,河里的泡沫。

18. 莩草。

19. 地平线。

20. 过第四年。

21. 鹅,鸭子。

22. 亚麻。

23. 公鸡。

24. 鱼。

第九次竞赛

1. 在河湖岸边的洞穴里。

2. 鸟儿更怕饥饿。如果仍有河水没被冰封,如果还能找到食物,那么鸭子、天鹅、海鸥就会留在我们这儿过冬了。

3. 来得晚。

4. 啄木鸟常常把球果夹在树木或者树桩的缝隙里,再用嘴巴啄球果。

这些树木或者树桩就被称为"啄木鸟的作业场"。在这些作业场的下面，很快会堆起许多被啄过的球果。

5. 北极雪鸮。

6. 指兔子从脚印处跳向一旁。

7. 在花园和树林里的树上，傍晚时一大群乌鸦就会聚集在那里。

8. 当最后一批湖泊、池塘和河流结冰时。

9. 和大群的山雀、旋木雀、结伙。

10. 野兽把爪子从雪地中抽出时，会从小雪坑中带出一些雪，并留下爪印，这种爪印被称为"拖脚印"。

11. 不一样。白天在阳光下，小猫的瞳孔变小；到了夜里，就扩大了。

12. 兔子沿一条线来回走两次所留下的脚印。

13. 兔子留在雪地上的脚印。

14. 白鼬。

15. 食肉动物的颚骨上长着向外突出的、大而有力的长犬齿，能够帮助它们把肉咬碎。食草动物的牙齿是用来把植物扯下、咬碎，它们的长犬齿并不突出，可是它们的门齿十分有力。

16. 风。

17. 狗睡觉：这时它的眼睛睁着，四条腿张开。

18. 盐。

19. 喜鹊。

20. 带着猎枪，满载而归的猎人。

21. 公牛。

22. 猪。

23. 黄瓜。

24. 榛子。

"火眼金睛"称号大赛答案及解析

第六次测验

图1:勾嘴鹬到这儿散步了。小十字形是它留下的脚印,斑点是它的长嘴留下的。它们在雨季总是跑到林中道路上,沿着水洼的泥泞岸边寻找食物(蚯蚓、软体动物)。

图2:离地面近的山杨树皮是被个头小的兔子啃掉的。高的地方兔子够不到,那里的树皮是被高个子的麋鹿啃掉的。

图3:是狐狸吃掉的。狐狸捉住刺猬后,先把它咬死,然后从没有刺的肚皮开始吃起,最后只留下了刺猬的整张皮。

图4:野鸭到过这个池塘。请注意,水面上沾着露水的苔草和浮萍间的道道痕迹,这是野鸭聚在这里游水闲逛时留下的。

第七次测验

图1:是金翅雀。它非常喜欢牛蒡的头状花。

图2:这是啄木鸟的"杰作"。像给病人听诊的医生一样,它要把树皮里的害虫幼虫捉出来。它围着树干转圈,用自己坚硬的尖嘴在树干上凿出了一圈一圈的小洞。

图3:(1)是交嘴鸟。这是一种体形呈十字形的弯嘴鸟。它采下云杉球果,啄出里面的一些子之后,就把球果扔掉了。

(2)是松鼠。它把交嘴鸟扔到地上的、没有吃完的球果捡起,跑到树桩上吃光,只剩下了球果的核。

(3)是林鼹鼠。它吃榛子时,先用牙在壳上凿出一个小洞,只吃里面的仁儿。而松鼠则是连外壳一起吃。

(4)是松鼠做的。它把蘑菇穿在树枝上烘干,作为在挨饿时的储备食物。

图4:是麋鹿。它在这儿待了很长时间,看看它糟蹋了多少东西吧。它周围的一切都是它的食物:它推倒了山杨树、赤杨树、花楸树,把它们啃光;吃掉了许多大树的嫩枝梢头;但是,它吃掉的只是它折断的树枝的一部分。

第八次测验

图1:这是狗追踪雪兔留下的脚印。兔子的脚印是跳跃式的,而紧随其后的是狗的脚印。

图2:是林鸮。夜里,它待在房顶上,守候着老鼠的出没。它待了很久,不停地打转,两只脚交替着,所以留下了星星状的脚印。

图3:黑琴鸡在雪下过的夜,它们在雪下的窝中留下了羽毛,飞走时,在雪地上留下了小坑状的脚印。

图4:没发生什么特别的事。只是有一只麋鹿在这里逗留了一阵。它该换犄角了,所以就一直在一个地方晃悠,在树上磨蹭犄角。最后,一只犄角被磨断了,卡在了树枝间。入春前,它就会长出新的犄角了。

森林报·冬 答案

打靶场答案

检查一下,看看你是否答对了。

第十次竞赛

1. 按照历法,冬季是从十二月二十二日开始。这一天是一年中白昼最短的一天。

2. 在猫科动物的足迹上看不到爪印,因为它们行走的时候会把尖爪缩进肉垫儿里。

3. 是水獭和水貂,因为它们会吃掉大量鱼类。

4. 不生长。

5. 因为新雪上的脚印也是新的,根据这些动物们刚刚留下的脚印很容易将它们找到并捕获。

6. 琴鸡、松鸡和榛鸡。

7. 在田野里打猎时要穿白色衣服,因为田野里到处都是皑皑白雪,穿白衣不易被鸟兽察觉;而在森林里打猎最好穿灰色衣服,因为冬季的森林里也是有绿色的,穿白衣或其他颜色的衣服都太显眼。

8. 因为兔子在奔跑时总是把两条长长的后腿向前伸直。

9. 它们不在那里筑巢,也不孵化幼雏。

10. 琴鸡。

11. 是丘鹬,因为它们要把长喙伸到很深的地下去寻找食物。

12. 是鼩鼱,因为它们会发出强烈的刺激气味,而嗅觉灵敏的野兽们很难忍受这种气味。

13. 熊的脚印和人类的脚印相像。

14. 猫头鹰或老鹰在捕捉野兔的时候,一只爪子紧紧抓住野兔后背,另一只爪子拼命抓紧树枝,受惊的兔子则奋力挣脱,有时会把死命抓住树枝的老鹰扯成两半。

15. 这只狍是被子弹打穿了,因为在这串脚印的两侧都可以看到血迹。

16. 暴风雪。

17. 狼群。

18. 寒风。

19. 严寒。

20. 严寒。

21. 冰。

22. 暴风雪。

23. 黑麦、燕麦、小麦。

24. 腌蘑菇。

第十一次竞赛

1. 是肥胖的,冬眠的熊正是靠一身的脂肪来提供热量和能量的。

2. 狼不像猫科动物那样伏击猎物,而是通过奔跑来追赶和捕捉猎物的。

3. 冬季树木处于休眠状态,不吸取水分,因此冬季砍伐的树木比夏季砍伐的树木更干、更值钱。

4. 树木的年龄可以通过树桩上年轮的圈数来判断。

5. 因为猫科动物都是通过伏击来捕获猎物的,这就决定了它们爱干净的习性,它们必须保证自己身上没有异味,不然的话猎物闻到它们身上的气味就不会靠近它们的伏击圈了。

6. 因为冬季是鸟兽们的艰难时期,而靠近人类的居住地则可以较为容易地找到食物。

7. 不是所有的。一部分白嘴鸦会留在我们这里过冬。冬季里,在污水池旁或小树林里,常常可以看到一只或几只白嘴鸦穿插在乌鸦群里,它们和乌鸦栖息在一起。

8. 什么也不吃。冬季里,蟾蜍处于冬眠状态。

9. 熊。那些被赶出树洞,整个冬天都不再休眠,到处晃荡的熊被称为"流浪汉"。

10. 冬季里,蝙蝠全都倒挂在洞穴里、阁楼间或是屋檐下睡大觉。

11. 只有雪兔是白色的,灰兔依旧是灰色的。

12. 猛禽。

13. 交喙鸟以针叶树的种子为食,种子富含树脂,这就导致它们的身体里含有大量的树脂,而树脂有防腐的功能,可以使它们的尸体长时间不腐烂。

14. 是树桩,上面戴着一顶"雪帽子"。

15. 雪。

16. 冬季里,只要一打开门,就会有一股寒气冲进屋里。

17. 熊、獾等冬眠的野兽。

18. 这是在制作毡靴:用猪鬃牵引着麻绳,穿过靴底(牛皮制作),再穿过靴帮(羊皮制作)。

19. 这是猎人带着猎犬去捕熊,如果没有猎犬的帮助,猎人非但捕不到熊,还会命丧熊口。

20. 胡萝卜、芜菁。

21. 圆白菜。

22. 卷心菜。

23. 芜菁。

第十二次竞赛

1. 蝙蝠。

2. 冬眠。早在秋季,刺猬就都钻进窝里睡大觉去了。

3. 肉。

4. 交喙鸟。交喙鸟是用松子和杉树子喂养幼雏的。

5. 是有益的。冬季里,山雀会把那些藏在树木缝隙里的昆虫及虫卵啄出来吃掉,帮人们消灭大量害虫。

6. 既无益也无害,因为獾是冬眠的。

7. 水雀。

8. 这样可以防止猫把爪子伸进巢里去偷幼鸟。

9. 很多昆虫以及虾等节肢动物都生有外骨骼。

10. 会呼吸。它们是通过蛋壳上的气孔呼吸的,如果在蛋壳上涂上一层胶,空气就无法进入蛋壳里,雏鸡就会被憋死。

11. 由于温度突变,青蛙会死掉。

12. 它们的体温在冬季和夏季是一样的。

13. 海豹不在水里呼吸,它们会在冰面上凿个洞,把头探出来呼吸。

14. 城市里的雪先融化,因为城市里的雪比较脏,含有较多灰尘。

15. 白嘴鸦飞来象征着春天的到来。

16. 是冰面上的冰洞,白天洞口融化,夜晚又会冻上。

17. 狼。

18. 是窗户,里面结着冰花,外面光溜溜的。

19. 是阳光照进窗户。

20. 太阳。

21. 是木屋的门在吱吱响,就像一窝夜莺在啼叫。

22. 捕兽器。

23. 兔子。

24. 森林。

"火眼金睛"称号大赛答案及解析

第九次测验

图1：这是一只喜鹊留下的印迹。它是跳跃着前进的，留下了一串爪印，然后就扑噜一下飞走了，那三片大的印记正是它起飞之前扑腾翅膀和尾巴留下的。

图2：这是一只雪兔留下的印记。这只雪兔曾在这里饱餐一顿，它啃食着那丛柳树枝，四周全是它的脚印，仔细看，地面上还有它留下的小粪球呢。

图3：雪兔和灰兔的足迹很好区分：雪兔的脚印是圆圆的，而灰兔的脚印又窄又长。

第十次测验

通过雪地上的足迹，我们可以猜出这里曾经发生了什么事情。

在一个寒冬的夜晚，一只雪兔跳到一个干草垛旁，开始鬼鬼祟祟地偷吃干草，它吃了很久很久，看，地上到处都是它圆圆的脚印。

我们再看：一只狐狸从右边偷偷地向它靠近，那狐狸走得很轻很小心，还很注意隐蔽，它的脚印和猎犬有些相似，但比猎犬的要窄一些、长一些，看，那串脚印多么平直有序。

可它并没能偷袭成功，谨慎的兔子发现了狐狸就急忙逃走了。通过地上的脚印我们可以看出，那兔子是穿过田野朝林边跑去了。

狐狸忙奋力追赶，它要在田野里追上兔子，在兔子逃进树林之前将它截住。

奇怪的是，那狐狸突然来了个急转弯，朝一旁的灌木丛跑去了。

而那兔子就要到达树林了，却突然莫名地消失了，脚印中断了，没了踪影，就像陷进了地下似的。

如果陷进了地下,那里应该会有个坑洞,而在那兔子足迹结束的地方,只能略微看到点压痕、几根兔毛和丝丝血迹,在两旁的雪面上,还能看到两片巨大的痕迹,好像是什么巨大的翅膀拍击留下的。

不难猜出,这痕迹应该是大猫头鹰或老鹰留下的。

老鹰用它那有力的喙将兔子击倒,然后用利爪将它抓起,朝森林飞去。

现在我们可以明白那狐狸为什么来个急转弯了:那可恨的老鹰就直直地在它面前抢走了本应属于它的猎物。

读者朋友们,如果你能根据地上的各种痕迹,猜出这个发生在森林里的惊险故事的话,那么恭喜你,你获得了我们"火眼金睛"的荣誉称号。

图书在版编目（CIP）数据

森林报／（苏）比安基著；王兰霞，高春，夏晓萌译.
– 北京：北京燕山出版社，2011.4（2018.2 重印）
ISBN 978-7-5402-2639-8

Ⅰ. ①森…　Ⅱ. ①比…②王…③高…④夏…　Ⅲ. ①森林-少年读物　Ⅳ. ①S7 –49

中国版本图书馆 CIP 数据核字（2011）第 069220 号

森林报

［苏］维·比安基 著

王兰霞　高　春　夏晓萌 译
责任编辑／张娟平　张　芸
装帧设计／小　贾

北京燕山出版社出版发行
北京市西城区陶然亭路 53 号　邮编 100054
全国新华书店经销
三河市北燕印装有限公司印刷

开本 915×1220　1/32　印张 13　字数 400,000
2013 年 7 月第 2 版　2018 年 2 月第 4 次印刷

定价：32.00 元